全国本科院校机械类创新型应用人才培养规划教材

典型零件工艺设计

主　　编　　白海清
副主编　　陈建刚
主　　审　　何　宁

北京大学出版社
PEKING UNIVERSITY PRESS

内 容 简 介

本书以典型零件的工艺编制及夹具设计为主线，阐述工艺及工装设计的基本原理和方法，通过大量的生产一线实例介绍，突出对原理、方法的具体应用。针对机械加工中常见的轴类、套筒类、箱体类、齿轮类、叉杆类等典型零件，通过案例分析，培养学生工艺及夹具设计的能力，为从事机械制造技术工作奠定基础。

本书内容包括：机械加工工艺编制基本知识；机床专用夹具设计方法；轴类、套筒类、箱体类、圆柱齿轮、连杆、活塞、拨叉等典型零件加工的工艺规程制订及工装设计方法；零件机械加工新工艺、新技术、新方法等。

本书可供机械设计制造及其自动化本科专业作教材使用，同时可供相关专业本科生和研究生作教材使用，也可供机械制造行业相关工程技术人员作为解决实际问题的重要参考资料。

图书在版编目(CIP)数据

典型零件工艺设计/白海清主编. —北京：北京大学出版社，2012.8
（全国本科院校机械类创新型应用人才培养规划教材）
ISBN 978 - 7 - 301 - 21013 - 0

Ⅰ. ①典…　Ⅱ. ①白…　Ⅲ. ①机械元件—生产工艺—高等学校—教材　Ⅳ. ①TH16

中国版本图书馆 CIP 数据核字(2012)第 170655 号

书　　　　名：	典型零件工艺设计	
著作责任者：	白海清　主编	
策 划 编 辑：	童君鑫　宋亚玲	
责 任 编 辑：	宋亚玲	
标 准 书 号：	ISBN 978 - 7 - 301 - 21013 - 0/TH · 0305	
出　版　者：	北京大学出版社	
地　　　址：	北京市海淀区成府路 205 号　100871	
网　　　址：	http://www.pup.cn　http://www.pup6.cn	
电　　　话：	邮购部 62752015　发行部 62750672　编辑部 62750667　出版部 62754962	
电 子 邮 箱：	pup_6@163.com	
印　刷　者：	北京鑫海金澳胶印有限公司	
发　行　者：	北京大学出版社	
经 销 者：	新华书店	
	787 毫米×1092 毫米　16 开本　17 印张　393 千字	
	2012 年 8 月第 1 版　2012 年 8 月第 1 次印刷	
定　　　价：	34.00 元	

前　言

在贯彻落实教育部关于进一步深化本科教学改革，全面提高教学质量的过程中，按照分类指导的原则，地方工科院校的机械类专业的人才培养目标是培养出为地方区域经济建设和社会发展服务的机械类应用型人才。多年来，本课程组按照这一原则在特色专业建设和精品课程建设方面取得了一系列成果：2009年获陕西省教学成果一等奖，机械设计制造及其自动化专业获批为国家级特色专业建设点，2010年本课程获批为陕西高校精品课程。

本书编者为长期从事高等工程教育和教学研究的教师，有多年的教学实践基础。本书在结构、内容安排等方面，吸收了编者近几年在教学改革、精品课程建设、教材建设等方面取得的研究成果，力求全面体现地方高校应用型工程人才教育的特点，满足当前教学的需要。本书在编写过程中突出了以下6个方面：

（1）本书编写以多年使用的讲义为基础，以应用为目的，理论以够用为度，使学生综合运用所学的机械加工知识，针对现场实际，解决生产一线零件工艺编制及工装设计的问题。

（2）根据高等工程教育应用型人才培养的特点，在内容选取上，以"强化工程能力，突出应用特色"为理念，舍去复杂的理论分析和计算，内容层次清晰、循序渐进，同时辅以适量的复习与思考题，适应学生自主性、探索性学习的需要。

（3）在编写特色上，突出原理讲授与案例分析相结合；以问题的提出为导入，以问题的解决为目标，以解决方案的规律性为总结，以点带面，强调对知识的综合应用。力求使本书达到联系加工实际、贴近生产一线、强化综合运用、突出应用特色的目标。

（4）以典型零件的工艺编制及夹具设计为主线，重在对原则、方法的应用和实践（辅以大量的典型实例），同时适当兼顾作为本科教材的知识体系的系统性和完整性。

（5）既有作为教材的理论体系，又有指导具体应用的实例分析，强调对知识的应用训练及实践。突出重点，实用性强，充分体现案例教学的特点。

（6）全书以机械加工工艺及工装设计为主线，内容涉及机械加工工艺规程的制订，机床夹具设计原理，各类典型零件加工的工艺规程制订及工装设计方法，零件机械加工新工艺、新技术、新方法等。

本书建议教学学时为32～48学时，使用院校可根据具体情况增减。书中部分内容可供学生自学和课外阅读。

本书由陕西理工学院白海清教授任主编，陕西理工学院陈建刚任副主编，编写分工如下：白海清编写绪论、第1章、第7章，陕西理工学院侯红玲编写第3章、第4章，陈建刚编写第2章、第5章、第6章，全书由白海清统稿，由陕西理工学院何宁教授主审。

由于编写时间较紧且教材涉及面较宽，有些想法难以一并体现在教材中，加之我们水平有限，书中难免有不妥之处，恳请读者和同行批评指正。

编　者

2012年6月

目　　录

绪　　论

0.1　机械工程科学

1. 机械工程科学的内涵

机械工程科学是研究机械产品（或系统）的性能、设计和制造的基础理论和技术的科学。机械系统从构思到实现要经历设计和制造两大不同性质的阶段。按照经历阶段的不同，机械工程科学可分成两大分支学科：机械学和机械制造。

机械学是对机械进行功能综合并定量描述以及控制其性能的基础技术科学。它的主要任务是把各种知识、信息注入设计，将其加工成机械系统能够接受的信息并输入机械制造系统，以便生产出满足使用要求和能被市场接受的产品。机械设计及理论包括机构学、机械振动学、机械结构强度学、摩擦学、设计理论与方法学、传动机械学、微机械学和机器人机械学等。

机械制造是将设计输出的指令和信息输入机械制造系统，加工出合乎设计要求的产品的过程。机械制造科学是研究机械制造系统、机械制造过程和制造手段的科学。它包括机械制造冷加工和机械制造热加工两大部分。

时至今日，机械工程的基础理论不再局限于力学，制造过程的基础也不只是设计与制造经验及技艺的总结。今天的机械工程科学比以往任何时候更紧密地依赖诸如数学、物理、化学、微电子、计算机、系统论、信息论、控制论及现代化管理等各门学科及其最新成就。

2. 机械制造业中设计与工艺的关系

1）设计实现成图

从本质来看，机械制造业中所讨论的设计是人们利用所学的数学、力学、工程材料、机械设计、机械原理等专业知识，以及人们所积累的实践经验来完成机械制造工程所需要的图纸，包括装配图和零件图。装配图是反映设备或装置的整体使用功能的，因此有整体的技术要求；零件图则是从完成的装配图中分拆出来的，从分析某零件在装配体中的功能与技术属性来决定其应该具有什么样的技术要求。因此，不同的零件除了图形反映的尺寸和结构外，还附加有材料、尺寸精度、表面粗糙度、形状精度、位置精度，以及在不同阶段的热处理要求等。

对于现代设计，人们可以通过计算机和相关的高级软件，如 CAXA、Pro/E、UG、MasterCAM 等，以数字化手段实现三维造型，来得到具有创意的设计图纸——装配图与

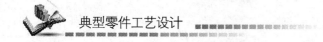
零件图。创新设计主要体现在成图阶段，因为设计思想决定了独创性和新颖性。

2) 工艺实现成形

在制造业中，只有设计图纸是不行的，还需要将图纸转化为市场所需要的设备或装置。实现转化的手段就是各种制造工艺方法。将图纸转化为毛坯、零件和装配体的工艺手段有很多，采用什么样的工艺要针对具体的设计对象。工艺是制造业中的核心技术。没有这个核心技术，图纸就永远是图纸，决不能转化为市场所需要的产品。不仅不能转化为产品，而且某些关键产品形似神不似的问题就不可能得到解决，制造强国的梦想也就不能实现。

（1）毛坯成形。毛坯成形主要涉及各种热加工的工艺方法，主要包括铸造、锻造、板料冲压和焊接等。根据制造业发展的需要，每种热加工的工艺方法又发展出若干种。例如铸造，发展出砂型铸造、金属型铸造、精密铸造、消失模铸造等；例如锻造，发展出自由锻、胎模锻、模锻等；例如板料冲压，发展出普通冲压与数控冲压等；例如焊接，发展出火焰焊、电弧焊、摩擦焊、钨极焊等。所有这一切，都还处于不断发展中。

（2）零件成形。迄今为止，零件成形主要有两大类方法，这就是常规的切削加工、非常规的特种加工，以及快速原型制造技术。

常规的切削加工指的是采用刀具切削和磨具磨削这两种方法，其基本思路是“以刚克刚”。无论是车床、铣床、刨床、钻床、齿轮加工机床，还是数控车床、数控铣床和加工中心，都是采用高硬度的不同种类的刀具（车刀、铣刀、刨刀、钻头等）对工件进行切削加工，而磨床则是采用砂轮对工件进行更为精密的加工。数控机床的加工仍然属于常规加工，这是因为其先进性主要体现在加工时的控制技术，而这一点并没有改变刀具切削的加工本质。

非常规加工主要指采用电火花加工、电化学加工、激光加工、超声波加工、电子束加工、离子束加工和水射流加工等新型的特种加工方法。从原理上讲，这些加工方法从根本上摆脱了刀具和磨具硬碰硬的加工方式，而转变为“以柔克刚”。这类方法有的是直接接触的加工，如激光加工、超声波加工、水射流加工等；有的在加工过程中则不与工件直接接触，如电火花成形加工。有的加工时有工具，如电加工有工具电极，超声波加工有工具杆；有的加工时根本就没有工具，如激光加工、电子束加工和离子束加工，被称为高能束流加工。这类加工方法，有不少几乎不存在宏观的机械力，因此可以完成机械切削难以加工的工件。

无论是常规的刀具切削加工、磨具的磨削加工，还是利用电、声、光等特种加工，主要是通过使工件实现材料由多到少（做减法）、尺寸和形状由粗到精成形零件的过程。而快速原型制造技术，无论是立体光刻工艺（SL）、分层实体制造工艺（LOM）、熔融沉积制造工艺（FDM），还是选择性激光烧结工艺（SLS）等则是采用逆向思维，使材料分层累加的方法（做加法）来实现原型或零件的制造。这种逆向思维，实现了制造领域设计思维的突破。

（3）装配与调试。在设计者所完成的图纸都转化为合格的零件之前，就有人开始做装配的准备工作了。这是因为，作为一项产品设计，并非什么东西都要自己设计与制造，相当一部分需要的东西甚至非常重要的东西，是可以从国内外市场上采购到的。以前我们知道，电机、轴承、密封件等可以从市场上买到。现在可以买到的东西则更多，有的是以功能部件的形式提供，例如计算机、工业控制器、控制软件、数控工作台等，给设计带来很大的方便。但是，作为一项创造性的设计，一定要有自己独创的东西，一定要有自己独立设计的东西，完全靠其他成熟的技术来进行集成，很难有真正的创造，尤其很难出现原创。

等全部所需要的零件和部件全部配齐，就可以开始装配了。装配有手工装配和自动化装配。到目前为止，自动化装配还只适用于汽车、彩电、冰箱、洗衣机和集成电路等一些特定的产品。在一种新产品的试制阶段，几乎全部靠手工装配。调试是产品装配中的核心环节。调试是以装配图所规定的产品功能要求为目标所进行的技术活动。一个产品的好坏，调试起着决定性的作用。因此，在产品的装配与调试阶段，都是请经验丰富的工程师或技师在现场工作。

3）设计与工艺的相互关联

如前所述，设计体现创新思维。因此，设计过程非常重要。它不仅决定着这项产品是否符合社会或市场需求，而且决定着这项产品能否吸引广大顾客。设计包括产品的功能设计和产品的外观设计两部分。当今的市场，不仅需要产品的各项功能要符合顾客的需求，而且外观也要符合顾客的人机工程与审美需求。

无论多么好的设计，都要靠制造来实现。懂得制造工艺的设计者，会将制造的工艺原则体现在设计中，使其完成的设计相对容易制造，这样就会提高效率、减少成本，也更容易获得成功。而不懂得制造工艺的设计者，则只会从满足功能要求上下工夫，等到制造开始，才会发现其设计中存在的工艺问题。更加为难的是，有的结构很难实现，甚至无法实现。我们看到很多失败的设计，并非设计原理出了什么问题，而是工艺细节或结构细节没有考虑周到。

如果从设计的角度要实现某种功能，确实需要复杂的结构或形体，那么，设计者就不能迁就现有的工艺方法。高明的工艺人员就需要创造新的工艺方法来适应所需要的结构，工艺创新就在这种时候出现。工艺创新经常也需要设计，这是因为工艺方法要靠工艺装备来实现。这样，工艺人员就要懂得设计，懂得设计出怎样的工艺装备才能满足制造特定的结构需要。因此，设计创新与工艺创新就紧密地联系在一起。

在设计与工艺的发展历史上，经常出现相互促进、相互影响的情况。如果工艺技术跟不上，就可能制约创新设计思想的实现。目前，我国工艺技术跟不上设计技术的发展。一些关键设备虽然设计出来了，但由于缺乏核心工艺技术，制造出来后却难以达到设计水平。因此，如果不掌握核心的工艺技术，我们国家很难成为制造强国。

总体来说，设计与工艺是制造业发展的双翼，二者彼此依赖，相互制约、相互促进。只有这两个方面同时得到协调、快速的发展，才能使我国的制造业处于国际先进水平。与此同时，我们还应该认识到，目前我国的工艺水平落后于设计水平，如果不迎头赶上，我国制造业的总体发展必然受其制约。

0.2 机械制造业在国民经济中的地位

一般认为，人类文明有3大物质支柱：材料、能源和信息。这3大支柱都离不开人类的制造活动。没有"制造"，就没有人类。从人们能够制造和利用各种设备大规模地生产各类产品开始，或者说是自蒸汽机发明后，人们陆续发明和制造出了如纺织机器、矿山机器、发电设备、冶炼设备等各种机器与设备，并且用这些机器和设备大规模地生产出了纺织品、钢铁产品、生活用品等，人类社会的文明与进步才有了质的飞跃和发展。时至今日，人类的一切用品无不留有现代设备制造的痕迹。机械制造业的概念也是随着人类社会的发展对各种机器设备的依赖性不断增加而逐步形成的。

除了那些直接的生产者外，人们使用的各种消费品，如电视机、计算机、汽车、电冰箱、洗衣机、影碟机等物品，都是由各种机器与设备生产出来的。对于大多数人来讲，不了解各种机器与自己所消费使用物品的技术关系。但是，对于专业技术人员来说，如果不了解机械制造业与一般制造业的技术关系，不知道机械制造业在整个国民经济建设中的特殊地位和作用，不重视装备制造业的发展，则是十分危险的。

机械制造业是国民经济的支柱产业，是国家创造力、竞争力和综合国力的重要体现。它不仅为现代工业社会提供物质基础，为信息与知识社会提供先进装备和技术平台，也是国家安全的基础。国民经济中的任何行业的发展，必须依靠机械制造业的支持并提供装备；在国民经济生产力构成中，制造技术的作用占 60% 以上。

0.3 机械制造技术的发展趋势

在机械制造技术发展过程中，一度认为机械制造业已成"夕阳工业"。制造业绝不是"夕阳产业"，但在制造技术中确有"夕阳技术"，这些技术同信息化大潮格格不入，同高科技发展不相适应，缺乏市场竞争力，甚至还可能危害生态环境。而与制造技术中的"夕阳技术"相对应的"先进制造技术"，则是"制造技术"同"信息技术"、"管理科学"等有关科学技术交融而形成的新型技术，可以说，它是高技术的载体，无一工业发达国家不予高度关注。机械制造技术的发展主要表现在以下方面。

1. 机械制造向高柔性化和高自动化方向发展

随着国内外市场竞争越来越激烈，机电产品更新换代周期缩短，多品种小批量生产已成为目前和今后生产的主要类型。因此，以解决中小批量生产自动化问题为主要目标的计算机数控(CNC)、加工中心(MC)、计算机辅助技术(CAX)、柔性制造系统(FMS)、现代集成制造系统(CIMS)等高新技术受到越来越多的重视，数控机床等自动化制造设备的应用比例迅速增加，适应了生产类型由大批量生产向多品种小批量生产及产品更新换代快的方向转变，缩短了生产周期，提高了生产效率，保证了产品质量。

2. 机械制造向高精度方向发展

精密、超精密加工技术在高科技领域和现代制造行业中占有非常重要的地位。目前，国内外研究机构合作研究超精密切削，成功实现了 1nm 切削厚度的稳定切削。中小型超精密机床的发展已经成熟和稳定，发达国家还研制出了有代表性的大型超精密机床，可完成超精密车削、磨削和坐标测量等工作，机床的分辨率可达 0.7nm，代表着现代机床的最高水平。

3. 机械制造向高速和高效率方向发展

高速切削、强力切削以及提高切削加工效率也是机械制造技术发展的一种趋势。目前，陶瓷轴承主轴的转速已经达到 20000～80000r/min，采用直流电动机的数控进给速度可达每分钟数十米，高速磨削的磨削速度可达 $100\sim200$m/s。

0.4 本课程的性质和学习方法

1. 本课程的性质

"典型零件工艺设计"是机械设计制造及其自动化专业机械制造方向的一门重要专业课，也是体现地方应用型本科院校办学理念的一门特色课程。它是将"认识实习"、"机械制造技术基础"、"生产实习"及"专业综合模块课程设计"等教学环节有机连接起来的一门综合课程。它以认识实习、生产实习、机械制造技术基础课程为基础，目的在于培养学生掌握典型零件的工艺设计和夹具设计的方法，并从理论过渡到实际的制造一线，真正解决工程实际问题。

本课程的培养目标是通过本课程的学习，使学生获得以下 5 个方面的知识和能力。

①掌握机械加工工艺过程及工艺规程制订的基本概念、基本原则、步骤和原始资料，在今后的学习和工作中能熟练地应用这些概念和原则；②会解决制订工艺规程时常遇见的问题，掌握专用夹具设计过程中的工件定位原理、定位元件及其选择、定位误差的分析与计算、定位方案的分析与设计等；③掌握轴类零件、套筒类零件、箱体类零件、拨叉、连杆、活塞的机械加工工艺规程制订及典型夹具设计；④齿轮的加工及其检验；⑤具有分析、解决现场生产过程中的"优质、高产、低耗、清洁"问题的能力，初步具备对制造系统、制造模式选择决策的能力。

2. 本课程的学习方法

针对本课程的性质在学习方法上应注意以下几点。

1）综合性

机械制造是一门综合性很强的技术，它要用到多种学科的理论和方法，包括物理学、化学的基本原理，数学、力学的基本方法，以及机械学、材料科学、电子学、控制论、管理科学等多方面的知识。而现代机械制造技术则有赖于计算机技术、信息技术和其他高技术的发展，反过来机械制造技术的发展又极大促进了这些高技术的发展。

针对机械制造技术综合性强的特点，在学习本课程时，要特别注意紧密联系和综合应用以往所学过的知识，注意应用多种学科的理论和方法来解决机械制造过程中的实际问题。

2）实践性

机械制造技术本身是机械制造生产实践的总结，因此具有极强的实践性。机械制造技术是一门工程技术，它所采用的基本方法是"综合"。机械制造技术要求对生产实践活动不断地进行综合，并将实际经验条理化和系统化，使其逐步上升为理论；同时又要及时地将其应用于生产实践之中，用生产实践检验其正确性和可行性；并用经过检验的理论和方法对生产实践活动进行指导和约束。

针对机械制造技术基础实践性强的特点，在学习本课程时，要特别注意理论紧紧联系生产实践。除了参考大量的书籍之外，更加重要的是必须重视实践环节，即通过实验、实习、设计及工厂调研来更好地体会、加深理解。加强感性知识与理性知识的紧密结合，是学习本课程的最好方法。一方面，我们应看到生产实践中蕴藏着极为丰富的知识和经验，其中有很多知识和经验是书本中找不到的。对于这些知识和经验，我们不仅要虚心学习，更要注意总结和提高，使之上升到理论的高度。另一方面，我们在生产实践中还会看到一些与技术发展不同步、不协调的情况，需要不断加以改进和完善，即使是技术先进的生产企业也是如此。这就要求我们要善于运用所学的知识，去分析和处理实践中的各种问题。

3）辩证性

生产活动是极其丰富的，同时又是各异的和多变的。机械制造技术总结的是机械制造生产活动中的一般规律和原理，将其应用于生产实际要充分考虑企业的具体状况，如生产规模的大小，技术力量的强弱，设备、资金、人员的状况等。生产条件的不同，所采用的生产方法和生产模式可能完全不同。而在基本相同的生产条件下，针对不同的市场需求和产品结构以及生产进行的实际情况，也可以采用不同的工艺方法和工艺路线。这充分体现了机械制造技术的辩证性。

针对机械制造的这些特点，在学习本课程时，要特别注意充分理解机械制造技术的基本概念，牢固掌握机械制造技术的基本理论和基本方法，以及这些理论和方法的综合应用。要注意向生产实际学习，积累和丰富实际知识和经验，因为这些是掌握制造技术基本理论和基本方法的前提。

第 **1** 章

机械加工工艺编制基本知识

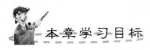 本章学习目标

★ 了解机械加工工艺过程及工艺规程制订的基本概念、基本原则、步骤和原始资料；

★ 理解机械加工过程中工件的安装方法及零件形状、尺寸、位置精度的获得方法；

★ 掌握基准的概念、机械加工过程中基准的选择原则及其对工艺路线的影响；

★ 掌握零件表面加工方法的选择、机械加工工艺路线的制订；

★ 掌握工序余量及其确定、工序尺寸的确定。

 本章教学要点

知识要点	能力要求	相关知识
机械加工工艺过程的概念	了解机械加工工艺过程及工艺规程制订的基本概念、基本原则、步骤和原始资料	工艺过程的概念、组成，制订机械加工工艺规程的原则和原始资料
工件的安装方法	理解机械加工过程中工件的安装方法及零件形状、尺寸、位置精度的获得方法	工件的安装调整方法、工件获得加工精度的方法
基准及其选择	掌握基准的概念、机械加工过程中基准的选择原则及其对工艺路线的影响	基准的概念、粗基准的选择、精基准的选择
工艺路线的拟订	掌握零件表面加工方法的选择、机械加工工艺路线的制订	经济精度、粗糙度，工序的集中与分散，加工阶段划分，加工顺序安排
工序设计	掌握工序余量及其确定、工序尺寸的确定	余量的概念及其确定、工序尺寸的计算、时间定额、工艺文件的填写

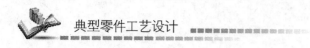

导入案例

　　机械制造业中，人们利用所学的数学、力学、工程材料、机械原理、机械设计等专业知识，以及人们所积累的实践经验来完成机械制造工程所需要的图纸，包括装配图、零件图及其技术要求。当图纸设计完成后，还需要将图纸转化为市场所需要的设备或装置，实现转化的手段就是各种制造工艺方法。将图纸转化为毛坯、零件和装配体的工艺手段有很多，采用什么样的工艺要针对具体的设计对象。工艺是制造业中的核心技术。没有这个核心技术，图纸就永远是图纸，决不能转化为市场所需要的产品。

　　机械产品的制造过程是一个复杂的过程，需要经过一系列的机械加工工艺和装配工艺才能完成。工艺过程的要求是优质、高产、低耗、清洁，以取得最佳经济效益。不同的产品其制造工艺各不相同，即使是同一种产品，在不同的情况下其制造工艺过程也不相同。一种产品的制造工艺过程的确定不仅取决于产品自身的结构、功能特征、精度要求的高低以及企业的设备技术条件和水平，更取决于市场对该产品的种类及产量的要求。工艺过程的不同决定了生产系统的构成也不相同，从而有了不同的生产过程，这些差别的综合反映就是企业的生产组织类型的不同。

1.1　机械加工工艺过程的概念

1.1.1　生产过程和工艺过程

1. 生产过程

　　制造机器时，由原材料到成品之间的所有劳动过程的总和称为生产过程。其中包括原材料的运输与保存、生产的准备工作、毛坯的制造、毛坯经机械加工和热处理成为零件、零件装配成机器、机器的检验与试车运行、机器的油漆和包装等。一台机器的生产过程很复杂，往往由许多工厂联合完成。例如，一辆汽车有上万个零部件，为了便于组织专业化生产，提高劳动生产率和降低成本，这些零部件常常分散在许多工厂生产，然后集中在总装厂装配成汽车。

　　一个工厂的生产过程，又可分为各个车间的生产过程。一个车间的成品，往往又是另一车间的原材料。例如铸造车间的成品（铸件）就是机械加工车间的"毛坯"；而机械加工车间的成品又是装配车间的原材料。

2. 工艺过程

　　在机械产品的生产过程中，那些与原材料变为成品直接有关的过程称为工艺过程，如毛坯制造、机械加工、热处理和装配等。采用机械加工的方法，直接改变毛坯的形状、尺寸和表面质量，使之成为成品的过程称为机械加工工艺过程（以下简称工艺过程）。

1.1.2　工艺过程的组成

　　工艺过程是由若干个按一定顺序排列的工序组成的，工序是组成工艺过程的基本单元。工序又可分为安装、工步、走刀和工位。

1. 工序

工序是指一个(或一组)工人,在一台机床上(或一个工作地点),对一个(或同时几个)工件所连续完成的那一部分工艺过程。划分工序的主要依据是机床是否改变和加工过程是否连续。图 1.1 所示为阶梯轴,其工艺过程见表 1-1。

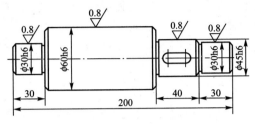

图 1.1 阶梯轴简图

该阶梯轴的机械加工工艺过程,根据所用的机床不同,划分为 5 道工序。即所使用的机床不同不能划分为一道工序,否则工艺过程不连续。当然制订一个零件的工艺规程,还要考虑生产类型、时间定额("节拍")等因素。另外,随着数控机床,尤其是加工(车削)中心的普遍使用,钻削、车削、铣削、镗削等不同加工方法可以由一台机床完成,这时也就可以划分为一道工序了。

表 1-1 阶梯轴工艺过程

工序号	工序名称	机床
1	铣端面打中心孔	铣端面打中心孔机床
2	车外圆、切槽、倒角	普通车床
3	铣键槽	立式铣床
4	去毛刺	钳工台
5	磨外圆	外圆磨床

2. 安装

在同一道工序中,工件可能只装夹一次,也可能装夹几次。工件每装夹、调整一次就称为一次安装。应尽可能减少安装次数,因为每安装一次所引起的安装误差都不相同,造成了工件加工尺寸的分散。同时增加了工件加工的辅助时间。

3. 工步

在同一道工序内,当加工表面不变、切削工具不变、切削用量中的切削速度和进给量不变的情况下所完成的那一部分工艺过程称为工步。例如,图 1.1 所示阶梯轴的工序 2,可分为车 $\Phi 60$mm 外圆、车 $\Phi 30$mm 外圆、车端面、切槽、倒角等工步。但是,对于在一次安装中连续进行的若干相同的工步,通常算作一个工步。如图 1.2 所示的零件,如用一把钻头连续钻削 4 个 $\Phi 15$mm 的孔,认为是一个工步,即钻 4-$\Phi 15$mm 孔。还有一种情况,用几把不同刀具或复合刀具同时加工一个零件的几个表面的工步,也看做一个工步,这种工步称为复合工步。如图 1.3 所示的情况,就是一个复合工步。

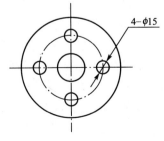

图 1.2 加工 4 个相同表面的工步

4. 走刀

在一个工步内，若需切去的金属层较厚，则需分几次切削，即只有切削深度（背吃刀量）发生变化。每切一次就称为一次走刀。多工位为了减少安装次数，常常采用各种回转工作台（或回转夹具），使工件在一次安装中先后处于几个不同位置进行加工。工件在机床上占据的每一个位置称为一个工位。如图1.4所示，在回转工作台上依次完成装卸工件、钻孔、扩孔和铰孔4个工位的加工。

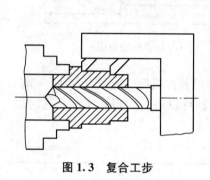

图 1.3　复合工步

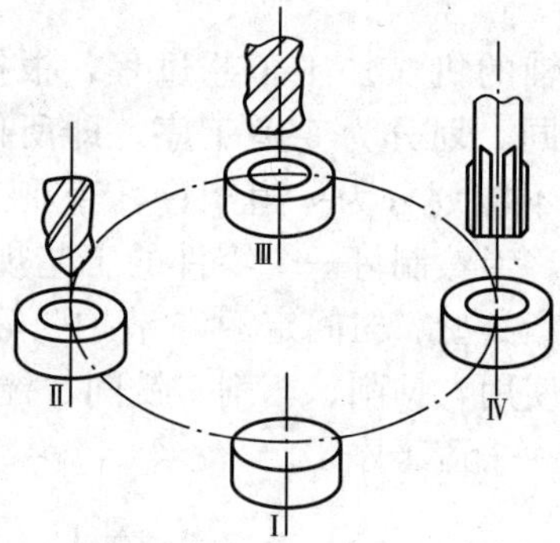

图 1.4　多工位加工
工位Ⅰ—装卸工件；工位Ⅱ—钻孔；
工位Ⅲ—扩孔；工位Ⅳ—铰孔

1.2　工件的安装与获得精度的方法

1.2.1　工件的安装

为了在工件上加工出符合规定技术要求的表面，加工前必须使工件在机床上或夹具中占据正确位置，这叫做定位。工件定位后，由于在加工中要受到切削力或其他力的作用，因此必须将工件夹紧以保持定位获得的正确位置不变。工件从定位到夹紧的过程统称为安装。

工件安装精度的高低将直接影响工件获得的加工精度，而安装的快慢则影响生产率的高低。因此工件的安装，对保证质量、提高生产率和降低加工成本有着重要的意义。

由于工件大小、加工精度和批量的不同，工件的安装有下列3种方式。

1. 直接找正安装

直接找正安装是用划针或百分表等直接在机床上找正工件的位置。图1.5(a)所示为在磨床上磨削一个与外圆表面有同轴度要求的内孔，加工前将工件装在四爪盘上，用百分表直接找正外圆，使工件获得正确的位置。又如图1.5(b)所示为在牛头刨床上加工一个与工件底面、右侧面有平行度要求的槽，用百分表找正工件的右侧面，可使工件获得正确的位置，而槽与底面的平行度则由机床的几何精度来保证。

直接找正安装的精度和工作效率，取决于要求的找正精度、所采用的找正方法、所使

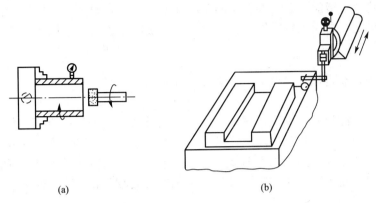

(a)   (b)

图 1.5　直接找正安装

用的找正工具和工人的技术水平。此法的缺点是费时费事，因此一般只适用于工件批量用夹具安装不经济或工件定位精度要求特别高，采用专用夹具也不能保证，只能用精密量具直接找正定位的场合。

2. 画线找正安装

安装形状复杂的工件，因毛坯精度不易保证，若用直接找正很难使工件上各个加工面都有足够和比较均匀的加工余量。若先在毛坯上画线，然后按照所画的线来找正安装，则能较好地解决这些矛盾。

此法要增加画线工序，定位精度也不高。因此多用于批量小、零件形状复杂、毛坯制造精度较低的场合，以及大型铸件和锻件等不宜使用专用夹具的粗加工。

3. 专用夹具安装

用专用夹具安装是工件在夹具中定位并夹紧，不需要找正。此法安装精度较高，而且装卸方便，可以节省大量辅助时间。但制造专用夹具成本高、周期长，因此适用于成批和大量生产。

1.2.2　工件获得加工精度的方法

加工精度是指零件加工后的几何参数(尺寸、形状和位置)与图纸规定的理想零件的几何参数符合的程度。符合程度愈高，加工精度愈高。所谓理想零件，对表面形状而言，就是绝对的平面、圆柱面、圆锥面等；对表面相互位置而言，就是绝对的平行、垂直、同轴和一定的角度关系；对于尺寸而言，就是零件尺寸的公差带中心。绝对的事物在世界上是不存在的，所以理想零件也是不存在的。加工后的几何参数与理想零件的几何参数总存在一定的偏差，这种偏差称为加工误差。加工误差是客观存在的，实践证明对不同性能的机器，只要把加工误差控制在一定范围内，就能够满足其性能要求。为提高效率、降低成本，只要加工误差不超过零件图上按设计要求和公差标准规定的偏差，该零件就算合格的零件，也就是达到了加工精度要求的零件。

1. 加工精度的内容

加工精度包括 3 个方面。

(1) 尺寸精度：指加工后零件的实际尺寸与理想尺寸相符合的程度。

（2）形状精度：指加工后零件表面的实际几何形状与理想的几何形状相符合的程度。

（3）位置精度：指加工后零件有关表面之间的实际位置与理想位置符合的程度。

2. 获得尺寸精度的方法

机械加工中，获得尺寸精度的方法有以下 4 种。

1）试切法

通过"试切→测量→调整→再试切→……"的方法反复进行，直到被加工零件的尺寸精度达到要求，然后一次切削完成。这种方法费时费事，一般只适用于单件小批生产。

试切法达到的精度与操作工人的技术水平关系极大，同时，还受测量精度、刀具的锐钝程度及调节刀具与工件相对位置的微量进给机构的灵敏度和准确度的影响。

2）定尺寸刀具法

用刀具的尺寸直接保证零件被加工表面尺寸精度的方法。例如，用钻头、铰刀、拉刀、丝锥和浮动镗刀块等进行加工都属于这类加工方法。这种方法生产率一般较高，在孔加工中得到广泛的应用。定尺寸刀具法加工的尺寸精度比较稳定。精度高低主要取决于刀具本身的尺寸精度、形状精度、刀具的安装精度和磨损程度以及机床精度的影响。

3）调整法

调整法预先调整好刀具和工件在机床上的相对位置，并在一批零件的加工过程中始终保持这个位置不变，以保证零件被加工尺寸的方法。这种方法广泛应用于成批及大量生产中。

调整法比试切法的加工精度稳定性好，并有较高的生产率。零件的加工精度主要取决于调整精度、调整时的测量精度和机床精度以及刀具磨损等。

4）自动控制法

这种方法是把测量装置、进给装置和控制系统等组成一个自动控制的加工系统。这个系统能根据测量装置对被加工零件的测量信息对刀具的运行进行控制，自动补偿刀具磨损及其他因素造成的加工误差，从而自动获得所要求的尺寸精度。例如，在磨削加工中，自动测量工件的加工尺寸，在与所要求的尺寸进行比较后发出信号，使砂轮磨削、修整和微量补偿或使机床停止工作。这种方法自动化程度高，获得的精度也高。

3. 获得形状精度的方法

1）轨迹法

使刀具相对于工件按一定规律（取决于加工表面）运动（表面成形运动），从而加工出要求形状的表面，其形状精度主要取决于刀具运动的精度。刀具运动由机床提供，对机床相应的运动有精度要求。

2）成形法

刀具切削刃的形状与工件加工表面要求的形状相吻合（两者有对应关系），从而加工出要求形状的表面，其形状精度主要取决于刀具切削刃的形状精度。以一定形状的切削刃代替一定规律的刀具运动，使机床省略了该项运动，简化了机床结构。但刀具结构变得复杂，并需专门设计、制造，制造难度和成本加大。

3）展成法

利用刀具和工件做展成切削运动，切削刃的包络面形成加工表面。其形状精度，主要取决于展成运动的传动精度、刀具切削刃的形状和位置精度。展成运动由机床提供，对机床展成运动链的传动精度有较高要求。使用的刀具结构复杂、精度要求高、制造难度较大、成本较高。

工件表面形状主要取决于两条发生线的线型，有时也与两条发生线相互位置有关。轨迹法的发生线线型由刀具相对于工件运动轨迹决定；成形法的发生线线型由刀具切削刃的形状决定；展成法的发生线线型是刀具切削刃相对工件做展成运动形成的，因此不仅取决于刀具切削刃的形状，还取决于展成运动规律。

4. 获得位置精度的方法

工件表面的相互位置涉及至少两个表面(或几何要素)，因此与各个表面形成时位置的相互制约有关。

(1) 一次装夹获得法。在一次装夹中，完成零件上有位置要求的两个(或多个)表面的加工，表面的相互位置取决于每个表面的形成过程和表面的加工转换过程，特别是转换过程。

在表面的形成过程中，位置精度主要取决于机床有关运动部件的运动精度和相互位置精度。

表面的加工转换常见的有两种方式。

① 由机床相关运动部件的运动实现转换，位置精度取决于运动部件定位精度。定位方法一般有 3 种。一是按机床标尺(如手轮刻线，行程刻线)或使用测量装置人为定位；按机床标尺定位精度低，不高于 0.1mm；使用测量装置定位精度取决于位置测量精度，可以达到很高，但效率很低。二是用行程开关或挡铁定位，挡块配合行程开关定位精度不高，0.1mm 左右；死挡铁定位精度较高，可达 0.01mm 左右。三是数控装置定位，如采用数控机床，定位精度高，一般可达 0.01mm，高的可达 0.1μm。

② 由分度工作台或带转位机构的夹具转位实现转换，位置精度取决于工作台或夹具的转位精度。

(2) 多次装夹获得法。零件上有位置要求的两个(或多个)表面是在不同的装夹中加工完成的，一个表面的位置除取决于自身形成过程，还取决于该表面加工装夹的定位情况，后者是决定性的。定位确定了加工表面与定位面之间的位置。若表面的位置要求的基准就是该定位面，位置精度就是定位精度。若表面的位置要求的基准不是该定位面，位置精度就是定位精度和基准相对该定位面位置精度的综合。

1.3 机械加工工艺规程的作用及其所需的原始资料

1.3.1 机械加工工艺规程的作用

1. 工艺规程是指导生产的重要技术文件

工艺规程是在给定的生产条件下，在总结实际生产经验和科学分析的基础上，由多个加工工艺方案优选而制订的。因此，工艺规程是指导生产的重要技术文件，实际生产必须按照工艺规程规定的加工方法和加工顺序进行，只有这样才能实现优质、高产、低成本和安全生产。

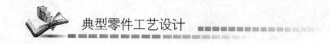

2. 工艺规程是组织生产、安排管理工作的重要依据

在新产品投产前，首先要按工艺规程进行大量的有关生产的准备工作；计划和调度部门，要按工艺规程确定各个零件的投料时间和数量，调整设备负荷，供应动力能源，调配劳动力等；各工作地点也要按工艺规程规定的工序、工步以及所用设备、工时定额等有节奏地进行生产。总之，制订定额、计算成本、生产计划、劳动工资、经济核算等企业管理工作都必须以工艺规程为依据，使各科室、车间、工段和工作地紧密配合，以保证均衡地完成生产任务。

3. 工艺规程是设计或改(扩)建工厂的主要依据

在设计或改(扩)建工厂时，必须根据工艺规程的有关规定，确定所需机床设备的品种、数量，车间布局、面积，生产工人的工种、等级和数量等。

4. 工艺规程有助于技术交流和推广先进经验

经济合理的工艺规程是在一定的技术水平及具体的生产条件下制订的，是相对的，是有时间、地点和条件的。

因此，虽然在生产中必须遵守工艺规程，但工艺规程也要随着生产的发展和技术的进步不断改进，生产中出现了新问题，就要以新的工艺规程为依据组织生产。但是，在修改工艺规程时，必须采取慎重和稳妥的步骤，即在一定的时间内要保证既定的工艺规程具有一定的稳定性，要力求避免贸然行事，决不能轻率地修改工艺规程，以致影响生产的正常秩序。

1.3.2 制订机械加工工艺规程的原始资料

1. 制订工艺规程的原则

制订工艺规程的原则是，在一定的生产条件下，应以最少的劳动量和最低的成本，在规定的期间内，可靠地加工出符合图样及技术要求的零件，实现优质、高产、低耗和清洁生产。在制订工艺规程时，应注意以下问题。

1) 技术上的先进性

在制订工艺规程时，要了解当时国内外本行业工艺技术的发展水平，通过必要的工艺试验，积极采用适用的先进工艺和工艺装备。

2) 经济上的合理性

在一定的生产条件下，可能会出现几种能保证零件技术要求的工艺，此时应通过核算或相互对比，选择经济上最合理的方案，使产品的能源、原材料消耗和成本低。

3) 具有良好的劳动条件

在制订工艺规程时，要注意保证工人在操作时有良好而安全的劳动条件。因此在工艺方案上要注意采取机械化或自动化的措施，将工人从某些笨重繁杂的劳动中解放出来。

2. 制订工艺规程的原始资料

在制订工艺规程时，通常应具备下列原始资料。

(1) 产品的全套装配图和零件工作图。

(2) 产品验收的质量标准。

（3）产品的生产纲领（年产量）。

（4）毛坯资料。

毛坯资料包括各种毛坯制造方法的技术经济特征、各种型材的品种和规格及毛坯图等。在无毛坯图的情况下，需实地了解毛坯的形状、尺寸及机械性能等。

（5）现场的生产条件。

为了使制订的工艺规程切实可行，一定要考虑现场的生产条件。因此要深入生产实际，了解毛坯的生产能力及技术水平、加工设备和工艺装备的规格及性能、工人技术水平以及专用设备及工艺装备的制造能力等。

（6）国内外工艺技术的发展情况。

工艺规程的制订，既应符合生产实际，又不能墨守成规，要随着生产的发展，不断地革新和完善现行工艺，以便在生产中取得最大的经济效益。

（7）有关的工艺手册及图册。

1.4 编制机械加工工艺规程的方法与步骤

1.4.1 确定生产类型

1. 生产纲领

某种产品（或零件）的年产量称为该产品（或零件）的生产纲领。零件的生产纲领可按下式计算。

$$N=Qn(1+a\%)(1+b\%) \tag{1-1}$$

式中：N——每台产品中该零件的数量（件/台）；

$a\%$——备品率，根据实际加工情况确定，一般不超过 7%；

$b\%$——废品率，根据实际加工情况确定，一般不超过 2%。

2. 生产类型

在机械制造业中，根据生产纲领的大小和产品的特点，可以分为 3 种不同的生产类型：单件生产、大量生产、成批生产。

（1）单件生产。生产中单个地生产不同结构和尺寸的产品，很少重复或不重复，称为单件生产。如新产品试制、重型机械的制造等均是单件生产。

（2）大量生产。同一产品的生产数量很大，大多数工作地点重复地进行某一道工序的加工，称为大量生产。如汽车、拖拉机、轴承等的制造通常是大量生产。

（3）成批生产。一年中分批地制造相同的产品，工作地点的加工对象周期性的重复，称为成批生产。如普通车床、纺织机械等的制造通常是以成批生产方式进行的。

成批生产中，同一产品（或零件）每批投入生产的数量称为批量。根据批量大小，成批生产又分为小批生产、中批生产、大批生产。小批生产的工艺特点接近单件生产，合称为单件小批生产。大批生产的工艺特点接近大量生产，常合称为大批大量生产。中批生产介于单件生产和大量生产之间。因此实际生产中，成批生产通常是指中批生产。这样，另外一种生产类型的划分也常使用，即单件小批生产、中批生产和大批大量生产。

生产类型的划分，可根据生产纲领和产品及零件的大小和复杂程度，或按工作地点每月担负的工序数来确定。机械制造企业生产类型的划分见表 1-2。

表 1-2　机械制造企业生产类型的划分

生产类型	工作地点每月担负的工序数	生产纲领（产品年产量）		
		重型（零件质量大于 2000kg）	中型（零件质量 100～2000kg）	轻型（零件质量小于 100kg）
单件生产	不作规定	<5	<20	<100
小批生产	>20～40	5～100	20～200	100～500
中批生产	>10～20	100～300	200～500	500～5000
大批生产	>1～10	300～1000	500～5000	5000～50000
大量生产	1	>1000	>5000	>50000

各种生产类型的工艺特点见表 1-3。从表中可看出，在制订零件的机械加工时应首先确定生产类型，根据不同生产类型的工艺特点，制订出合理的工艺规程。

表 1-3　各种生产类型的工艺特点

项目	单件生产	成批生产	大量生产
零件的互换性	一般是配对制造，缺乏互换性，广泛用钳工修配	大部分有互换性，少数用钳工修配	全部有互换性，精度较高的配合选择分组互换法
毛坯的制造方法及加工余量	铸件用木模手工造型铸造，锻件用自由锻。毛坯精度低，加工余量大	部分铸件用金属模造型铸造，部分锻件用模锻。毛坯精度中等，加工余量中等	铸件广泛采用金属模造型铸造，锻件广泛采用模锻以及其他高的毛坯制造方法。毛坯精度高，加工余量小
机床设备	通用机床。按机床种类及大小采用"机群式"排列	部分通用机床和部分高生产率专用机床。按加工零件类别分工段排列	广泛采用高生产率的专用机床及自动机床。按流水线形式排列
夹具	多用通用夹具，极少采用专用夹具，靠画线及试切法达到精度要求	广泛采用专用夹具，部分靠画线法达到精度要求	广泛采用高效率专用夹具及调整法达到加工精度
刀具与量具	采用通用刀具和万能量具	较多采用专用刀具及专用量具	广泛采用高生产率刀具和量具
对工人的要求	需要技术熟练的工人	需要一定熟练程度的工人	对操作工人的技术要求较低，对调整工人的技术要求较高
工艺规程	有简单的工艺路线卡	有工艺规程，对关键零件有详细的工艺规程	有详细的工艺规程
生产率	低	中	高

（续）

项目	单件生产	成批生产	大量生产
成本	高	中	低
发展趋势	箱体类复杂零件采用加工中心	采用成组技术、数控机床或柔性制造系统等进行加工	在计算机控制的自动化制造系统中加工，并可能实现在线故障诊断、自动报警和加工误差自动补偿等

1.4.2 分析零件图及装配图

在制定工艺规程时，必须对零件进行工艺分析。零件的工艺分析包括下面几个内容。

1. 分析和审查零件图纸

通过分析产品零件图及有关的装配图，了解零件在产品中的功用，在此基础上进一步审查图纸完整性和正确性。例如，图纸是否符合标准，是否有足够的视图，尺寸、公差和技术要求的标注是否齐全等。若有遗漏、错误，应及时提出修改意见，并与有关设计人员协商，按一定手续进行补充或修改。

2. 审查零件材料的选择是否恰当

零件材料的选择应立足于国内，尽量采用我国资源丰富的材料，不能随便采用贵重金属。此外，如果材料选的不合理，可能会使工艺过程的安排发生问题。例如图 1.6 所示方销，方头部分要求淬硬到 $55 \sim 60HRC$，零件上有一个 $\phi2H7$ 的孔，装配时和另一零件配作，不能预先加工好。若选用的材料为 T10A（优质碳素工具钢），因零件很短，总长只有 15 mm，方头淬火时，势必全部被淬硬，以致 $\phi2H7$ 不能加工。若改用 20Cr，局部渗碳，$\phi2H7$ 处镀铜保护，淬火后不影响孔的配作加工，这样就比较合理了。

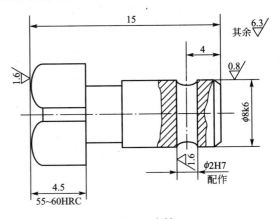

图 1.6 方销

3. 分析零件的技术要求

零件的技术要求包括下列几个方面。

（1）加工表面的尺寸精度。

（2）加工表面的几何形状精度。

（3）各加工表面之间的相互位置精度。

（4）加工表面粗糙度以及表面质量方面的其他要求。

4. 热处理要求及其他要求

通过分析，了解这些技术要求的作用，并进一步分析这些技术要求是否合理，在现有生产条件下能否达到，以便采取相应的措施。

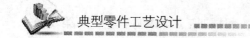

5. 审查零件的结构工艺性

零件的结构工艺性是指零件的结构在保证使用要求的前提下，是否能以较高的生产率和最低的成本方便地制造出来的特性。也就是该零件的结构：第一能否制造出来，第二能否用最经济的方法制造出来。满足这两条就叫结构工艺性好，否则就是结构工艺性差。使用性能完全相同而结构不同的两个零件，它们的制造方法和制造成本可能有很大的差别。

结构工艺性涉及的方面较多，包括毛坯制造的工艺性（如铸造工艺性、锻造工艺性和焊接工艺性等）、机械加工的工艺性、热处理工艺性、装配工艺性和维修工艺性等。下面着重介绍机械加工中的零件结构工艺性问题。

（1）零件的结构应便于安装，安装基面应保证安装方便，定位可靠，必要时可增加工艺凸台，如图 1.7(a)所示。工艺凸台可在精加工后切除。零件结构上应有可靠的夹紧部位，必要时可增加凸缘或孔，使安装时夹紧方便可靠，如图 1.7(b)所示。

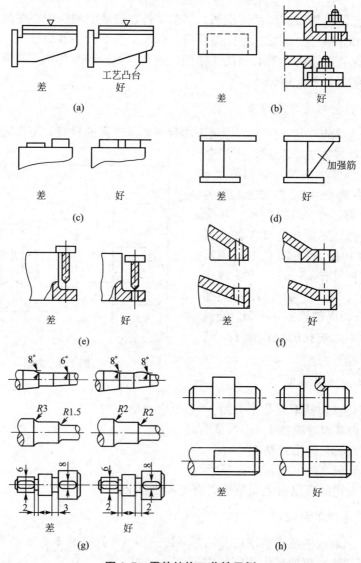

图 1.7 零件结构工艺性示例

（2）被加工面应尽量处于同一平面上，以便于用高生产率的方法（如端铣、平面磨等）一次加工出来，如图 1.7（c）所示。同时被加工面应与不加工面清楚地分开。

（3）被加工面的结构刚性要好，必要时可增加加强筋，这样可以减少加工中的变形，保证加工精度，如图 1.7（d）所示。

（4）孔的位置应便于刀具接近加工表面，如图 1.7（e）所示。孔口的钻入端和钻出端应与孔的轴线垂直，以防止钻头的引偏和折断，提高钻孔精度，如图 1.7（f）所示。

（5）台阶轴的圆角半径、退刀槽和键槽的宽度以及圆锥面的锥度应尽量统一，以便于用同一把刀具进行加工，减少换刀与调整的时间，如图 1.7（g）所示。

（6）磨削、车削螺纹都需要设置退刀槽，以保证加工质量和改善装配质量，如图 1.7（h）所示。

（7）应尽量减少加工面的面积和避免深孔加工，以保证加工精度和提高生产率。

1.4.3 基准的选择

合理地选择定位基准，对于保证加工精度和确定加工顺序都有决定性的影响。在最初的每一道工序中，只能用毛坯上未经加工的表面作为定位基准，这种定位基准称为粗基准。经过加工的表面所组成的定位基准称为精基准。

1. 粗基准的选择

选择粗基准时一般应注意以下几点。

（1）选择不加工表面作粗基准，可以保证加工面与不加工面之间的相互位置精度。如图 1.8（a）所示零件，可以选外圆柱面 D 和左端面定位。这样可以保证内外圆同轴（壁厚均匀）以及尺寸 L。

（2）若工件必须保证某个重要表面加工余量均匀（或足够），则应选择该表面作为粗基准。例如，车床床身的导轨面是重要表面，要求硬度高而均匀，希望加工时只切去一小层均匀的余量，使其表面保留均匀的金相组织，具有较高而一致的物理机械性能，以增加导轨的耐磨性。故应先以导轨面作粗基准加工床腿底平面，然后以底平面作精基准加工导轨面，如图 1.8（b）所示。

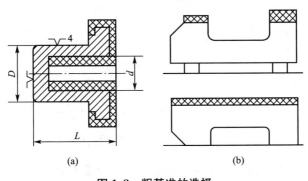

（a）   （b）

图 1.8 粗基准的选择

（3）选作粗基准的表面应尽可能平整光洁，无飞边、毛刺等缺陷，使定位准确、夹紧可靠。

（4）在同一尺寸方向上，粗基准原则上只能使用一次。因粗基准本身都是未经加工的表面,精度低、粗糙度数值大,在不同工序中重复使用同一方向的粗基准,则不能保证被加工表面之间的位置精度。

2.精基准的选择

精基准的选择应有利于保证加工精度,并使工件装夹方便。具体选择时可参考下列一些原则。

(1)基准重合原则。即尽量选择设计基准作为定位基准,以避免基准不重合误差。如图1.9所示零件,设计尺寸为 L_1、L_2。在 L_1 尺寸方向上,若以 B 面定位铣削 C 面,这时定位基准与设计基准重合,可直接保证设计尺寸 L_1;若以 A 面定位铣削 C 面,则定位基准与设计基准不重合,这时只能直接保证尺寸 L,而设计尺寸 L_1,是通过 L_2 和 L 间接保证的。L_1 的精度取决于 L_2 和 L 的精度。

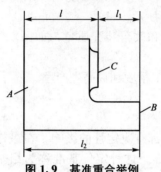

图1.9 基准重合举例

尺寸 L_2 的误差即为定位基准 A 与设计基准 B 不重合而产生的误差,称为基准不重合误差,它将影响尺寸 L_1 的加工精度。

(2)基准统一原则。即在尽可能多的工序中选用相同的精基准定位。这样便于保证不同工序中所加工的各表面之间的相互位置精度,并能简化夹具的设计与制造工作。如轴类零件常用两个顶尖孔作为统一精基准,箱体类零件常用一面两孔作为统一精基准。

(3)互为基准原则。即互为基准,反复加工。如精密齿轮高频淬火后,齿面的淬硬层较薄,可先以齿面为精基准磨内孔,再以内孔为精基准磨齿面,这样可以保证齿面切去小而均匀的余量,保证齿圈径向跳动要求。

(4)自为基准原则。某些精加工或光整加工工序中要求余量小而均匀,可选择加工表面本身作为精基准。例如,磨削床身导轨面时可先用百分表找正导轨面,然后进行磨削,可以获得均匀的余量,如图1.10所示。这时导轨面就是自身的定位基准面。

此外,还要求所选精基准能保证工件定位准确可靠、装夹方便、夹具结构简单。

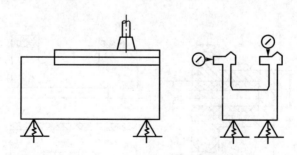

图1.10 自为基准举例

上述定位基准的选择原则常常不能全都满足,甚至会互相矛盾,如基准统一,有时就不能基准重合,故不应生搬硬套,必须结合具体情况,灵活应用。

1.4.4 设计毛坯零件图及确定其制造方式

毛坯是根据零件(或产品)所要求的形状、工艺尺寸等而制成的供进一步加工用的生产对象。毛坯种类、形状、尺寸及精度对机械加工工艺过程、产品质量、材料消耗和生产成本有着直接影响。

1. 确定毛坯种类

机械产品及零件常用毛坯种类有铸件、锻件、焊接件、冲压件以及粉末冶金件和工程塑料件等。根据要求的零件材料、零件对材料组织和性能的要求、零件结构及外形尺寸、零件生产纲领及现有生产条件，可参考表1-4确定毛坯的种类。

表1-4　机械制造业常用毛坯种类及特点

毛坯种类	毛坯制造方法	材料	形状复杂性	公差等级(IT)	特点及适应的生产类型	
型材	热轧	钢、有色金属(棒、管、板、异形等)	简单	11~12	常用作轴、套类零件及焊接毛坯分件，冷轧坯尺寸精度高但价格贵，多用于自动机	
	冷轧(拉)			9~10		
铸件	木模手工造型	铸铁、铸钢和有色金属	复杂	12~14	单件小批量生产	铸件毛坯可获得复杂形状，其中灰铸铁因其成本低廉、耐磨性和吸振性好而广泛用作机架、箱体类零件毛坯
	木模机器造型			~12	成批生产	
	金属模机器造型			12	大批大量生产	
	离心铸造	有色金属、部分黑色金属	回转体	12~14	成批或大批大量生产	
	压铸	有色金属	可复杂	9~10	大批大量生产	
	熔模铸造	铸钢、铸铁	复杂	10~11	成批或大批大量生产	
	失蜡铸造	铸铁、有色金属		9~10	大批大量生产	
锻件	自由锻造	钢	简单	12~14	单件小批量生产	金相组织纤维化且走向合理，零件机械强度高
	模锻		较复杂	11~12	大批大量生产	
	精密模锻			10~11		
冲压件	板料加压	钢、有的金属	较复杂	8~9	适用于大批大量生产	
粉末冶金件	粉末冶金	铁、铜、铝基材料	较复杂	7~8	机械加工余量极小或无机械加工余量，适用于大批大量生产	
	粉末冶金热模锻			6~7		
焊接件	普通焊接	铁、铜、铝基材料	较复杂	12~13	用于单件小批量生产，因其生产周期短、不需准备模具、刚性好及材料省而常用以代替铸件	
	精密焊接			10~11		
工程塑料件	注射成型吹塑成型精密模压	工程塑料	复杂	9~10	适用于大批大量生产	

2. 确定毛坯的形状

从减少机械加工工作量和节约金属材料出发，毛坯应尽可能接近零件形状。最终确定的毛坯形状除取决于零件形状、各加工表面总余量和毛坯种类外，还要考虑以下方面。

（1）是否需要制出工艺凸台，以利于工件的装夹，如图1.11(a)所示。

（2）是一个零件制成一个毛坯，还是多个零件合制成一个毛坯，如图1.11(b)、（c）所示。

（3）哪些表面不要求制出（如孔、槽、凹坑等）。

（4）铸件分型面、拔模斜度及铸造圆角；锻件敷料、分模面、拔模斜度及圆角半径等。

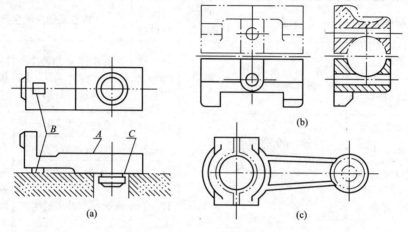

图1.11　毛坯形状

3. 绘制毛坯零件综合图

绘制毛坯零件图，以反映出确定的毛坯的结构特征及各项技术条件。

1.4.5　拟定工艺路线

拟定工艺路线即制订出由粗到精的全部加工过程，包括零件各表面的加工方法、安排加工顺序等，还包括确定工序分散与集中的程度、安排热处理以及检验等辅助工序。这是关键性的一步，要多提出几个方案进行分析比较。

1. 确定零件表面加工方案

构成零件的表面类型很多，一般有外圆、内圆、平面、螺旋面、渐开线齿面等。同一种表面可以采用不同的加工方法来加工，但每种方法的加工质量、加工时间、成本等是不同的。必须根据具体加工条件，即加工表面的技术要求、生产类型、企业现有生产条件等，选用最合理的加工方法。这是拟定工艺路线的重要环节。具体确定零件表面的加工方案时，查阅《机械加工工艺手册》。表1-5、表1-6和表1-7分别列出了外圆、孔和平面的常用加工方法能够达到的加工经济精度和表面粗糙度，这些是选择加工方法的基本技术资料。具有一定技术要求的加工表面，往往不是通过一次加工就能达到其技术要求的，一般都经过多次加工。几何精度和表面粗糙度要求越高，经过加工的次数越多。将多次加工采用的加工方法的组合称为加工方案。

表1-5 外圆常用加工方法的加工精度和表面粗糙度

加工方法		加工经济精度 IT	表面粗糙度 R_a/μm	待加工表面要求	适用场合
车	粗车	11～13	5～20	毛坯面	适用于淬火钢以外的各种金属
	半精车	9～11	2.5～10	粗车后	
	一次车	9～11	2.5～10	精度较高的毛坯面	
	精车	6～8	1.25～5	粗车或半精车后	
	金刚石车	5～6	0.02～1.25	精车后	
磨	粗磨	8～9	1.25～10	粗车或半精车后	主要用于淬火钢,也可用于非淬火钢、铸铁,但不适用有色金属
	半精磨	7～8	0.63～2.5	粗磨后	
	一次磨	7～8	0.63～2.5	精度较高的毛坯面	
	精磨	6～7	0.16～1.25	粗磨或半精磨后	
	精密磨(精修整砂轮)	5～6	0.08～0.32	精磨后	
	镜面磨	5	0.008～0.08	精磨或精密磨后	
研磨	粗研	5～6	0.16～0.63	精车或精磨后	主要用于淬火钢,也可用于非淬火钢、铸铁,但不适用有色金属
	精研	5	0.04～0.32	粗研后	
	精密研	5	0.008-0.08	粗研或精研后	
超精加工	精	5	0.08～0.32	精车或精磨后	
	精密	5	0.01～0.16		
砂带磨	精磨	5～6	0.02～0.16	精车或精磨后	
	精密磨	5	0.01～0.04		
滚压		6～7	0.16～1.25	精车后	适用于钢或铸铁,特别是表面质量有特殊要求时
抛光			0.008～1.25	精磨后	

注:1. 所列加工方法的切削用量应根据工件材料和热处理、刀具材料等情况从工艺方面设计手册查得;
  2. 加工有色金属,表面粗糙度 R_a 取小值。

表1-6 孔常用加工方法的加工精度和表面粗糙度

加工方法		加工经济精度 IT	表面粗糙度 R_a/μm	待加工表面要求	适用场合
钻	φ≤15mm	11～13	2.5～20	无底孔	适用于淬火钢以外的各种金属,但孔径不宜过大,一般在φ100mm以下
	φ>15mm	10～12	5～40		
扩	粗扩	12～13	5～20	毛坯底孔或钻孔后	
	一次扩孔	11～12	10～40	精度较高的毛坯底孔	
	精扩	9～11	1.25～10	钻或粗扩孔后	

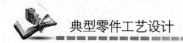

（续）

加工方法		加工经济精度 IT	表面粗糙度 $R_a/\mu m$	待加工表面要求	适用场合
铰	粗铰	8～9	1.25～10	钻、扩孔后	适用于淬火钢以外的各种金属，但孔径不宜过大，一般在 ϕ100mm 以下
	精铰	6～7	0.32～2.5	半精铰后	
	手铰	5～6	0.08～1.25	钻、扩孔后	
拉	粗拉	9～10	1.25～5	钻、粗扩	
	精拉	7～9	0.16～0.63	粗拉后	
推	半精推	6～8	0.32～1.25	钻、粗扩后	
	精推	6	0.08～0.32	半精推后	
镗	粗镗	11～13	5～20	毛坯底孔	适用于淬火钢以外的各种金属，加工孔径范围大
	半精镗	9～10	2.5～10	粗镗、钻、扩后	
	精镗（浮动镗）	7～9	0.63～5	半精镗后	
	金刚镗	5～7	0.16～1.25		
磨	粗磨	9～11	1.25～10	粗镗、钻、扩后	主要用于淬火钢，也可用于非淬火钢、铸铁，但不适用有色金属
	半精磨	8～10	0.32～1.25	粗磨后	
	精磨	7～8	0.08～0.63	半精磨后	
	精密磨（精修整砂轮）	6～7	0.04～0.16	精磨后	
珩	粗珩	5～6	0.16～1.25	精磨后	
	精珩	5	0.04～0.32	粗珩后	
研磨	粗研	6	0.16～0.63	精磨后	
	精研	5～6	0.04～0.32	粗研后	
	精密研	5	0.008～0.08	精研后	
挤	滚珠、滚柱扩孔器，挤压头	6～8	0.01～1.25	精镗或精磨后	适用于钢或铸铁，特别是表面质量有特殊要求时

注：（1）所列加工方法的切削用量应根据工件材料和热处理、刀具材料等情况从工艺方面设计手册查得；

（2）加工有色金属，表面粗糙度 R_a 取小值。

表1-7 平面常用加工方法的加工精度和表面粗糙度

加工方法		加工经济精度 IT	表面粗糙度 $R_a/\mu m$	待加工表面要求	适用场合
周铣端铣	粗铣	11～13	5～20	毛坯面	适用于淬火钢以外的各种金属
	半精铣	8～11	2.5～10	粗铣后	
	精铣	6～8	0.63～5	半精铣后	

（续）

加工方法		加工经济精度 IT	表面粗糙度 $R_a/\mu m$	待加工表面要求	适用场合
车	半精车	8～11	2.5～10	毛坯面或粗铣后	适用于淬火钢以外的各种金属
	精车	6～8	1.25～5	半精车后	
	金刚石车	6	0.02～1.25	精车后	
刨	粗刨	11～13	5～20	毛坯面	
	半精刨	8～11	2.5～10	粗刨后	
	精刨	6～8	0.63～5	半精刨后	
	宽刃精刨	6	0.16～1.25	半精刨或精刨后	
拉	粗拉	10～11	5～20	毛坯面	
	精拉	6～9	0.32～2.5	粗拉后	
平磨	粗磨	8～10	1.25～10	粗铣、粗拉后	主要用于淬火钢，也可用于非淬火钢、铸铁，但不适用有色金属
	半精磨	8～9	0.63～2.5	粗磨后	
	精磨	6～8	0.16～1.25	半精磨后	
	精密磨	6	0.04～0.32	半精磨或精磨后	
刮	(5×25) mm² 内点数	8～10	0.63～1.25	精铣、精车、精刨后	适用于淬火钢以外的各种金属，主要在修配中使用
		10～13	0.32～0.63		
		13～16	0.16～0.32		
		16～20	0.08～0.16		
		20～25	0.04～0.08		
研磨	粗研	6	0.16～0.63	半精磨或精磨后	主要用于淬火钢，也可用于非淬火钢、铸铁，但不适用有色金属
	精研	5	0.04～0.32	粗研后	
	精密研	5	0.008～0.08	粗研或精研后	
砂带磨	精磨	5～6	0.04～0.32	精磨后	
	精密	5	0.01～0.04	砂带精磨后	
滚压		7～8	0.04～0.63	精铣、精车、精刨后	适用于钢或铸铁，特别是表面质量有特殊要求时

注：1. 所列加工方法的切削用量应根据工件材料和热处理、刀具材料等情况从工艺方面设计手册查得；

2. 加工有色金属，表面粗糙度 R_a 取小值。

在确定加工方案时，必须按表面加工技术要求的高低，确定零件的主要加工表面（一般是功能表面）。再逐步选定前导工序的加工方法，选择前导工序的加工方法必须要满足本工序对待加工表面的余量、几何精度和表面粗糙度的要求。

主要加工表面的加工方案确定后，再确定非主要加工表面的加工方案。对于非主要加工表面(一般非功能表面都是非主要加工表面)应尽量减少加工次数,以便缩减零件总加工时间,提高劳动生产率,降低成本。

2. 工序的集中与分散

确定了零件各表面加工方法和加工方案后,需要将这些表面的各次加工划分为若干工序,划分工序有两个原则,即工序集中原则和工序分散原则。按工序集中原则来划分工序,和按工序分散原则划分工序,会得到两种差别极大的结果。

所谓工序集中,就是使每个工序所包括的加工内容尽量多,即尽可能在一个工序中加工多个表面,及对一个表面进行多种和多次加工。极端的工序集中就是在一个工序中完成零件所有表面加工。

所谓工序分散,就是使每个工序所包括的加工内容尽量少,即尽可能在一个工序中只对一个表面进行一种加工方法的一次加工。极端的工序分散就是在每个工序中只包括一个简单工步。

选择工序集中和分散的依据主要是生产类型;其次是零件的结构、大小和重量,零件的技术要求和生产现场加工设备条件。

对单件、小批生产,提高生产率是极次要的,主要考虑的是简化生产流程,缩短在制品的生产周期,减少使用的加工设备和工艺装备的数量,应采用工序集中。

对大批大量生产,提高劳动生产率是必须考虑的主要问题之一,从这一点出发可以工序集中,也可以工序分散。

大量的使用自动、半自动的专用机床、组合机床、专门化机床,大量使用专用夹具、量具,并配备自动物料输送装置(上下料装置、工件输送装置等)和辅助装置(排屑、清洗等)构成刚性生产线,可以使零件各个表面的每次加工都获得最佳加工条件、最小的机动时间,也可以缩短转序的辅助时间,能够获得单条生产线的最高生产率,应该采用工序分散原则。刚性生产线具有上述工序分散的优缺点,致命的缺点就是生产的柔性差,不能适应社会对产品不断增长的多品种需求。因此传统的刚性生产线应用在逐渐减少,并且在应用中,更多地使用数控化的专用机床、组合机床和和专门化机床,更多地使用智能化物料输送装置和辅助装置,来提高生产线的柔性。在采用工序分散的刚性生产线上,在局部工艺过程,也多采用回转工作台、多台机床组合、多主轴机床实现多工位、复合工步加工,其生产率更高,这是采用了工序集中原则。在大批大量生产中,刚性生产线曾经广泛应用,目前应用仍然较多,特别是经过数控化和智能化改进的刚性生产线。

使用通用和专门化数控机床、加工中心机床,使用通用夹具、可调整专用夹具,使用通用量具,专用量具、数控测量机,配备自动物料输送装置(注意采用机器人、机械手、智能小车、自动仓库等智能化装置)和辅助装置构成柔性生产线,可以免去和缩短很多转序的辅助时间,也可以获得较高生产率,应该采用工序集中原则。柔性生产线具有上述工序集中的优缺点,最具生命力的优点是生产的柔性强,适应社会对产品不断增长的多品种需求。在采用工序集中的柔性生产线上,在局部工艺过程,也采用专用机床,如粗加工阶段,用专用机床提高切削效率;有特殊结构和精度要求特别高的表面,采用专用机床保证加工要求;这是采用了工序分散原则。在实际生产中,大批大量生产采用柔性生产线越来越多,这是技术发展的趋势和方向。

中批生产的工序划分可以偏重于集中,也可以偏重分散,这应该从其他方面考虑,主要由现有生产加工设备和工艺装备条件确定。新建和扩建生产车间，在经济条件允许时，考虑技术先进性带来的综合效益和技术储备，应首先考虑采用数控机床、加工中心机床为加工设备，总体上偏重工序集中原则来划分工序。

对尺寸和重量大、形状又复杂的零件，宜采用工序集中，以减少安装与运输次数。对宜于采用多轴自动机床、数控机床加工的中小零件也应偏重于工序集中。对结构复杂、需要加工方法较多的中小零件应偏重于工序分散。

由于零件的表面几何精度和表面粗糙度要求高，必须采用高精度设备来保证其质量时，应采用工序分散原则；特别是需要划分加工阶段来保证加工要求时，总体上必然要采用工序分散原则；但在局部关键工艺过程可优先考虑采用高精度可自动换刀的数控机床、加工中心机床，一次装夹完成多个主要表面的加工，这有利于保证加工精度，特别是主要表面位置精度，这就必须在局部采用工序分散原则。

3. 安排加工顺序

1) 划分加工阶段

工件的几何精度和表面粗糙度要求较高时，其加工过程都应划分加工阶段，一般可分为粗加工、半精加工和精加工 3 个阶段。几何精度要求特别高时，还可增加超精度加工阶段。表面粗糙度要求特别高时，还可增加光整加工阶段。当毛坯余量特别大时，在粗加工阶段前可增加荒加工阶段，一般在毛坯车间进行。

粗加工阶段的主要任务是切除大部分加工余量，使工件在形状上接近成品零件，并为后续工序加工出精基准，此阶段应尽量提高生产率。

半精加工阶段的主要任务是去除粗加工后主要表面留下的形状、尺寸误差和表面缺陷，达到一定精度，为零件主要表面的精加工做准备，同时完成一些次要表面的加工，一般在热处理前进行。

精加工阶段的主要任务是保证主要表面的几何精度设计要求，此阶段从工件上切除较少余量，对加工表面的精度和表面质量要求都比较高。

光整加工阶段的主要任务是用来获得很光洁表面或强化其表面，只有在表面粗糙度要求特别高时才设此阶段。

超精密加工阶段的主要任务是按照稳定、超微量切除等原则，实现尺寸和形状误差小于 $0.1\mu m$，只有几何精度要求特别高时才设此阶段。

加工阶段的划分是针对零件整个工艺过程而言的，不能拘泥于某一表面，如工件的定位面在精加工或半精加工之前就需要加工的很精确；又如在精加工阶段，有时出于工艺上的方便，也安排非主要表面的加工(钻小尺寸孔、攻小尺寸螺纹、切槽等)。

加工阶段划分也不是绝对必要的。对于质量要求不高、刚性好、毛坯精度高的工件可不划分加工阶段。对于重型零件，由于装夹运输困难，常在一次装夹下完成全部粗、精加工，也不需划分加工阶段。

2) 安排机械加工工序

(1) 先基准后其他。作为精基准的表面应在工艺过程一开始就进行加工，因为后续工序中加工其他表面时要用它来定位。

(2) 先粗加工后精加工。对同一个加工表面，按着粗加工、半精加工、精加工、超精度加工、光整加工的顺序进行加工是必然的。对整个零件来说，所有那些需要分阶段加工的加工表面，其加工总体上应按先粗加工后精加工的原则安排，即先将这些表面的粗加工都进行完，再安排这些表面的半精，再精加工。

（3）先主要后次要。对精度要求较高的主要表面加工，也应按先粗后精的顺序首先考虑安排，将次要表面的加工穿插其间安排。要求最高的主要表面精加工一般安排在最后进行，可避免工序转换时碰伤已加工的主要表面，避免其他加工影响已加工的主要表面精度。

但对于和主要表面有位置精度的次要表面，应安排相关主要表面精加工后进行，并应满足次要表面加工不致影响已加工的主要表面精度，如机床箱体上主轴孔端面上的轴承盖螺钉孔，对主轴孔有位置要求，就排在主轴孔加工后加工。

对精度要求较高的主要表面加工前，可安排一次对精基准的修正加工，以利于保证精度要求较高表面的加工精度，如对同轴度要求较高的几个阶梯外圆精磨前，安排修研顶尖孔工序。

（4）先加工平面后加工孔。对于箱体、支架、连杆、底座等零件先安排平面的加工，然后以平面定位加工孔，因为采用平面为定位有利于定位和夹紧。

3）热处理工序的安排

热处理的方法、次数和在工艺过程中的位置，应根据零件材料和热处理的目的而定。

（1）退火与正火。退火与正火的目的是消除工件的内应力，改善材料的切削加工性，消除材料组织的不均匀，细化晶粒。对高碳钢零件用退火降低其硬度，对低碳钢零件却要用正火的办法提高其硬度；对锻造毛坯，因表面软硬不均不利于切削，通常也进行正火处理。退火与正火等，一般应安排在粗加工前后进行。安排在粗加工前，有利于改善粗加工的切削性，减少工件在不同车间的转换。安排在粗加工后，可以消除粗加工中产生的内应力。

（2）时效。时效的目的是为了消除残余应力，时效包括人工时效和自然时效。时效主要应用于尺寸较大，而加工精度要求较高的支承件。对于尺寸大、结构复杂的铸件，需在粗加工之前进行一次时效处理，一般多为自然时效；粗加工之后、精加工之前还要安排一次时效处理，绝大多数是人工时效。对一般铸件，只需在粗加工后进行一次人工时效处理，或者在铸造后安排一次时效处理。对精度要求特别高的铸铁零件，在加工过程中可进行两次时效处理，即在半精加工之后、精加工前，增加一次人工时效处理。

（3）淬火或渗碳淬火。淬火的目的是提高材料的硬度和抗拉强度等，从而提高工件的耐磨性和强度。淬火分整体淬火和表面淬火，表面淬火只为提高工件的耐磨性。由于工件淬火后常产生较大的变形，特别是渗碳淬火，因此淬火一般安排在精加工阶段前进行，淬火后只能进行磨削加工。

另外氮化处理也是为了提高零件表面硬度，同时提高抗腐蚀性，一般安排在表面的最终加工之前。

（4）表面处理。表面处理为了提高零件的抗腐蚀能力，或耐磨性，或抗高温能力，或导电率等，也有的是为表面美观。如在零件的表面镀上一层金属镀层（铬、锌、镍、铜以及金、银、钼等）或使零件表面形成一层氧化膜（如钢的发蓝、铝合金的阳极化和镁合金的氧化等）。表面处理工序一般均安排在工艺过程的最后进行。

4）辅助工序的安排

辅助工序种类很多，包括检验、洗涤、防锈、退磁等。

（1）检验。检验有中间检验、终检和特种检验。

中间检验工序一般安排在精加工之前、送往外车间加工的前后、工时定额大的工序和重要工序的前后，以便及时控制质量，避免后续加工的浪费。

终检是产品的最终质量的检验，安排在全部工艺过程之后、装配或出厂之前。

特种检验也有几种。射线、超声波探伤等多用于工件材料内部质量的检验，一般安排在工艺过程的开始。荧光检验、磁力探伤主要用于工件表面质量的检验，通常安排在精加工阶段。如荧光检验用于检查毛坯的裂纹，则安排在加工前进行。

（2）清洗、涂防锈油。清洗一般安排在终检之前，有时也在加工阶段的转换或工序的特殊需要时安排。涂防锈油一般安排在终检之后。

1.4.6 确定加工设备及工艺装备

1. 设备的选择

选择机床时主要是决定机床的种类和型号。选择机床时应结合本单位的实际，立足于解决难题、攻克关键和提高生产率，充分发挥数控加工的优势。一般情况下，单件小批生产选用通用机床；大批大量生产可广泛采用专用机床、组合机床和自动机床。在选择数控机床时，首先考虑通用机床无法加工的内容作为优先选择内容；其次是通用机床难加工，质量也难以保证的内容作为重点选择内容；最后是在数控机床尚存在富余能力的基础上选择。

选择机床时，一方面考虑经济性，另一方面考虑下列问题。

（1）机床规格要与零件外形尺寸相适应。

（2）机床的精度要与工序要求的精度相适应。

（3）机床的生产率要与生产类型相适应。

（4）机床主轴转速范围、进给量及动力等应符合切削用量的要求。

（5）机床的选用要与现有设备相适应。

如果需要改装或设计专用机床，则应提出任务说明书，阐明与加工工序内容有关的参数、生产率要求，保证产品质量的技术条件以及机床的总体布局形式等。

2. 夹具的选择

在设计工艺规程时，设计者要对采用的夹具有初步的考虑和选择。在工序图上应表出定位、夹紧方式以及同时加工的件数等，要反映出所选用的夹具是通用夹具还是专用夹具。

在夹具设计过程中，首先必须保证工件的加工要求，同时应根据具体综合处理好加工质量、生产率、劳动条件和经济性等方面的关系。在大批大量生产中，为提高生产率应采用先进的结构和机械传动装置。在小批生产中，则夹具的结构要尽量简单以降低夹具的制造成本。工件加工精度很高时，则应着重考虑保证加工精度。专用夹具适用于产品相对稳定的批量生产中。在小批量生产中，由于每个品种的零件数较少，所以设计制造专用夹具的经济效益很差。因此，在多品种小批量生产中，往往设计和使用可调整夹具、组合夹具及其他易于更换产品品种的夹具结构。

3. 刀具的选择

在选择刀具时，根据被加工工件的特点，应考虑工序的种类、生产率、工件材料、加工精度以及采用机床的性能等，使机床能够充分发挥其性能，提高生产效率，降低生产成本，应尽可能采用标准的刀具。特殊刀具如成形车刀、非标准钻头等，应专门设计和制造。

（1）根据零件材料的切削性能选择刀具。如车或铣高强度钢、钛合金、不锈钢零件，可选择耐磨性较好的可转位硬质合金刀具。

（2）根据零件的加工阶段选择刀具。即粗加工阶段以去除余量为主，应选择刚性较好、精度较低的刀具；半精加工、精加工阶段以保证零件的加工精度和产品的质量为主，应选择耐用度高、精度较高的刀具。

（3）根据加工区域的特点选择刀具及其几何参数。在零件结构允许的情况下，应选择大尺寸、长径比小的刀具；切削薄壁零件时，选择有利于减少切削力的刀具角度；切削铜、铝等较软材料零件时，应选择前角较大的刀具。

4. 量具量仪的选择

量具量仪的选用是一个综合性的问题，应根据具体情况具体分析选用。在能保证测量精确度的情况下，应尽量选择使用方便和比较经济的量具和量仪。选用过高或过低精度的量具量仪都是不合理的。在选用量具量仪时，要考虑生产类型。在单件小批量生产中应尽量选用标准的通用量具；在大批大量生产中，一般根据所检验的尺寸，设计专用量具，如卡规、塞规以及自制专用检验夹具。

量具量仪的选择，主要决定于量具的技术指标和经济指标，综合有以下几点。

（1）根据被检验工件的数量来选择。数量小，选用通用量具量仪；数量大，选用专用量具和检验夹具（测量装置），最常用的是极限量规。

（2）根据被检验工件尺寸大小要求来选择。所选量具量仪的测量范围、示值范围、分度值等能满足要求。测量器具的测量范围能容纳工件或探头能伸入被测部位。

（3）根据工件的尺寸公差来选择。工件公差小，选精度高的量具量仪；反之，选精度低的量具量仪。一般量具量仪的极限误差占工件公差的 1/10～1/3，工件精度越高，量具量仪极限误差所占比例越大。

（4）根据量具量仪不确定度的允许值来选择。在生产车间选择量具量仪，主要按量具量仪的不确定度的允许值来选择。

（5）应考虑选用标准化、系列化、通用化的量具量仪，便于安装、使用、维修和更换。

（6）应保证测量的经济性。从测量器具成本、耐磨性、检验时间、方便性和检验人员的技术水平来考虑其测量的经济性。

5. 辅具的选择

机床辅具是指连接机床和刀具的工具，是许多机械加工不可缺少的工具。最典型的辅具是刀具回转类机床上所用的各类刀杆或连接接杆。机床正是利用这些辅具方便地进行镗、铣、钻等切削加工。机床辅具的精度直接影响加工质量，而高效、灵活、高精度的机床辅具对降低生产成本，提高加工效率和精度起着重要的作用。

机床辅具按功用通常可分为 3 大类：其一是以车床辅具为代表的刀具非回转类辅具，多用于车床、刨床、插床等机床，结构简单、制造精度低，刀杆常与机床刀座接触，柄部多为方形，多为制造厂家自己制造，对加工精度影响低。其二是以镗、铣类机床辅具为代表的刀具回转类辅具，多用于铣床、镗床、钻床、加工中心等机床，其精度直接影响加工精度。该类辅具的结构由刀柄和刀杆组成，刀柄多为莫氏锥度或 7∶24 锥度，与机床主轴连接，刀杆用于装夹刀具。其三是数控机床辅具，如我国的 TSG82 数控工具系统，该系统主要是与数控镗铣床配套的辅具，包括接长杆、连接刀柄、镗铣类刀柄、钻扩铰类刀柄和接杆等。

1.4.7 确定工序余量及工序尺寸

1. 确定工序余量

在切削加工过程中，为了使零件得到所要求的形状、尺寸和表面质量，必须从毛坯表面上切削掉一定厚度的金属层，该金属层称为机械加工余量，简称余量。对零件的某一表面来说，一般需要经过多道工序的机械加工才能达到加工要求，即逐渐去除零件表面金属层，达到精度要求。所以余量又可分为加工总余量和工序余量。

1）加工总余量和工序余量

加工总余量又叫毛坯余量，是指毛坯尺寸与零件图的设计尺寸之差。

工序余量是指相邻两工序的尺寸之差，即

$$Z_i = |a-b| \qquad (1-2)$$

式中：Z_i——本道工序的工序余量；

a——上道工序的工序尺寸；

b——本道工序的工序尺寸。

由于是去除材料的加工，所以余量不能为负值。同时，由于工序尺寸有公差，所以余量也有公差。通过工序尺寸的极限尺寸可以计算最大余量和最小余量，即余量的公差。

加工总余量与工序余量的关系为

$$Z_总 = \sum_{i=1}^{n} Z_i \qquad (1-3)$$

式中：$Z_总$——加工总余量；

n——工序或工步数目。

2）单边余量和双边余量

对于内孔、外圆等回转表面，单边余量是指相邻两工序的半径差，双边余量是指相邻两工序的直径差。对于平面加工，单边余量是指以一个表面为基准，加工另一个表面时，相邻两工序的尺寸差；双边余量是指以加工表面的对称表面为基准，同时加工两面时，相邻两工序的尺寸差。一般情况下，对于回转表面系指双边余量，对平面系指单边余量。

3）加工余量的确定

加工余量的大小应按加工要求来确定。余量过大会浪费原材料和加工工时，增大机床和刀具的负荷；余量过小则不能修正前一道工序的误差和去掉前一道工序留下来的表面缺陷而影响加工质量，甚至造成废品。确定加工余量有如下方法。

（1）计算法。根据影响余量的因素得到的公式进行相应的余量计算，能确定最合理的加工余量，节省金属，但必须有可靠的实验数据资料，否则较难进行，目前应用很少，有时在大批量生产中应用。

（2）经验估算法。此法是根据经验确定加工余量的方法。为了防止工序余量不够而产生废品，所估余量一般偏大，所以此法常用于单件小批生产。对加工总余量必须保证切除毛坯制造时的缺陷。如铸造毛坯时有氧化层、脱碳层、高低不平、气泡和裂纹的深度等。

铸铁件毛坯顶面缺陷为 1～6mm，底面和侧面为 1～2mm；铸钢件缺陷比铸铁件深 1～2mm；碳钢锻件缺陷为 0.5～1mm。其次是机械加工和热处理时所造成的误差。在估算余量时，必须考虑上述因素。

（3）查表修正法。此法是以生产实际情况和试验研究积累的有关加工余量的资料数据为基础，这些余量标准可以从《机械加工工艺手册》中查找。在查表时应注意表中数据是基本（公称）值，对称表面（如轴或孔）的余量是双边的，非对称表面余量是单边的。此法在实际生产中比较实用，各工厂应用最广。

2. 工序尺寸及其公差的确定

在机械加工过程中，每道工序所应保证的尺寸叫工序尺寸，其公差即为工序尺寸公差。正确地确定工序尺寸及其公差，是制订工艺规程的重要工作之一。

工序尺寸及其公差的确定与工序余量的大小、工序尺寸的标注方法以及定位基准的选择与变换有密切的关系，一般有两种情况：一是在加工过程中工艺基准与设计基准重合的情况下，某一表面需要进行多次加工的工序尺寸，可称为简单的工序尺寸；二是当制订表面形状复杂的零件的工艺过程，或零件在加工过程中需要多次转换工艺基准或工序尺寸需从尚待继续加工的表面标注时，工序尺寸的计算就比较复杂了，这时就需要利用尺寸链原理来分析和计算。

1）简单的工序尺寸

对于简单的工序尺寸，只需根据工序的加工余量就可以算出各工序的基本尺寸，其计算顺序是由最后一道工序开始向前推算。各工序尺寸的公差按加工方法的经济精度确定，并按"入体原则"标注。公差带的分布按"入体原则"标注时，对于被包容面尺寸可标注成上偏差为零、下偏差为负的形式（即－T）；对于包容面的尺寸可标注成下偏差为零、上偏差为正的形式（即＋T）。随着自动化加工技术的发展，工序尺寸及其偏差的标注现在也采用"对称偏差"标注。

举例如下：某零件上孔的设计要求为 $\phi 170J6(^{+0.013}_{-0.007})$，$R_a \leqslant 0.8\mu m$，毛坯为铸铁件，在成批生产的条件下，其加工工艺路线：粗镗→半精镗→精镗→浮动镗。求各工序尺寸及其偏差。

从《机械加工工艺手册》查得各工序的加工余量和所能达到的经济精度，见表 1-8 中第 2、3 列。其计算结果列于第 4、5 列。其中关于毛坯公差（毛坯公差值按双向布置）可根据毛坯的生产类型、结构特点、制造方法和生产厂的具体条件，参照有关手册选取。

表 1-8　简单的工序尺寸计算

工序名称	工序双边余量	工序经济精度		最小极限尺寸/mm	工序尺寸及其偏差	
		公差等级	公差值		入体标注	对称标注
浮动镗孔	0.2	IT6	0.025	$\phi 169.993$	$\phi 170^{+0.018}_{-0.007}$	—
精镗孔	0.6	IT7	0.04	$\phi 169.8$	$\phi 169.8^{+0.04}_{0}$	$\phi 169.82\pm 0.02$

（续）

工序名称	工序双边余量	工序经济精度		最小极限尺寸/mm	工序尺寸及其偏差	
		公差等级	公差值		入体标注	对称标注
半精镗孔	3.2	IT9	0.10	$\phi169.2$	$\phi169.2^{+0.1}_{0}$	$\phi169.25\pm0.05$
粗镗孔	6.0	IT11	0.25	$\phi166$	$\phi166^{+0.25}_{0}$	$\phi166.125\pm0.125$
毛坯	—	—	3	$\phi158$	$\phi160^{+1}_{-2}$	—

2）尺寸链的基本概念

尺寸链原理是分析和计算工序尺寸的很有效的工具，在制订机械加工工艺过程和保证装配精度中都有很重要的作用。它的原理和计算方法并不复杂，但尺寸链的基本概念却十分重要，具体计算又比较烦琐，因此在学习过程中必须多加分析和比较，以便熟练地掌握这个方法。

（1）尺寸链的定义和特征。在零件的加工或测量过程中，以及在机器的设计或装配过程中，经常能遇到一些互相联系的尺寸组合。这种互相联系的、按一定顺序排列成封闭图形的尺寸组合，称为尺寸链。其中，由单个零件在工艺过程中的有关尺寸所组成的尺寸链称为工艺尺寸链，在机器的设计和装配过程中，由有关的零（部）件上的有关尺寸所组成的尺寸链，称为装配尺寸链。如图1.12所示，在机床上加工套筒工件时，面3以面1为测量基准，工序尺寸为A_1；面2以面3为测量基准，工序尺寸为A_2。在面2、面3加工后，设计尺寸A_0间接得到保证，这时A_0的精度就取决于A_1和A_2的精度，三者构成一个封闭尺寸组合，即工艺尺寸链。

图1.13所示是孔与轴的装配图，在尺寸A_2孔中装入尺寸A_1的轴形成间隙（或过盈）A_0。间隙（或过盈）A_0是尺寸A_1和A_2的装配结果，三者也构成一个封闭尺寸组合，即装配尺寸链。

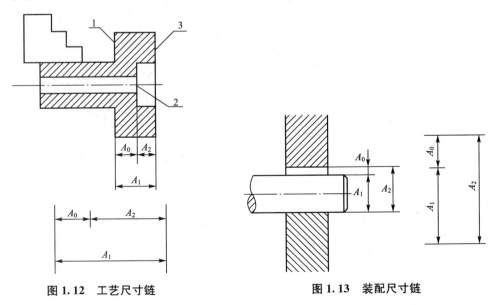

图 1.12　工艺尺寸链　　　　　　　图 1.13　装配尺寸链

根据以上尺寸链的概念可知,尺寸链有以下两个特征。

① 封闭性。尺寸链必须是一组有关尺寸首尾相接构成封闭形式的尺寸组合。应包含一个间接保证的尺寸和若干个对此有影响的直接保证的尺寸。

② 关联性。尺寸链中间接保证的尺寸的大小和变化(精度),是受这些直接保证尺寸的精度所支配的,彼此间具有特定的函数关系,可表示为 $A_0 = f(A_1, A_2, \cdots, A_{n-1})$,其中 A_0 为间接保证尺寸,A_1,A_2,$\cdots$,A_{n-1} 为直接保证尺寸。

(2)尺寸链的组成。尺寸链中各尺寸称为环。图 1.12、图 1.13 中的 A_1、A_2、A_0 都是尺寸链中的环。这些环又可分为以下两种。

① 封闭环。尺寸链中间接保证的尺寸称为封闭环。图 1.12 和图 1.13 中的 A_0 尺寸为封闭环。

② 组成环。尺寸链中除封闭环外其他的尺寸均为组成环。图 1.12 和图 1.13 中的 A_1 和 A_2 都是组成环。组成环又可按它对封闭环的影响性质分成两类:增环——当其余组成环不变,这个环增大使封闭环也增大者,例如图 1.12 中的 A_1、图 1.13 中的 A_2 都为增环。减环——当其余组成环不变,这个环增大使封闭环反而减小者,例如图 1.12 中 A_2 环,图 1.13 中的 A_1 都为减环。

对于环数较少的尺寸链,可以用增减环的定义来判别组成环的增减性质,但对环数较多的尺寸链,如图 1.14 所示尺寸链,用定义来判别增减环就很费时且易弄错。为了能迅速准确地判别增减环,可在绘制尺寸链图时,用首尾相接的单向箭头顺序表示各环。方法为从封闭环开始任意规定一个方向,然后沿此方向,绕尺寸链依次给各组成环画出箭头。凡是与封闭环箭头方向相反者为增环,相同者为减环。

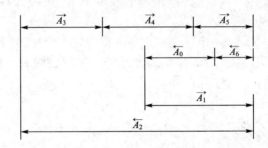

图 1.14 尺寸链增减环的判断

(3)尺寸链的基本计算公式。计算尺寸链可以用极值法(极大极小法)或概率法(统计法),目前生产中一般采用极值法,概率法主要用于生产批量大的自动化及半自动化生产,以及环数较多的装配过程。

① 极值法。以图 1.12 所示尺寸链为例,得出尺寸链极值计算法的计算公式。

a. 封闭环的基本尺寸。

$$A_0 = A_1 - A_2 \rightarrow A_0 = \sum_{i=1}^{m} A_i - \sum_{j=m+1}^{n-1} A_j \qquad (1-4)$$

式中:A_0——封闭环;

A_i——增环;

A_j——减环;

n——总环数；

m——增环数。

即封闭环的基本尺寸等于增环基本尺寸之和减去减环基本尺寸之和。

b. 封闭环的极限尺寸。

$$A_{0max} = A_{1max} - A_{2min} \rightarrow A_{0max} = \sum_{i=1}^{m} A_{imax} - \sum_{j=m+1}^{n-1} A_{jmin}$$

$$A_{0min} = A_{1min} - A_{2max} \rightarrow A_{0min} = \sum_{i=1}^{m} A_{imin} - \sum_{j=m+1}^{n-1} A_{jmax}$$

即封闭环的最大极限尺寸等于增环最大极限尺寸之和减去减环最小极限尺寸之和；封闭环的最小极限尺寸等于增环最小极限尺寸之和减去减环最大极限尺寸之和。

c. 封闭环的上、下偏差。

$$ES(A_0) = A_{0max} - A_0 = \sum_{i=1}^{m} ES(A_i) - \sum_{j=m+1}^{n-1} EI(A_j) \tag{1-5}$$

$$EI(A_0) = A_{0min} - A_0 = \sum_{i=1}^{m} EI(A_i) - \sum_{j=m+1}^{n-1} ES(A_j) \tag{1-6}$$

式中：$ES(A_i)$——各环的上偏差；

$EI(A_j)$——各环的下偏差。

即封闭环的上偏差等于增环上偏差之和减去减环下偏差之和；封闭环的下偏差等于增环的下偏差之和减去减环上偏差之和。

d. 封闭环的公差。

$$T(A_0) = A_{0max} - A_{0min} = \sum_{i=1}^{m} T(A_i) - \sum_{j=m+1}^{n-1} T(A_j) = \sum_{k=1}^{n-1} T(A_k) \tag{1-7}$$

式中：$T(A_k)$——各环的公差。

即封闭环公差等于各组成环公差之和。

在这里必须指出式（1-7）的重要性，它进一步说明了尺寸链的第二个特征。当组成环公差一定时，组成环越多，封闭环公差就越大。反过来，当封闭环公差一定时，组成环越多，每个组成环的公差就越小。

极值法计算公式可以用另一种形式表达出来，见表1-9，这种表示形式称为"列竖式法"。表1-9中凡是增环，这一行中直接写入基本尺寸及其上、下偏差；凡是减环，这一行中把基本尺寸加负号，其上、下偏差的位置对调，并改变其正负号（原来的正号改负号，原来的负号改正号）。然后把3列的数值按列求和，得到封闭环的基本尺寸及其上、下偏差。这种列竖式法对增环、减环的处理可归纳成一口诀："增环，基本尺寸、上下偏差照抄；减环，基本尺寸变号、上下偏差对调变号"。

如果把尺寸链的所有组成环尺寸都换算为对称偏差标注的形式，即 $A \pm \frac{T(A)}{2}$。则利用极值法计算公式时，就可以不计算封闭环的上、下偏差，只需计算封闭环的基本尺寸和公差，然后把公差对称标注就得到了封闭环的基本尺寸及其上、下偏差，即 $A_0 \pm \frac{T(A_0)}{2}$。

这种表示形式可以称为"对称偏差法"。

表 1-9　尺寸链的列竖式法计算

基本尺寸	上偏差	下偏差
A_1	$ES(A_1)$	$EI(A_1)$
$\vdots$	$\vdots$	$\vdots$
A_m	$ES(A_m)$	$EI(A_m)$
$-A_{m+1}$	$-EI(A_{m+1})$	$-ES(A_{m+1})$
$\vdots$	$\vdots$	$\vdots$
$-A_{n-1}$	$-EI(A_{n-1})$	$-ES(A_{n-1})$
A_0	$ES(A_0)$	$EI(A_0)$

② 概率法。在大批大量生产中，采用调整法加工时，一个尺寸链中各尺寸都可看成独立的随机变量；而在装配过程中，构成装配尺寸链中的各零件有关尺寸也都可看成独立的随机变量。而且实践证明各尺寸大多处于公差值中间，即符合正态分布。由概率论原理可得封闭环公差与各组成环公差之间的关系为

$$T(A_0) = \sqrt{\sum_{k=1}^{n-1} \left[T(A_k)\right]^2} \tag{1-8}$$

显然，在组成环公差不变时，由概率法计算出的封闭环公差要小于极值法计算的结果。因此，在保证封闭环精度不变的前提下，应用概率法可以使组成环公差放大，从而减低了加工和装配时对组成环尺寸的精度要求，降低了加工难度。

用概率法计算尺寸链时，把尺寸链的所有组成环尺寸都换算为对称偏差标注的形式，即 $A \pm \dfrac{T(A)}{2}$；然后利用极值法计算封闭环基本尺寸的计算公式，即公式(1-4)，计算封闭环的基本尺寸；再利用上述公式(1-8)计算封闭环的公差；最后把封闭环的尺寸对称偏差标注即可，即 $A_0 \pm \dfrac{T(A_0)}{2}$。

③ 尺寸链的计算形式。在尺寸链解算时，有以下 3 种情况。

a. 正计算。已知组成环尺寸及其偏差，求封闭环的尺寸及其偏差，其计算结果是唯一的。这种情况主要用于验证设计的正确性以及审核图纸。

b. 反计算。已知封闭环的尺寸及其偏差和各组成环尺寸，求各组成环偏差。这种情况实际上是将封闭环的公差值合理地分配给各组成环，主要用于产品设计、装配和加工尺寸偏差的确定等方面。

反计算时，封闭环公差的分配方法有以下几种。

按等公差法分配，将封闭环公差平均分配给各组成环。

$$T(A_1) = T(A_2) = \cdots = \frac{T(A_0)}{n-1} \quad \text{或} \quad T(A_1) = T(A_2) = \cdots = \frac{T(A_0)}{\sqrt{n-1}} \tag{1-9}$$

按等公差级(等精度)的原则分配封闭环公差，即各组成环的公差根据其基本尺寸的大

小按比例分配，或是按照公差表中的尺寸分段及某一公差等级，规定组成环公差，使各组成环的公差符合下列条件。

$$\sum_{k=1}^{n-1} T(A_k) \leqslant T(A_0) \qquad (1-10)$$

最后加以适当的调整。这种方法从工艺上讲是比较合理的。

c. 中间计算。已知封闭环的尺寸及其偏差和部分组成环的尺寸及其偏差，求某一组成环的偏差。此种方法广泛应用于各种尺寸链的计算，反计算最后也要通过中间计算得出结果。

3) 利用尺寸链确定工序尺寸及其公差举例

【例1-1】 基准不重合尺寸换算。

在零件加工中，当加工表面的定位基准与设计基准不重合时，或者测量基准与设计基准不重合时，就要进行尺寸换算。例如，图1.15(a)所示零件，镗孔前，表面 A、B、C 已经加工好，镗孔时，为使工件装夹方便，选择表面 A 为定位基准，并按工序尺寸 A_3 进行加工。为了保证镗孔后的设计尺寸 A_0，请确定工序尺寸 A_3 及其公差。

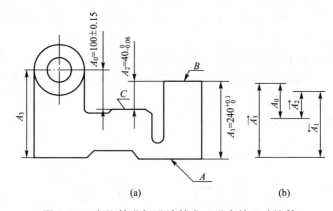

图1.15 定位基准与设计基准不重合的尺寸换算

解：(1) 分析工艺过程，判断封闭环。

在本道工序(镗孔)前，通过铣削 B、C 面分别获得 A_1、A_2 尺寸，本道工序以 A 面定位镗孔，获得尺寸 A_3，这些尺寸都是工序尺寸，是直接获得(或直接控制)的尺寸。而设计尺寸 A_0 是本道工序加工中须保证的尺寸，但在镗孔过程中并没有直接获得，当 A_1、A_2 和 A_3 得到后，A_0 也就得到了。因此 A_0 是间接获得的尺寸，也就是封闭环。

注意，封闭环必须判断正确，否则解算尺寸链得到的尺寸及其公差肯定是不正确的。

(2) 建立尺寸链。

从封闭环 A_0 的尺寸界线出发，找影响它的那些直接获得的尺寸，这些尺寸就是尺寸链的组成环。按照尺寸的首尾顺次连接关系，按比例绘制尺寸链图。本例中 A_1、A_2 和 A_3 为组成环，绘制的尺寸链图如图1.15(b)所示。

需要注意的是，建立的尺寸链，必须满足尺寸链的两个特征，即封闭性和关联性。同时，根据尺寸链公差计算公式(1-7)可知，组成环越少越好。

(3) 解算尺寸链。

根据尺寸链的极值法计算方法，可以用基本公式，或列竖式法，或对称偏差法。本例用列竖式法很容易就可计算出本工序尺寸 A_3 及其偏差，$A_3 = 300^{+0.15}_{+0.01}$mm，见表 1-10。

表 1-10　列竖式计算

环	基本尺寸	上偏差	下偏差
A_2	40	0	-0.06
A_3	300	$+0.15$	$+0.01$
A_1	-240	0	-0.10
A_0	100	$+0.15$	-0.15

工件在加工过程中，有时会遇到一些加工表面的设计尺寸不便直接测量的情况，因此需要在工件上选一个容易测量表面作为测量基准，以间接得到不便直接测量尺寸的大小，所以要进行尺寸换算，求测量尺寸。例如上述图 1.12 所示尺寸链也属这一类。

【例 1-2】　工序尺寸与余量的工序尺寸链。

工序尺寸及其公差就是根据零件的设计要求，考虑到加工中的基准、工序间的余量及工序的经济精度等条件对各工序提出的尺寸要求。因此，零件加工后最终尺寸及公差就和有关工序的工序尺寸及其公差以及工序余量具有尺寸链的关联性，构成一种工艺尺寸链，通常也称工序尺寸链。

如图 1.16(a)所示某小轴工件轴向尺寸的加工工艺过程。其工艺过程如下。

工序 Ⅰ，粗车小端外圆、肩面及端面，工序尺寸为 $A_1 = 22^{0}_{-0.3}$mm 和 $A_2 = 52^{0}_{-0.5}$mm。

工序 Ⅱ，车大端外圆及端面，工序尺寸为 $A_3 = 20.5^{0}_{-0.1}$mm。

工序 Ⅲ，精车小端外圆、肩面及端面，工序尺寸为 $A_4 = 20^{0}_{-0.1}$mm 和 $A_5 = 50^{0}_{-0.2}$mm。

试检查轴向余量。

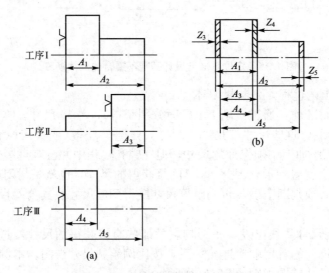

图 1.16　小轴轴向尺寸的工艺过程

解：(1) 分析工艺过程，判断封闭环。

把小轴加工过程的轴向工序尺寸绘制于一个图上，得到轴向尺寸形成过程及余量图，如图 1.16(b)所示。根据小轴轴向尺寸加工过程可知，A_1、A_2、A_3、A_4 和 A_5 都是工序尺寸，也是直接获得（控制）的尺寸。而余量 Z_3、Z_4 和 Z_5 在加工过程中并没有直接控制，是间接控制的尺寸。所以余量 Z_3、Z_4 和 Z_5 是封闭环。

（2）建立尺寸链。

以余量 Z_3、Z_4 和 Z_5 为封闭环，分别建立各自的尺寸链，如图 1.17(a)、(b)、(c)所示。

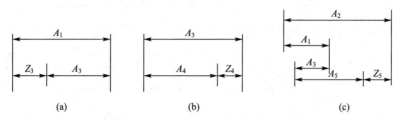

图 1.17 小轴轴向尺寸的工序尺寸链

（3）解算尺寸链。

通过解算尺寸链（过程略），得到：$Z_3 = 1.5^{+0.1}_{-0.3} \, \text{mm}$，$Z_4 = 0.5^{+0.1}_{-0.1} \, \text{mm}$，$Z_5 = 0.5^{+0.5}_{-0.6} \, \text{mm}$。

（4）调整工序尺寸。

从计算结果检查余量的最大值和最小值是否合适，余量过大浪费材料及工时，余量过小不够加工，也不能保证加工精度。从上面的计算结果，可以看出 Z_3 和 Z_4 的余量是合适的，而 Z_5 出现负值，说明精车时可能没有余量，这是绝对不允许的，必须重新调整前面有关工序尺寸或公差。

调整工序尺寸及其公差时，应选择该工序容易保证，又尽可能地不影响其他尺寸的工序尺寸。本例中 A_4、A_5 是小轴轴向设计尺寸，也是最终要保证的尺寸，不能调整。所以选择 A_1 进行调整。A_1 调整为 $A_1 = 21.5^{+0}_{-0.2} \, \text{mm}$，此时，$Z_3 = 1.0^{+0.1}_{-0.2} \, \text{mm}$，$Z_5 = 1.0^{+0.4}_{-0.6} \, \text{mm}$，可以满足加工要求。

【例 1-3】 以需继续加工表面标注的工序尺寸及其公差的计算。

在工件的加工过程中，有些加工表面的测量基准或定位基准是尚待加工的表面。当加工这些基面时，同时要保证两个设计尺寸的精度要求，为此要进行工序尺寸计算。

如图 1.18(a)所示为齿轮内孔的局部简图，设计要求：孔径 $\phi 40^{+0.05}_{0} \, \text{mm}$，键槽深度尺寸为 $43.6^{+0.34}_{0} \, \text{mm}$，其加工顺序：

工序Ⅰ 镗内孔 $\phi 39.6^{+0.1}_{0} \, \text{mm}$；

工序Ⅱ 插键槽至尺寸 A；

工序Ⅲ 热处理；

工序Ⅳ 磨内孔 $\phi 40^{+0.05}_{0} \, \text{mm}$。

试确定插键槽的工序尺寸 A。

解：根据内孔及键槽的加工过程可知，镗孔工序尺寸 $\phi 39.6^{+0.1}_{0} \, \text{mm}$，插键槽工序尺寸 A 和磨内孔工序尺寸 $\phi 40^{+0.05}_{0} \, \text{mm}$，都是直接获得（控制）的尺寸，而设计要求保证的键槽深度尺寸 $43.6^{+0.34}_{0} \, \text{mm}$，在加工过程中没有直接保证，当上述 3 个直接获得的工序尺寸得到后，该尺寸也就获得了。所以该尺寸为间接获得的尺寸，即是封闭环。

根据尺寸链的特征，建立尺寸链如图 1.18(b)所示。要注意的是，当有直径尺寸时，一般应考虑用半径尺寸来列尺寸链，半径尺寸及其偏差都是直径尺寸及其偏差的一半。通

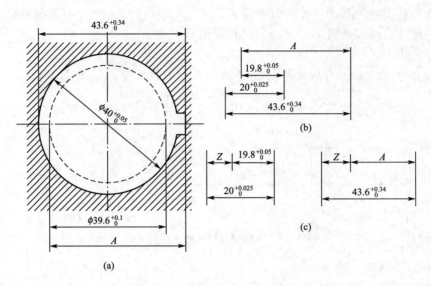

图 1.18　插键槽工序尺寸的计算

过解算尺寸链可得到 $A=43.4^{+0.314}_{+0.050}$ mm。

另外，尺寸链还可以建成图 1.18(c) 的形式，引入了半径余量 Z。图(c)左图中，镗孔和磨孔工序尺寸是直接获得的尺寸，余量 Z 是间接控制的尺寸，所以是封闭环。图(c)右图中，插键槽工序尺寸是直接获得的尺寸，要保证的键槽深度尺寸和 Z 是间接形成的尺寸。但只有当 Z 间接形成后，才能再进一步间接形成键槽深度尺寸 43.6mm，所以该键槽深度尺寸是封闭环。其计算结果与图(b)尺寸链相同。

【例 1-4】 保证渗氮、渗碳层深度的工序尺寸计算。

有些零件的表面需进行渗氮或渗碳处理，处理后进行精加工，并且要求精加工后要保持一定的渗层深度。为此，必须确定渗前加工的工序尺寸和热处理时的渗层深度。

如某零件内孔，设计要求孔径为 $\phi45^{+0.04}_0$ mm，内表面需渗碳，渗碳层深度为 0.3～0.5mm。其加工过程如下：

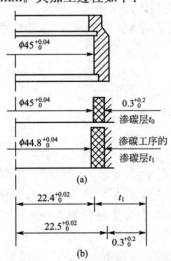

图 1.19　渗层深度工序尺寸的计算

工序 Ⅰ　磨内孔至 $\phi44.8^{+0.04}_0$ mm。

工序 Ⅱ　渗碳，深度为 t_1。

工序 Ⅲ　磨内孔至 $\phi45^{+0.04}_0$ mm，并保留渗碳层深度 $t_0=0.3～0.5$mm。

试求渗碳时深度 t_1。

解：在确定渗层深度工序尺寸时，根据工艺过程绘制相关尺寸形成图，如图 1.19(a) 所示。

由工艺过程可知，3 道工序的工序尺寸是直接获得的尺寸，设计要求保证的孔表面渗层深度尺寸 t_0 在加工过程中没有直接控制，当 3 道工序的工序尺寸获得后，t_0 也形成了，所以 t_0 是间接获得的尺寸，即是封闭环。

建立尺寸链如图 1.19(b) 所示。把 t_0 写成基本尺寸及偏差标注形式(注意基本尺寸不能为 0)，即 $t_0=$

$0.3^{+0.2}_{0}$mm，就可计算出 $t_1 = 0.4^{+0.18}_{+0.02}$mm。

这就说明渗碳时，必须控制渗碳工艺参数，保证渗碳层深度为 $0.42 \sim 0.58$mm，才能保证该内孔经磨削后，孔表面保留的渗层深度达到要求的 $0.3 \sim 0.5$mm。

【例 1 - 5】 孔系坐标尺寸的计算。

在机械设计、加工或检验中，会经常遇到孔系零件中心距与坐标尺寸之间尺寸换算的问题。共同特点是孔中心距精度要求较高，两坐标尺寸之间的夹角 $90°$ 是定值，在加工时常采用坐标法加工，在设计其钻模板或镗模板时需要标注出坐标尺寸，这种孔系坐标的尺寸换算属于解平面尺寸链的问题。

如图 1.20 所示箱体镗孔工序图，设计要求为两孔中心距 $N = 100 \pm 0.1$mm，$\alpha = 30°$，镗孔时按坐标尺寸 A_x、A_y 调整，试计算工序尺寸 A_x、A_y。

解：(1) 建立尺寸链。

根据加工过程，在坐标镗或加工中心上镗孔时，须直接控制 A_x、A_y，然后形成两孔中心距 N。所以 A_x、A_y 是直接获得的尺寸，N 是间接获得的尺寸，尺寸 N 是封闭环。建立尺寸链如图 1.20 所示。

该尺寸链不同于前面讲述的尺寸链形式，尺寸链各环不平行，成一定角度。称为平面尺寸链，前面讲述的尺寸链称为线性尺寸链。

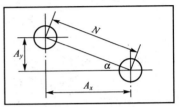

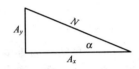

图 1.20　孔系坐标尺寸的计算

(2) 解算尺寸链。

首先把知道公差的各环换算成对称偏差标注形式，然后根据平面尺寸关系，计算出每个尺寸的基本尺寸。本例中，$A_x = N\cos\alpha = 100 \times \cos30° = 86.6$mm，$A_y = N\sin\alpha = 100 \times \sin30° = 50$mm。最后计算坐标尺寸的公差。计算方法如下。

根据直角三角形勾股定理知：$N_2 = A_x^2 + A_y^2$，对其求全微分得：$NdN = A_x dA_x + A_y dA_y$。此时，$dN$、$dA_x$、$dA_y$ 分别是尺寸 N、A_x 和 A_y 的公差。

一般情况下，坐标镗或加工中心的 x、y 坐标的进给精度是相同的。故按等公差法计算坐标尺寸的公差。即

$$dA_x = dA_y = \frac{NdN}{A_x + A_y} \tag{1-11}$$

在本例中，代入数值得：$dA_x = dA_y = 0.146$

故所求的镗孔坐标尺寸分别为：$A_x = 86.6 \pm 0.073$mm 和 $A_y = 50 \pm 0.073$mm。

1.4.8　确定工序检验方法

机械加工精度的通用检验方法主要是针对零件的长度(包括轴径和孔径)、角度(包括锥度)、形状和位置误差(包括直线度、平面度、圆度、圆柱度)及表面粗糙度等的测量。

测量方法一般地说是指测量方式、测量条件和计量器具的综合，在实际工作中，往往仅指获得测量值的方式。按获得测量结果的方法不同分为直接测量和间接测量。直接测量是指直接由计量器具上得到被测量的测量值，如用游标卡尺测量轴径；间接测量是

指通过直接测量与被测尺寸有已知关系的其他尺寸，再通过计算而得到被测尺寸的测量方法，常用于直接测量不易测准，或由于被测件结构限制而无法进行直接测量的场合。

1. 轴径和孔径的检验

从结构特征而言，轴径测量属外尺寸测量，而孔径测量属内尺寸测量。

中等尺寸轴径和孔径，对轴径的测量，生产批量较大时常采用量规测量；生产批量不大或单件生产时，常采用卡尺、千分尺、杠杆千分表、立(卧)式光学计、测长仪和工具显微镜等测量。对孔径的测量，生产批量较大时，采用气动量仪配合内径气动测头进行测量；生产批量不大或单件生产时，常采用内径百分表、万能测长仪、万能工具显微镜等进行测量。

小尺寸轴径和孔径，小尺寸轴径测量可采用量杆直径为 3mm 的平面测头千分尺或用适于高精度小尺寸测量的带有刀口测头的座式杠杆千分尺测量。一般的光学计、万能测长仪、电感测微仪也可用于小尺寸轴径测量。被测轴径尺寸 0.1mm 以下时，一般采用激光衍射法测量。

2. 锥度的检验

可以用涂色法检验锥度，在塞规或被测外锥体的锥面上，用特种红铅笔或其他涂料沿圆周等分划 3 条轴向直线，色层厚度 $2\sim3\mu m$。然后把量规放在被测锥体上，紧接触转动几次，转角不大于 $30°$。再将量规旋转 $90°$，重复上述检验，根据接触情况，判断锥度的准确性。

锥度的测量还可以用工具显微镜等通用量仪测量，也可以用正弦规测量锥度。

3. 形状精度的检验

1) 直线度误差的测量

直线度误差的评定方法有两端点连线法、最小二乘法和最小包容区域法。

两端点连线法是采用被测要素的两端点连线作为评定基准，其测量操作比较简便，因此在生产检验中被广泛采用。用最小二乘法评定直线度误差是以最小二乘方直线作为评定基准，一般在带有计算机的测量装置上运用较多，手工计算比较烦琐。最小包容区域法是以符合最小条件的理想直线作为评定基准，一般用其他方法测得的数据作为原始数据，可用作图法、计算法、旋转法进行数据处理得到直线度误差数值。

常用测量方法有间隙法、干涉法、双频激光干涉仪法、水平仪法和气动量规法等。

2) 平面度误差的测量

平面也是构成零件最基本的几何要素之一，在几何量测量中，平面度的检测极为普遍，方法也很多。平面度误差的测量原则主要是采用与理想平面比较的测量方案，即选择一个标准平面作为理想平面，用此理想平面与被测实际平面进行比较，从而确定其误差的大小。

打表法测量平面度误差是生产现场使用最多的一种方法。打表测量是将被测零件和指示表放在基准平板上，以基准平板作为理想平面，测量时，指示表架紧贴基准平板逐点或沿着若干条直线移动，即可测出被测平面的平面度误差值。

3）圆度误差的测量

圆度误差是指在垂直于回转体轴线截面（正截面）上，被测实际圆对其理想圆的变动量。圆度的误差值是以同一正截面上两同心圆的半径差来计量的。

圆度误差的测量方法有与理想要素比较的测量方法，即在圆度测量仪上测量。有两点法测量和三点法测量。

两点法又叫直径测量法，它是在圆柱形件的同一横截面上测量多个直径，取所测得的最大、最小直径之差的一半为该截面的圆度误差，并取几个横截面的圆度误差的最大值作为该零件的圆度误差。

三点法又叫 V 形块测量法，它是将被测工件放在具有固定角度的 V 形块上，旋转一周，指示表的最大与最小读数差，即为圆度误差。

4）圆柱度误差的测量

圆柱度误差是指被测实际圆柱面对其理想圆柱面的变动量。目前常用的圆柱度误差测量方法有两点法（直径测量法）和三点法（V 形块法）。

与测量圆度误差一样，测量圆柱度误差的两点法也是属于测量特征参数的一种近似方法。测量时，与圆度误差测量不同的是，应连续测量若干个横截面，然后取各被测截面测得的所有读数中最大与最小读数的差值之半，作为被测零件的圆柱度误差。

4. 位置精度的检验

1）平行度误差的测量

平行度误差是指被测实际要素（直线或平面）相对于与其基准要素（基准平面或基准直线）平行的理想要素的变动量。根据被测实际要素和基准要素的相对关系，平行度误差有面对基准平面、线对基准平面、面对基准直线和线对基准直线几种情况。平行度误差的测量方法在现场检测时一般采用打表测量法。打表法是测量平行度误差使用最广和最简便的一种方法。

图 1.21 所示为平面与平面间平行度误差的测量，图 1.22 所示为轴线与平面间平行度误差的测量。

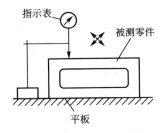

图 1.21　平面与平面间平行度误差测量

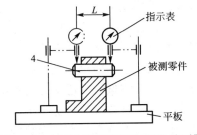

图 1.22　轴线与平面间平行度误差测量

2）垂直度误差的测量

垂直度误差是指被测实际要素相对于其理想要素的变动量，该理想要素与基准具有垂直关系。垂直度误差和平行度误差一样也是一种定向误差。根据线、面两几何要素之间的垂直关系，垂直度误差也分为平面与平面间的垂直度误差、直线（或轴线）对平面的垂直度误差、平面对直线（或轴线）的垂直度误差、直线（或轴线）间的垂直度误差。

垂直度误差通常在平板上用直角尺、圆柱角尺、方箱等进行测量，在成批生产中，也可用综合量规或专用测量器具进行检验。图 1.23 所示为平面与平面间的垂直度误差的测量。

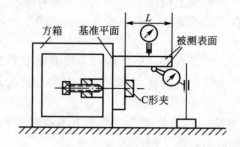

图 1.23　平面与平面间垂直度误差测量

图 1.24 所示为轴线与平面间的垂直度误差的测量。轴线对平面垂直度误差可用垂直表架进行测量，测量时，将被测零件的基准平面置于平板上，当垂直度误差为给定方向时，用指示表在图样给定的方向沿被测实际轴线上下移动测量，其最大值、最小值之差即为该测量截面的垂直度误差(注：应修正圆柱上各测量截面的半径差)。若垂直度误差标注为任意方向时，应在圆柱径向多个方向上测量，取其中最大误差值为该轴线对基准平面的垂直度误差值。

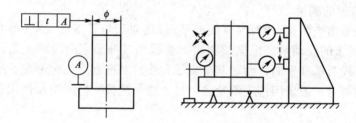

图 1.24　轴线与平面间垂直度误差测量

3) 倾斜度误差的测量

倾斜度误差是一种定向误差，它是被测实际要素对一具有确定方向的基准要素的变动量。根据被测实际要素对基准要素的情况，倾斜度误差可分为平面间倾斜度误差、轴线对平面倾斜度误差、平面对轴线倾斜度误差和轴线间倾斜度误差。

倾斜度误差测量时，通常是将被测零件基准要素放在一具有规定角度的垫块上，使被测实际要素的理想要素与测量平板平行(或垂直)。用指示表在被测实际表面上测量，取整个被测表面上最大读数与最小读数的差值作为该零件的倾斜度误差值，如图 1.25 所示。

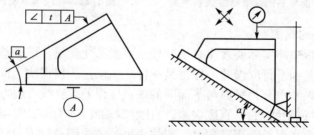

图 1.25　平面与平面间倾斜度误差测量

4) 同轴度误差的测量

同轴度误差是包容被测实际轴线,且与基准轴线(或公共基准轴线)同轴的定位最小包容区域的直径。同轴度误差是被测实际轴线对基准轴线同轴程度的一项定位误差。它是零件加工和仪器装配调试时经常遇到的一项测量指标。同轴度误差的测量方法很多,经常采用的是打表测量法、坐标测量法、用圆度仪测量和综合量规检验法等。

打表测量同轴度误差是车间检测比较常用的方法,图 1.26 所示为用打表法测量两孔轴线的同轴度误差的示意图。用选配心轴分别模拟体现基准轴线和被测轴线,将基准轴线调整到与平板平行。然后用指示表在靠近被测孔端 A、B 两点处测量,指示表按($L+d_2/2$)调整零位,在 A、B 两点处记录指示表的读数。然后将被测零件翻转 90°,按上述方法测量读数,就可测得同轴度误差。

用综合量规检验同轴度误差适用于大批量生产中的现场检测。该法具有操作简便、效率高等优点,但用此方法只能检验出零件的同轴度误差是否合格,而不能测量出同轴度的误差值。综合量规的直径分别为基准孔的最大实体尺寸和被测孔的实效尺寸。若综合量规能通过被测孔,则被测零件的同轴度为合格,如图 1.27 所示。

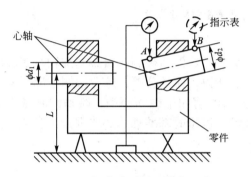
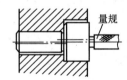

图 1.26　打表法测量同轴度误差　　　图 1.27　综合量规测量同轴度误差

5) 对称度误差的测量

对称度误差是一项被测实际中心要素(中心平面,轴线等)对基准中心要素对称度的定位误差,因此对称度误差是指包容实际中心平面,且与基准中心平面共面的定位最小包容区域的宽度。对称度的测量有打表测量法和综合量规检验等。

用打表法测量对称度误差是将被测零件放在平板上,测量被测表面与平板之间的距离,将被测工件翻转后,测量另一被测表面与平板之间的距离。取测量截面内对应两测点的最大差值作为被测件的对称度误差值,如图 1.28 所示。

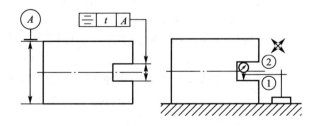

图 1.28　打表法测量对称度误差

对于被测轴线对公共基准中心平面的对称度误差，可用综合量规检验，如图 1.29 所示。若综合量规能通过，则被测零件的对称度合格。量规的两个定位块宽度为基准槽的最大实体尺寸，量规销的直径为被测孔的实效尺寸。

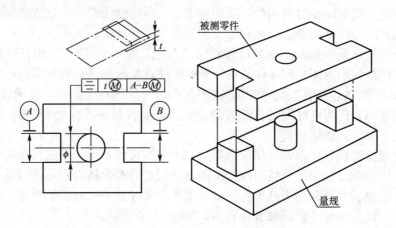

图 1.29　综合量规测量对称度误差

6）跳动的测量

跳动是以测量方法为依据规定的一种几何公差，即当被测要素绕基准轴线旋转时，以指示器测量被测要素表面来反映其几何误差。所以，跳动公差是综合限制被测要素的形状误差和位置误差的一种几何公差。跳动分为圆跳动和全跳动两类，跳动的测量方向有径向、端面（轴向）和斜向以及给定测量方向几种。测量时基准轴线的体现方法有两顶尖连线法、V 形架法和圆孔支承座法。

1.4.9　确定切削用量及时间定额

1. 切削用量的选择

正确地选择切削用量，对于保证加工质量、降低加工成本和提高劳动生产率都具有重要意义。所谓合理的切削用量，是指充分利用刀具的切削性能和机床性能（功率、扭矩等），在保证加工质量的前提下，获得高的生产率和低的加工成本的切削用量。

对于粗加工来说，要尽可能保证较高的金属切除率和必要的刀具耐用度。

提高切削速度、增大进给量和背吃刀量，都能提高金属切除率。但在这 3 个因素中，影响刀具耐用度最大的是切削速度，其次是进给量，影响最小的是背吃刀量。所以，在选择粗加工切削用量时，应优先考虑采用大的背吃刀量，其次考虑采用大的进给量，最后才能根据刀具耐用度的要求，选定合理的切削速度。

半精加工、精加工时首要保证加工精度和表面质量，同时应兼顾必要的刀具耐用度和生产效率，此时的背吃刀量根据粗加工留下的余量确定。为了减小工艺系统的弹性变形，减小已加工表面的残留面积，半精加工尤其是精加工，一般多采用较小的背吃刀量和进给量。为抑制积屑瘤和鳞刺的产生，用硬质合金刀具进行精加工时一般多采用较高的切削速度；高速钢刀具则一般多采用较低的切削速度。

由此可见，选择切削用量的基本原则是首先选取尽可能大的背吃刀量；其次要在机床动力和刚度允许的范围内，同时又满足已加工表面粗糙度的要求的情况下，选取尽可能大的进给量；最后利用《切削用量手册》选取或用公式计算确定最佳切削速度。

1) 背吃刀量的选择

背吃刀量根据加工余量确定。

(1) 在粗加工时，一次走刀应尽可能切去全部加工余量，在中等功率机床上，a_p 可达 8～10mm。

(2) 下列情况可分几次走刀：①加工余量太大，一次走刀切削力太大，会产生机床功率不足或刀具强度不够时；②工艺系统刚性不足，或加工余量极不均匀，以致引起很大振动时，如加工细长轴或薄壁工件；③断续切削，刀具受到很大的冲击而造成打刀时。

在上述情况下，如分二次走刀，第一次的 a_p 也应比第二次大，第二次的 a_p 可取加工余量的 1/3～1/4。

(3) 切削表层有硬皮的铸锻件或切削不锈钢等冷硬较严重的材料时，应尽量使背吃刀量超过硬皮或冷硬层厚度，以防刀刃过早磨损或破损。

(4) 在半精加工时，$a_p=0.5～2mm$。

(5) 在精加工时，$a_p=0.1～0.4mm$。

2) 进给量的选择

粗加工时，对工件表面质量没有太高要求，这时切削力往往很大，合理的进给量应是工艺系统所能承受的最大进给量。这一进给量要受到下列一些因素的限制：机床进给机构的强度、车刀刀杆的强度和刚度、硬质合金或陶瓷刀片的强度及工件的装夹刚度等。

精加工时，最大进给量主要受加工精度和表面粗糙度的限制。

工厂生产中，进给量常常根据经验选取。粗加工时，根据加工材料、车刀刀杆尺寸、工件直径及已确定的背吃刀量从《切削用量手册》中查取进给量。

在半精加工和精加工时，则按粗糙度要求，根据工件材料、刀尖圆弧半径、切削速度从《切削用量手册》中查得进给量。

然而，按经验确定的粗车进给量在一些特殊情况下，如切削力很大、工件长径比很大、刀杆伸出长度很大时，有时还需对选定的进给量校验(一项或几项)。

3) 切削速度的确定

根据已选定的背吃刀量 a_p、进给量 f 及刀具耐用度 T，就可按公式计算切削速度 v_c 和机床转速 n。

$$v_c = \frac{C_v}{T^m f^{y_v} a_p^{x_v}} \cdot K_v (\text{m/min}) \qquad (1-12)$$

式中：C_v、m、x_v、y_v——根据工件材料、刀具材料、加工方法等在《切削用量手册》中查得；

$\qquad\qquad K_v$——切削速度修正系数。

实际生产中也可从《切削用量手册》中选取 v_c 的参考值，通过 v_c 的参考值可以看出：

(1) 粗车时，a_p、f 均较大，所以 v_c 较低，精加工时，a_p、f 均较小，所以 v_c 较高。

(2) 工件材料强度、硬度较高时，应选较低的 v_c；反之，v_c 较高。材料加工性越差，v_c 较低。

（3）刀具材料的切削性能越好，v_c 也选得越高。

此外，在选择 v_c 时，还应考虑以下几点。

（1）精加工时，应尽量避免积屑瘤和鳞刺产生的区域。

（2）断续切削时，为减小冲击和热应力，宜适当降低 v_c。

（3）在易发生振动情况下，v_c 应避开自激振动的临界速度。

（4）加工大件、细长件、薄壁件以及带外皮的工件时，应选用较低的 v_c。

2. 时间定额

时间定额是指在一定生产条件下，规定完成一件产品或完成一道工序所需消耗的时间。

时间定额不仅是衡量劳动生产率的指标，也是安排生产计划，计算生产成本的重要依据，还是新建或扩建工厂（或车间）时计算设备和工人数量的依据。

制订合理的时间定额是调动工人积极性的重要手段，它一般是由技术人员通过计算或类比方法，或通过对实际操作时间的测定和分析的方法进行确定的。使用中，时间定额还应定期修订，以使其保持平均先进水平。

完成零件一个工序的时间定额，称为单件时间定额。它包括下列组成部分。

1）基本时间 t_j

指直接改变生产对象的形状、尺寸、相对位置与表面质量等所耗费的时间。对机械加工来说，则为切除金属层所耗费的时间（包括刀具的切入和切出时间），又称机动时间。

2）辅助时间 t_f

指在每个工序中，为保证完成基本工艺工作所用于辅助动作而耗费的时间。辅助动作主要有装卸工件、开停机床、改变切削用量、试切和测量零件尺寸等。

辅助时间的确定方法随生产类型而异。大批大量生产时，为使辅助时间规定得合理，需将辅助动作进行分解，再分别确定各分解动作的时间，最后予以综合；对于中批生产则可根据统计资料来确定；单件小批则常用基本时间的百分比来估算。

基本时间和辅助时间总称为操作时间 t_c。即 $t_c = t_j + t_f$。

3）布置工作地时间 t_b

为使加工正常进行，工人看管工作地所耗费的时间。如调整和更换刀具、润滑机床、清理切屑、收拾工具及擦拭机床等。一般按操作时间的百分数 α 估算。

4）休息和生理需要时间 t_x

工人在工作班内为恢复体力和满足生理的需要所耗费的时间。一般按操作时间的百分数 β 估算。

5）准备终结时间 t_z

在成批生产中，还需要考虑终结时间。准备终结时间是成批生产中，工人为了完成一批零件，进行准备和结束工作所耗的时间。该时间包括开始加工前需要熟悉有关工艺文件、领取毛坯、安装刀具和夹具、调整机床和刀具等，加工一批零件后，要拆下和归还工艺装备、发送成品等。

成批生产时的时间定额：（N 为零件批量）

$$t_c = t_j + t_f + t_b + t_x + \frac{t_z}{N} = (t_j + t_f)\left(1 + \frac{\alpha + \beta}{100}\right) + \frac{t_z}{N} \tag{1-13}$$

大量生产时的时间定额：

$$t_c = (t_j + t_f)\left(1 + \frac{\alpha + \beta}{100}\right) \tag{1-14}$$

t_j 的计算、t_f 的确定、$(\alpha + \beta)$ 的确定请参考《机械加工工艺手册》。

1.4.10 填写工艺文件

1. 工艺工作程序

工艺工作程序如下：

（1）工艺性调研和工艺性审查。

（2）编制工艺方案。

工艺方案是工艺技术准备工作的重要指导性文件，由主管工艺人员负责编写。

① 编制工艺方案的依据：产品图样及有关技术文件和企业生产大纲；总工艺师（或有关技术领导）对该产品工艺工作的指示，以及有关科室和车间的意见；产品的生产性质和产品生产类型；有关工艺资料（如企业的设备能力、设备精度、工人级别和技术水平等）；有关同类产品的国内外情报。

② 工艺方案内容：根据产品的生产性质、生产类型规定工艺文件的种类；提出专用设备、关键设备的购置、改装、设计意见；提出关键工装设计项目和特殊的外购工具、刃具、量具目录；提出新工艺、新材料在本产品上的实施意见；提出工艺关键件（或部分工艺关键件）工艺方案和工艺试验项目，并进行必要的技术经济分析，提出主要外制件和外协件项目；提出确保产品质量的特殊工艺要求；提出装配方案，装配方式、场地、产品验收的工艺准备等；提出产品工艺关键件制造周期和生产节拍的安排意见；提出对材料和毛坯的特殊要求，针对产品提出生产组织和生产路线（设备）调整意见。

（3）设计关键工装，参加制造服务和装调、验证，对关键工艺进行试验。

（4）编制工艺路线表和有关明细表：编制产品零件工艺路线表，或产品零（部）件分工明细表；编制产品工艺关键件明细表；编制外制件明细表。

（5）编制工艺文件，包括根据产品零（部）件工艺路线表或产品零（部）件分工明细表，由各专业工艺人员编制冷、热加工、装配等工艺规程卡片；提出专用工艺装备和专用设备、关键设备的设计任务书；冷、热加工相互提出特殊技术要求；加工和装配相互提出特殊技术要求；编制各种零件明细表（视各厂需要）；编制外购工具明细表；编制厂标准工具明细表；编制专用工艺装备明细表；编制组合夹具明细表。

（6）工装设计人员按工装设计任务书进行工装设计。

（7）编制各种材料定额明细表和汇总表。

（8）复校各种图样、表格和卡片。

（9）开展对车间的工艺服务工作。

（10）工艺总结。对各种生产类型的产品，当生产一个循环后都要进行工艺总结，内容包括工艺准备阶段小结；投产后工艺、工装验证情况；产品在生产中发生的工艺问题及其解决情况；对今后工艺的改进意见，为工艺整顿提出初步设想。

（11）根据工艺总结进行工艺整顿。

2. 工艺文件格式及填写规则

（1）机械加工工艺过程卡片见表1-11。其填写规则见表1-12。

表1-11 机械加工工艺过程卡片

机械加工工艺过程卡片		产品型号	(2)	零件图号	(3)	共 页	第 页 (6)
		产品名称		零件名称			

材料牌号 (1)	毛坯种类 (2)	毛坯外形尺寸 (3)	每毛坯可制件数 (4)	每台件数 (5)	备注

工序号 (7)	工序名称 (8)	工 序 内 容 (9)	车间 (10)	工段 (11)	设备 (12)	工艺装备 (13)	工时 准终 (14)	工时 单件 (15)

描图		设计(日期)	审核(日期)	标准化(日期)	会签(日期)			
描校								
底图号		标记	处数	更改文件号	签字	日期	标记	处数	更改文件号	签字	日期
装订号								

表 1-12　机械加工工艺过程卡片的填写规则

空格号	填写内容
(1)	材料牌号按设计图样填写
(2)	毛坯种类填写铸件、锻件、钢条、板钢等
(3)	进入加工前的毛坯外形尺寸
(4)	每个毛坯可加工同一零件的数量
(5)	每台件数按设计图样要求填写
(6)	备注可根据需要填写
(7)	工序号
(8)	各工序名称
(9)	各工序和工步、加工内容和主要技术要求 　　工序中的程序也要填写，但只写工序名称和主要技术要求，如热处理的硬度和变形要求、电镀层的厚度等。设计图样标有配作、配钻时，或根据工艺需要装配时配作、配钻，应在装配前的最后工序另起一行注明，如××孔与××件装配时配钻，××部位与××件装配后加工等
(10)、(11)	分别填写加工车间和工段的代号或简称
(12)	填写设备的型号或名称，必要时还要填写设备编号
(13)	填写编号(专用的)或规格、精度、名称(标准的)

(2) 机械加工工序卡片见表 1-13。其填写规则见表 1-14。

表 1-14　机械加工工序卡片的填写规则

空格号	填写内容
(1)	执行该工序的车间名称或代号
(2)~(8)	按表 1-11 相应项目填写
(9)~(11)	填写该工序所用设备的型号、名称，必要时填写设备编号
(12)	在机床上同时加工的件数
(13)、(14)	该工序需使用的各种夹具的名称和编号
(15)	机床所用切削液的名称和编号
(20)	工步号
(21)	各工序名称、加工内容和主要技术要求
(22)	各工步所需用的辅具、模具、刀具、量具。专用的填编号，标准的填规格、精度、名称
(23)~(29)	加工规范。一般工序可不填，重要工序可根据需要填写

表 1－13　机械加工工序卡片

机械加工工序卡片		产品型号		零件图号				
		产品名称		零件名称		共 页	第 页	材料牌号 (30)

车间 (1)	工序号 (2)	工序名称 (3)	材料牌号 (4)
25	15	25	20

毛坯种类 (5)	毛坯外形尺寸 (6)	每毛坯可制件数 (7)	每台件数 (8)
	30	20	20

设备名称 (9)	设备型号 (10)	设备编号 (11)	同时加工件数 (12)

夹具编号 (13)	夹具名称 (14)	切削液 (15)	

工位器具编号 (16)	工位器具名称 (17)	工序工时	
45	30	准终 (18)	单件 (19)

工步号 (20)	工步内容 (21)	工艺装备 (22)	主轴转速 (r/min) (23)	切削速度 (m/min) (24)	进给量 (mm/r) (25)	背吃刀量 /mm (26)	进给次数 (27)	工步工时	
								机动 (28)	辅助 (29)

				设计(日期)	审核(日期)	标准化(日期)	会签(日期)
描图							
描校							
底图号							
装订号							
标记	处数	更改文件号	签字	日期	标记	处数	更改文件号	签字	日期

16 　 8　 9×8(=72)

10×8(=80)

7×10(=70)　10　90

复习与思考题

1.1 简述机械加工过程中定位精基准的选择原则。

1.2 制订工艺规程时，为什么要划分加工阶段？什么情况下可以不划分或不严格划分加工阶段？

1.3 何谓"工序集中"、"工序分散"？什么情况下采用"工序集中"？什么情况下采用"工序分散"？影响工序集中与工序分散的主要因素是什么？

1.4 毛坯的选择与机械加工有何关系？试说明选择不同的毛坯种类以及毛坯精度对零件的加工工艺、加工质量及生产率有何影响。

1.5 表面加工方法选择时应考虑哪些因素？

1.6 机械加工工序和热处理工序应如何安排？

1.7 何谓时间定额？批量生产时，时间定额由哪些部分组成？

1.8 加工图 1.30 所示零件，其粗基准、精基准应如何选择？（标有 √ 符号的为加工面，其余为非加工面，图 1.30(a) 中要求外毂壁厚较均匀；图 1.30(b) 要求内外圆同轴。）

1.9 图 1.31 所示零件的 A、B、C 面，$\phi 10^{+0.027}_{0}$ mm 及 $\phi 30^{+0.030}_{0}$ mm 孔均已加工。试分析加工 $\phi 12^{+0.018}_{0}$ mm 孔时，选用哪些表面定位最合理？为什么？

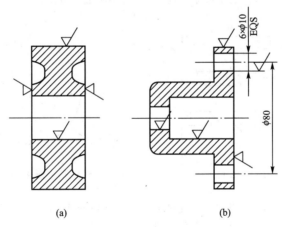

(a)   (b)

图 1.30 题 1.8 图

1.10 某 45 钢工件上，欲加工 $\phi 72.5^{+0.03}_{0}$ mm 的孔。其加工工序为扩孔、粗镗、半精镗、精镗、精磨。各工序尺寸及公差为：

精磨：$\phi 72.5^{+0.03}_{0}$ mm；

精镗：$\phi 71.8^{+0.046}_{0}$ mm；

半精镗：$\phi 70.5^{+0.12}_{0}$ mm；

粗镗：$\phi 68^{+0.19}_{0}$ mm；

扩孔：$\phi 64^{+0.46}_{0}$ mm；

模锻孔：$\phi 59^{+1}_{-2}$ mm。

试计算各工序的加工余量及其变动范围，并给出加工余量、工序尺寸及其公差关系图。

1.11 图 1.32 所示的轴承座零件，除 B 面外，其他尺寸均已加工完毕。加工 B 面时

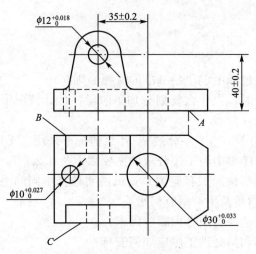

图 1.31 题 1.9 图

以 A 面定位，并作为加工时的测量基准，试计算工序尺寸。

1.12 图 1.33 所示为零件简图，其内、外圆均已加工完毕，外圆尺寸为 $\phi90_{-0.1}^{0}$，内孔尺寸为 $\phi60_{0}^{+0.05}$ mm。现铣键槽，其深度要求为 $5_{0}^{+0.3}$，该尺寸不便直接测量，为检验键槽深度尺寸是否合格，可直接测量哪些尺寸？试标出它们的尺寸及公差。

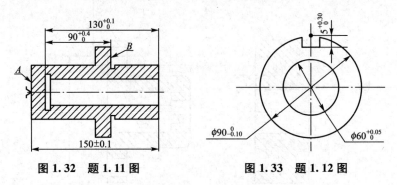

图 1.32 题 1.11 图   图 1.33 题 1.12 图

1.13 如图 1.34(a) 所示零件，设加工此零件端面的有关尺寸如图 1.34(b)、(c) 所示，零件经过这些工序的加工后，轴向尺寸符合零件图的要求。试确定各工序的轴向工序尺寸 H_2、H_3、H_4。

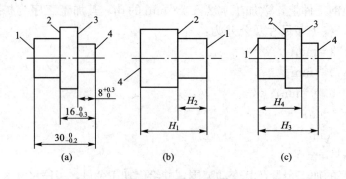

图 1.34 题 1.13 图

1.14 某光轴要求直径为 $\phi 60_{-0.03}^{0}$ mm，外圆表面渗碳层深度为 0.6～0.8mm。其相关加工过程为：精车至 $\phi 60_{-0.046}^{0}$ mm；渗碳，深度为 t；最后磨削至要求直径。试计算渗碳时渗层深度 t。

1.15 编写图 1.35 所示的零件在单件小批生产和中批生产时的工艺规程。材料为 HT200。

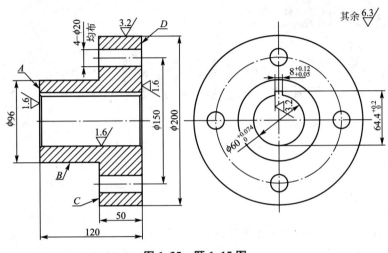

图 1.35 题 1.15 图

第2章
专用夹具设计方法

 **本章学习目标**

★ 了解机床夹具分类及专用夹具组成；
★ 掌握工件在夹具中的定位方法，定位误差计算，定位方案设计；
★ 掌握夹紧力的确定方法，夹紧装置的设计与选用；
★ 掌握各类机床专用夹具的特点及专用夹具设计方法。

 **本章教学要点**

知识要点	能力要求	相关知识
专用夹具的分类及组成	了解机床夹具分类及专用夹具组成	专用夹具的分类方法、作用、组成
工件在夹具中的定位设计	掌握工件在夹具中的定位方法，定位误差计算，定位方案设计	六点定位原理，定位元件选用，定位误差计算，定位方案设计
夹紧装置设计	掌握夹紧力的确定方法，夹紧装置的设计与选用	夹具力的确定，基本夹紧装置设计选用，夹具装置的动力等
各类机床专用夹具	各类机床专用夹具的特点及设计要点	车床夹具、铣床夹具、镗床夹具、钻床夹具等
专用夹具设计方法	掌握专用夹具设计步骤、方法	专用夹具设计步骤，夹具总图的标注及技术要求，专用夹具设计实例

导入案例

　　在零件的机械加工工艺规程制订好之后，在生产中，该零件就从毛坯开始，经过每一道工序在机床上的加工后，形成图纸要求的实实在在的机器零件。那么，在每道工序中，零件如何正确地安装在机床上进行加工的呢？如图2.1所示零件，现需在铣床上铣削上部前后两圆环面，就需要通过图2.2所示的装置（液压虎钳）安装于铣床上进行加工，该装置就是机床夹具。即加工时，把夹具安装在铣床的工作台上，被加工工件装夹于该夹具上，调整好后即可进行铣削加工。

图 2.1　零件

图 2.2　液压虎钳

　　夹具设计一般是在零件的机械加工工艺规程制订之后按照某一工序的具体要求进行的。制订工艺规程，应充分考虑夹具实现的可能性，而设计夹具时，如确有必要也可以对工艺过程提出修改意见。夹具的设计质量的高低，应以能否稳定地保证工件的加工质量，生产效率高，成本低，排屑方便，操作安全、省力和制造、维护容易等为其衡量指标。

2.1　夹 具 概 述

2.1.1　夹具的分类

　　机床夹具一般可按专门化程度、使用的机床和夹紧动力源进行分类。

1. 按专门化程度分类

1）通用夹具

通用夹具是指已经标准化的，在一定范围内可用于加工不同工件的夹具。例如，车床上三爪自定心卡盘和四爪单动卡盘，铣床上的平口钳、分度头和回转工作台等都是通用夹具。这类夹具一般由专业工厂生产，作为机床附件提供给用户，其特点是适应性广，但生产效率低，主要适用于单件小批量生产中。

2) 专用夹具

专用夹具是指专门为某一工件的某道工序而专门设计的夹具，其特点是结构紧凑，操作迅速、方便、省力，可以保证较高的加工精度和生产效率，但设计制造周期较长、制造费用也较高。当产品变更时，夹具将无法再使用，只适用于产品固定且批量较大的生产中。

3) 可调夹具

可调夹具的特点是夹具的部分元件可以更换，部分装置可以调整，以适应不同零件的加工。成组夹具适用于相似零件的成组加工，与通用可调夹具相比，加工对象的针对性明确。

4) 组合夹具

组合夹具是指按零件的加工要求，由一套事先制造好的标准元件和部件组装而成的夹具，其特点是灵活多变、通用性强、制造周期短、元件可反复使用，特别适用于新产品的试制和单件小批生产。

5) 随行夹具

随行夹具是一种在自动线上使用的夹具，与工件成为一体沿着自动线从一个工位移到下一个工位，进行不同工序的加工。

2. 按使用的机床分类

按所使用的机床不同，夹具可分为车床夹具、铣床夹具、钻床夹具、镗床夹具、磨床夹具、齿轮机床夹具和其他机床夹具等。

3. 按夹紧动力源分类

根据夹具所采用的夹紧动力源不同，夹具可分为手动夹具、气动夹具、液压夹具、气液夹具、电动夹具、磁力夹具、真空夹具等。

2.1.2 夹具的组成

机床夹具的组成，可以通过一个专用夹具的实例来说明。图 2.3(a)为某轴套零件，要求加工 $\phi6H7$mm 孔并保证轴向尺寸(37.5 ± 0.02)mm。图 2.3(b)为其钻床夹具，工件以内孔及端面为定位基准，通过夹具上的定位销 6 及其端面即可确定工件在夹具中的正确位置。拧紧螺母 5，通过开口垫圈 4 可将工件夹紧，然后由装在钻模板 3 上的快换钻套 1 导引钻头进行钻孔。

可以看出，夹具一般由以下几部分组成。

1. 定位元件(定位装置)

定位元件与工件的定位基面相接触，用于确定工件在夹具中的正确位置。如图 2.3 中的定位销 6。

2. 夹紧元件(夹紧装置)

夹紧元件的作用是将工件压紧夹牢，使工件在加工过程中保持在夹具中的既定位置。

如图 2.3 中的螺母 5 和开口垫圈 4。

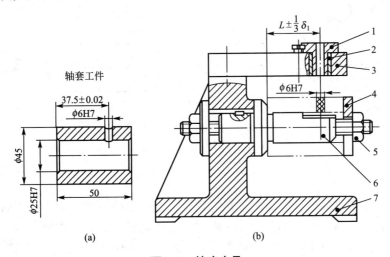

图 2.3　钻床夹具

1—快换钻套；2—导向套；3—钻模板；4—开口垫圈；

5—螺母；6—定位销；7—夹具体

3. 对刀与导引元件

用于确定刀具在加工前正确位置的元件称为对刀元件，如对刀块。用于确定刀具位置并导引刀具进行加工的元件称为导引元件，如图 2.3 中的快换钻套 1。

4. 夹具体

夹具体是用于连接或固定夹具上各元件及装置，使其成为一个整体的基础件。它与机床有关部件进行连接、对定，使夹具相对机床具有确定的位置，如图 2.3 中的夹具体 7。

5. 其他元件及装置

有些夹具根据工件的加工要求，要有分度机构，铣床夹具还要有定位键等。

以上这些组成部分，并不是对每种机床夹具都是缺一不可的，但是任何夹具都必须有定位元件和夹紧装置，它们是保证工件加工精度的关键，目的是使工件定准、夹牢。

2.2　工件的定位设计

2.2.1　工件的定位原理

1. 自由度的概念

由刚体运动学可知，一个自由刚体，在空间有且仅有 6 个自由度。图 2.4 所示的工件，它在空间的位置是任意的，即它既能沿 Ox、Oy、Oz 3 个坐标轴移动，称为移动自由度，分别表示为 $\vec{x}$、$\vec{y}$、$\vec{z}$；又能绕 Ox、Oy、Oz 3 个坐标轴转动，称为转动自由度，分别表示为 $\hat{x}$、$\hat{y}$、$\hat{z}$。

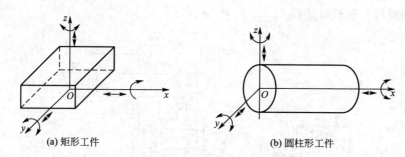

(a) 矩形工件　　　　　　　　　　(b) 圆柱形工件

图 2.4　工件的 6 个自由度

2. 六点定位原理

由上可知,如果要使一个自由刚体在空间有一个确定的位置,就必须设置相应的 6 个约束,分别限制刚体的 6 个运动自由度。在讨论工件的定位时,工件就是我们所指的自由刚体。如果工件的 6 个自由度都加以限制了,工件在空间的位置也就完全被确定下来了。因此,定位实质上就是限制工件的自由度。

分析工件定位时,通常是用一个支承点限制工件的一个自由度。用合理设置的 6 个支承点,限制工件的 6 个自由度,使工件在夹具中的位置完全确定,这就是六点定位原理。

例如在如图 2.5(a) 所示的矩形工件上铣削半封闭式矩形槽时,为保证加工尺寸 A,可在其底面设置 3 个不共线的支承点 1、2、3,如图 2.5(b) 所示,限制工件的 3 个自由度:$\hat{x}$、$\hat{y}$、$\vec{z}$;为了保证 B 尺寸,侧面设置 2 个支承点 4、5,限制 $\vec{x}$、$\hat{z}$ 2 个自由度;为了保证 C 尺寸,端面设置一个支承点 6,限制 $\vec{y}$ 自由度。于是工件的 6 个自由度全部被限制了,实现了六点定位。在具体的夹具中,支承点是由定位元件来体现的。如图 2.5(c) 所示,设置了 6 个支承钉。

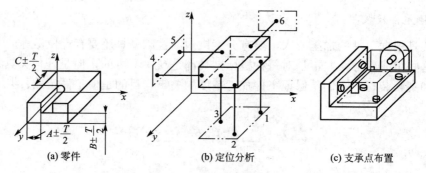

(a) 零件　　　　　　　(b) 定位分析　　　　　　(c) 支承点布置

图 2.5　矩形工件六点定位

对于圆柱形工件,如图 2.4(a) 所示,可在外圆柱表面上,设置 4 个支承点 1、3、4、5 限制 $\vec{x}$、$\vec{z}$、$\hat{x}$、$\hat{z}$ 4 个自由度;槽侧设置一个支承点 2,限制 $\hat{y}$ 1 个自由度;端面设置一个支承点 6,限制 $\vec{y}$ 1 个自由度;工件实现完全定位,为了在外圆柱面上设置 4 个支承点一般采用 V 形架,如图 2.6(b) 所示。

通过上述分析,说明了六点定位原则的几个主要问题。

(1) 定位支承点是定位元件抽象而来的。在夹具的实际结构中,定位支承点是通过具体的定位元件体现的，即支承点不一定用点或销的顶端，而常用面或线来代替。根据数学概念可知，两个点决定一条直线，3 个不共线的点决定一个平面，即一条直线可以代替两个支承点，一个平面可代替 3 个支承点。在具体应用时，还可用窄长的平面(条形支承)代替直线，用较小的平面来替代点。

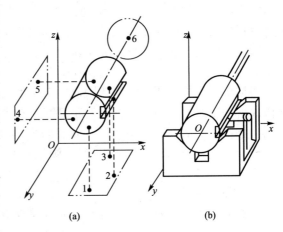

图 2.6　圆柱形工件六点定位

(2) 定位支承点与工件定位基准面始终保持接触，才能起到限制自由度的作用。

(3) 分析定位支承点的定位作用时，不考虑力的影响。工件的某一自由度被限制，是指工件在某个坐标方向有了确定的位置，并不是指工件在受到使其脱离定位支承点的外力时不能运动。使工件在外力作用下不能运动，要靠夹紧装置来完成。

3. 限制工件自由度与工件加工要求的关系

工件定位时，其自由度可分为以下两种：一种是影响加工要求的自由度，另一种是不影响加工要求的自由度。为了保证加工要求，第一种自由度必须严格限制，第二种自由度根据加工时切削力、夹紧力的情况以及控制切削行程的需要等决定是否限制，不影响加工精度。

所以，在工件定位方案设计过程中，分析应该限制的自由度时，应该对照零件的工序简图，明确该工序的加工要求(包括工序尺寸和位置精度等)。然后建立空间直角坐标系，对 6 个自由度逐个进行判断，判断出影响加工要求的自由度和不影响加工要求的自由度，也就明确了该工序需要限制的全部自由度。

确定了应该限制的自由度后，就可以选择定位基准、确定定位基面了。

4. 工件定位中的几种情况

1) 完全定位

完全定位是指不重复地限制了工件的 6 个自由度的定位。当工件在 x、y、z 3 个坐标方向均有尺寸要求或位置精度要求时，一般采用这种定位方式。

2) 不完全定位

根据工件的加工要求，有时并不需要限制工件的全部自由度，这样的定位方式称为不完全定位。图 2.7(a)所示为在车床上加工通孔，根据加工要求，不需限制 $\vec{x}$ 和 $\hat{x}$ 2 个自由度，所以用三爪自定心卡盘夹持限制其余 4 个自由度，就可以实现四点定位。图 2.7(b)所示为平板工件磨平面，工件只有厚度和平行度要求，只需限制 $\vec{z}$、$\hat{x}$、$\hat{y}$ 3 个自由

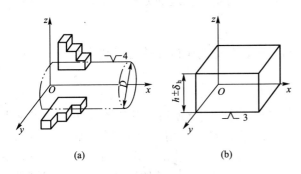

图 2.7　不完全定位示例

度，在磨床上采用电磁工作台就能实现三点定位。由此可知，工作在定位时应该限制的自由度数目应由工序的加工要求而定，不影响加工精度的自由度可以不加限制。采用不完全定位可简化定位装置，因此不完全定位在实际生产中也广泛应用。

3）欠定位

根据工件的加工要求，应该限制的自由度没有完全被限制的定位称为欠定位。欠定位无法保证加工要求，因此，在确定工件在夹具中的定位方案时，决不允许有欠定位的现象产生。如在如图 2.5 所示中不设端面支承 6，则在一批工件上铣半封闭槽的长度就无法保证；若缺少侧面两个支承点 4、5 时，则工件上 B 的尺寸和槽与工件侧面的平行度均无法保证。

4）过定位

夹具上的两个或两个以上的定位元件重复限制同一个自由度的现象，称为过定位。如图 2.8(a)所示，要求加工平面对 A 面的垂直度公差为 0.04mm。若用夹具的两个大平面实现定位，那工件的 A 面被限制 $\hat{x}$、$\hat{y}$、$\hat{z}$ 3 个自由度，B 面被限制了 $\hat{x}$、$\hat{y}$、$\hat{z}$ 3 个自由度，其中 $\hat{y}$ 自由度被 A、B 面同时重复限制。由图可见，当工件处于加工位置"Ⅰ"时，可保证垂直度要求；而当工件处于加工位置"Ⅱ"时不能保证此要求。这种随机的误差造成了定位的不稳定，严重时会引起定位干涉，因此应该尽量避免和消除过定位现象。消除或减少过定位引起的干涉，一般有

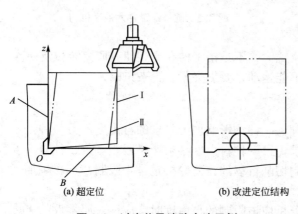

(a) 超定位　　　　(b) 改进定位结构

图 2.8　过定位及消除方法示例

两种方法：一是改变定位元件的结构，如缩小定位元件工作面的接触长度，或者减小定位元件的配合尺寸，增大配合间隙等；二是控制或者提高工件定位基准之间以及定位元件工作表面之间的位置精度。若如图 2.8(b)所示，把定位的面接触改为线接触，则消除了引起过定位的自由度 $\hat{y}$。

2.2.2　定位方法和定位元件

在分析工件定位方案时，主要利用六点定位原理，根据工件的具体结构特点和工序加工精度要求正确选择定位方式，设计定位元件，进行定位误差的分析与计算。

1. 工件以平面定位

工件以平面定位，即工件以平面为定位基面，常见的定位元件有下列几种。

1）固定支承

支承的高矮尺寸是固定的，使用时不能调整高度。

（1）支承钉。图 2.9 所示为用于平面定位的几种常用支承钉，其中图 2.9(a)为平顶支承钉，常用于精基准面的定位；图 2.9(b)为圆顶支承钉，多用于粗基准面的定位；图 2.9(c)为网纹顶支承钉，常用在要求较大摩擦力的侧面定位；图 2.9(d)为带衬套支承钉，由于它便于拆卸和更换，一般用于批量大、磨损快、需要经常修理的场合。一个支承钉只限

制1个自由度。

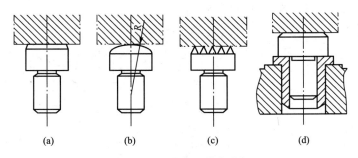

图2.9　几种常用的支承钉

（2）支承板。支承板有较大的接触面积，工件定位稳固。一般较大的精基准平面定位多用支承板作为定位元件。图2.10是两种常用的支承板，其中图2.10(a)为平板式支承板，结构简单、紧凑，但不易清除落入沉头螺孔中的切屑，一般用于侧面定位；图2.10(b)为斜槽式支承板，清屑容易，适用于底面定位。

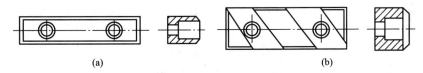

图2.10　两种常用的支承板

一个短支承板限制1个自由度，一个长支承板限制2个自由度。支承钉、支承板的结构、尺寸均已标准化，设计时可查有关手册。

2）可调支承

可调支承的顶端位置可以在一定的范围内调整。图2.11为几种常用的可调支承典型结构。可调支承用于未加工过的平面定位，以调节补偿各批毛坯尺寸误差。

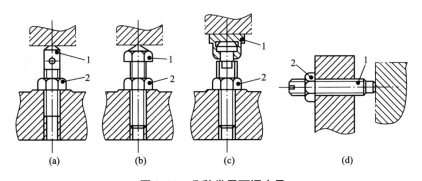

图2.11　几种常用可调支承

1—可调支承螺钉；2—螺母

3）自位支承

自位支承又称浮动支承，在定位过程中，支承本身所处的位置随工件定位基准面的变化而自动调整并与之相适应。图2.12是几种常见的自位支承结构，尽管每一个自位支承与工件间可能是二点或三点接触，但实质上仍然只起一个定位支承点的作用，只限制工件的一个自由度，常用于毛坯表面、断续表面、阶梯表面定位。

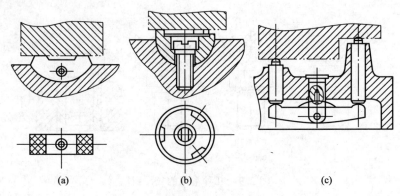

图 2.12 几种常用的自位支承结构

4) 辅助支承

辅助支承是在工件实现定位后才参与支承的定位元件,不起定位作用,只能起提高工件刚度或辅助定位作用。图 2.13 所示为常用的几种辅助支承类型,图 2.13(a)、(b)为螺旋式辅助支承,用于小批量生产;图 2.13(c)为推力式辅助支承,用于大批量生产。

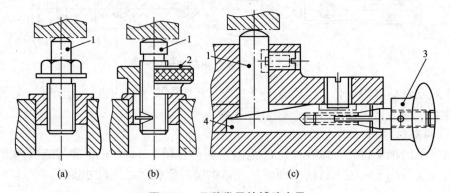

图 2.13 几种常见的辅助支承
1—支承;2—螺母;3—手轮;4—楔块

图 2.14 为辅助支承应用实例,图 2.14(a)的辅助支承用于提高工件稳定性和刚度;图 2.14(b)的辅助支承起预定位作用。

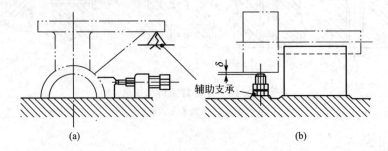

图 2.14 辅助支承应用实例

2. 工件以外圆定位

工件以外圆柱面作定位基准面时,根据外圆柱面的完整程度、加工要求和安装方式,可以用 V 形块、定位套、半圆块及圆锥套定位。其中最常用的是 V 形块。

1）V 形块

V 形块有固定式和活动式之分。图 2.15 为常用固定式 V 形块，图 2.15(a)用于较短的精基准定位；图 2.15(b)用于较长的粗基准（或阶梯轴）定位；图 2.15(c)用于两段精基准面相距较远的场合；图 2.15(d)中的 V 形块在铸铁底座上镶有淬火钢垫，用于定位基准直径与长度较大的场合。图 2.16 中的活动式 V 形块除具有限制工件 x 移动自由度功能外，还兼有夹紧作用。

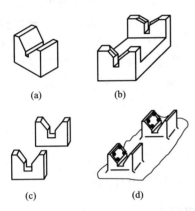

图 2.15　常用固定式 V 形块

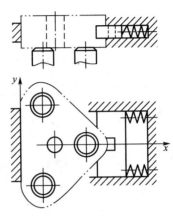

图 2.16　活动式 V 形块

根据工件与 V 形块的接触母线长度，固定式 V 形块可以分为短 V 形块和长 V 形块，前者限制工件 2 个自由度，后者限制工件 4 个自由度。

V 形块定位的优点：①对中性好，可使工件的定位基准轴线对中在 V 形块两斜面的对称平面上，不会发生偏移且安装方便；②应用范围较广，不论定位基准是否经过加工，不论是完整的圆柱面还是局部圆弧面，都可采用 V 形块定位。

V 形块上两斜面间的夹角一般选用 60°、90°和 120°，其中以 90°应用最多。其典型结构和尺寸均已标准化，设计时可查有关手册。V 形块的材料一般用 20 钢，渗碳深 0.8～1.2mm，淬火硬度为 60～64HRC。

2）定位套

定位套定位的方法一般适用于精基准定位。图 2.17(a)为短定位套定位，限制工件 2 个自由度，图 2.17(b)为长定位套定位，限制工件 4 个自由度。

确定定位套上定位孔尺寸的方法：将定位基准（外圆）的尺寸换算为基轴制的公差形式，定位套孔的基本尺寸取该定位基准基轴制公差形式的基本尺寸，公差按 G7 或 F8 选取。如某工序定位基准尺寸为 $\phi 60r6(^{+0.060}_{+0.041})$ mm，按基轴制表示为 $\phi 60.060^{0}_{-0.019}$ mm，再按 G7 选得定位套孔的尺寸为 $\phi 60.060G7(^{+0.040}_{+0.010})$ mm，可进一步写为 $\phi 60.070^{+0.030}_{0}$ mm。

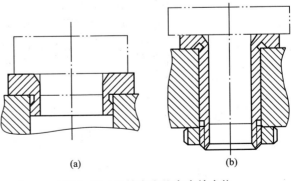

图 2.17　工件在定位套内的定位

3) 半圆块

图 2.18 为半圆块结构简图，下半圆起定位作用，上半圆起夹紧作用。图 2.18(a)为可卸式，图 2.18(b)为铰链式，装卸工件方便。短半圆块限制工件 2 个自由度，长半圆块限制工件 4 个自由度。

4) 圆锥套

圆锥套定位时，常与后顶尖配合使用。如图 2.19 所示，夹具体的锥柄 1 插入机床主轴锥孔中，通过传动螺钉 2 对定位圆锥套 3 传递转矩，工件 4 左端部在定位圆锥套 3 中通过齿纹锥面进行定位，限制工件的 3 个移动自由度；工件圆柱右端锥孔在后顶尖 5 上定位，限制工件 2 个转动自由度。

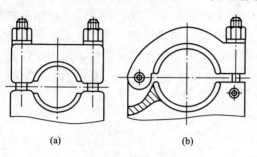

图 2.18　半圆块结构简图

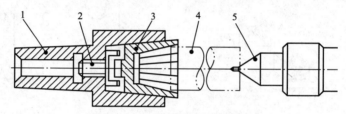

图 2.19　工件在圆锥套内的定位

1—夹具体的锥柄；2—传动螺钉；3—定位圆锥套；4—工件；5—后顶尖

3. 工件以圆孔定位

工件以圆孔为定位基面的常用定位元件有定位销、圆柱心轴、圆锥销、圆锥心轴等。圆孔定位还经常与平面定位联合使用。

1) 定位销

图 2.20 为几种常用的圆柱定位销，其工作部分直径 d 通常根据加工和装夹要求，按 g5、g6、f6 或 f7 制造。图 2.20(a)、(b)、(c)所示定位销与夹具体的连接采用过盈配合；图 2.20(d)为带衬套的可换式圆柱销结构，定位销与衬套的配合采用间隙配合，位置精度较固定式定位销低，一般用于大批大量生产中。

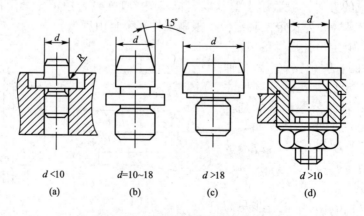

图 2.20　几种常用的圆柱定位销

为便于工件顺利装入，定位销的头部应有 15° 倒角。

短圆柱销限制工件 2 个自由度，长圆柱销限制工件 4 个自由度。

确定定位销尺寸的方法与确定定位套孔尺寸方法相类似，将定位基准(孔)的尺寸换算为基孔制的公差形式，定位销的基本尺寸取该定位基准基孔制公差形式的基本尺寸，公差按 g6 或 f7 选取。

2) 圆锥销

在加工套筒、空心轴等类工件时，也经常用到圆锥销，如图 2.21 所示。图 2.21(a)用于粗基准，图 2.21(b)用于精基准。圆锥销限制了工件 x、y、z 3 个移动自由度。

工件在单个圆锥销上定位容易倾斜，所以圆锥销一般与其他定位元件组合定位。如图 2.22 所示，工件以底面作为主要定位基面，采用活动圆锥销，只限制 x、y 2 个转动自由度，即使工件的孔径变化较大，也能准确定位。

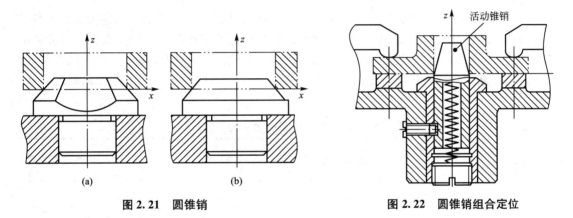

图 2.21　圆锥销　　　　　　　　　　　　　图 2.22　圆锥销组合定位

3) 定位心轴

主要用于套筒类和空心盘类工件的车、铣、磨及齿轮加工定位。常见的有圆柱心轴和圆锥心轴等。

(1) 圆柱心轴。图 2.23(a)为间隙配合圆柱心轴，定位精度不高，但装卸工件方便；图 2.23(b)为过盈配合圆柱心轴，常用于对定心精度要求高的场合；图 2.23(c)为花键心轴，用于以花键孔为定位基准的场合。当工件孔的长径比 $L/D > 1$ 时，工作部分可略带锥度。

短圆柱心轴限制工件 2 个自由度，长圆柱心轴限制工件的 4 个自由度。

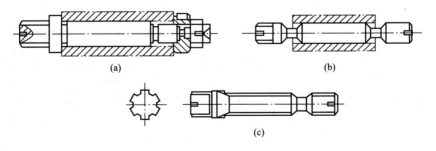

图 2.23　常见的几种圆柱心轴

（2）圆锥心轴。图 2.24 是某工件以圆锥孔在圆锥心轴上定位的情形。定位时，圆锥孔和圆锥心轴的锥度相同，因此定心精度与角向定位精度均较高，而轴向定位精度取决于工件孔和心轴的尺寸精度。圆锥心轴可限制除绕其轴线转动的自由度之外的其他 5 个自由度。

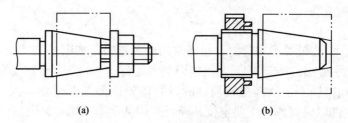

(a)　　　　　　　　　(b)

图 2.24　圆锥心轴

常见典型单个定位面定位方式见表 2-1。在实际生产中，工件的定位绝大多数不是单个定位面，而是几个定位面的组合。在多个表面参与定位的情况下，按其限制自由度数的多少来区分，限制自由度数最多的定位面称为第一定位面（第一定位基准、第一定位基面）或主定位面，次之称第二定位面或导向面，限制一个自由度的称为第三定位面或定程面。常用的组合表面定位方式见表 2-2。

表 2-1　典型的单个定位面定位方式

工件定位面		夹具定位元件及定位示意图		特点与应用
平面	支承钉	一个支承钉限制 $\vec{x}$	两个支承钉限制 $\vec{z}$、$\hat{y}$	三个支承钉限制 $\vec{z}$、$\hat{x}$、$\hat{y}$	支承钉工作直径根据定位基准尺寸，按基孔制的 g6 或 f7 确定；支承钉与夹具体孔的配合为 H7/r6 或 H7/n6
	支承板	一块条形支承板限制 $\vec{y}$、$\hat{z}$	两块条形支承板限制 $\vec{z}$、$\hat{x}$、$\hat{y}$	一块矩形支承板限制 $\vec{z}$、$\hat{x}$、$\hat{y}$	支承板用螺钉紧固在夹具体上；采用两个支承板时，装配后磨平工作面，以保证等高性

（续）

工件 定位面		夹具定位元件及定位示意图			特点与应用
圆孔	圆柱销	 短圆柱销 限制 $\vec{y}$、$\vec{z}$	 长圆柱销 限制 $\vec{y}$、$\vec{z}$、$\hat{y}$、$\hat{z}$	 削边销（菱形销） 限制 $\vec{z}$	圆柱销工作部分直径可按 g5、g6、f6、f7 制造，与夹具体孔的配合为 H7/r6 或 H7/n6
	心轴	 长心轴 限制 $\vec{x}$、$\vec{z}$、$\hat{x}$、$\hat{z}$	 短心轴 限制 $\vec{x}$、$\vec{z}$	 小锥度心轴（锥度 小于 1∶1000） 限制 $\vec{x}$、$\vec{y}$、$\vec{z}$、$\hat{x}$、$\hat{z}$	间隙配合心轴，工作直径按 h6、g6、f7 制造；过盈配合心轴，工作直径按 r6 制造，基本尺寸为基准孔的最大极限尺寸
圆孔孔口	圆锥销	 固定锥销 限制 $\vec{x}$、$\vec{y}$、$\vec{z}$	 浮动锥销 限制 $\vec{y}$、$\vec{z}$		工件以单个圆锥销定位时易倾斜，应和其他定位元件组合定位
圆锥孔	圆锥面	 固定顶尖 限制 $\vec{x}$、$\vec{y}$、$\vec{z}$	 浮动顶尖 限制 $\vec{y}$、$\vec{z}$	 锥度心轴 限制 $\vec{x}$、$\vec{z}$、$\hat{x}$、$\hat{y}$、$\hat{z}$	锥度心轴定心精度高，但轴向基准位移较大；适用于精加工

（续）

工件 定位面		夹具定位元件及定位示意图			特点与应用
外圆柱面	V 形 块	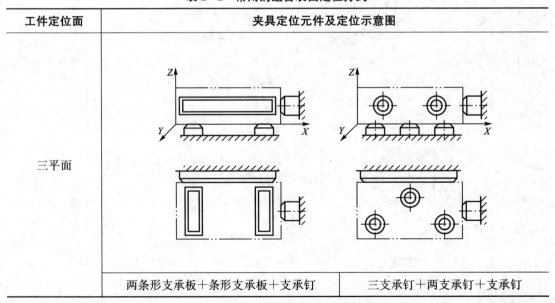一个短 V 形块 限制 $\vec{x}$、$\vec{z}$	两个短 V 形块 限制 $\vec{x}$、$\vec{z}$、$\hat{x}$、$\hat{z}$	长 V 形块 限制 $\vec{x}$、$\vec{z}$、$\hat{x}$、$\hat{z}$	V 形块定位的对中性好；可用于粗基准或精基准
外圆柱面	定 位 套	一个短定位套 限制 $\vec{x}$、$\vec{z}$	两个短定位套 限制 $\vec{x}$、$\vec{z}$、$\hat{x}$、$\hat{z}$	长定位套 限制 $\vec{x}$、$\vec{z}$、$\hat{x}$、$\hat{z}$	定位套工作直径根据定位基准尺寸，按基轴制的 G7 或 F7 确定

表 2-2　常用的组合表面定位方式

工件定位面	夹具定位元件及定位示意图	
三平面	两条形支承板＋条形支承板＋支承钉	三支承钉＋两支承钉＋支承钉

（续）

工件定位面	夹具定位元件及定位示意图
一面+两孔	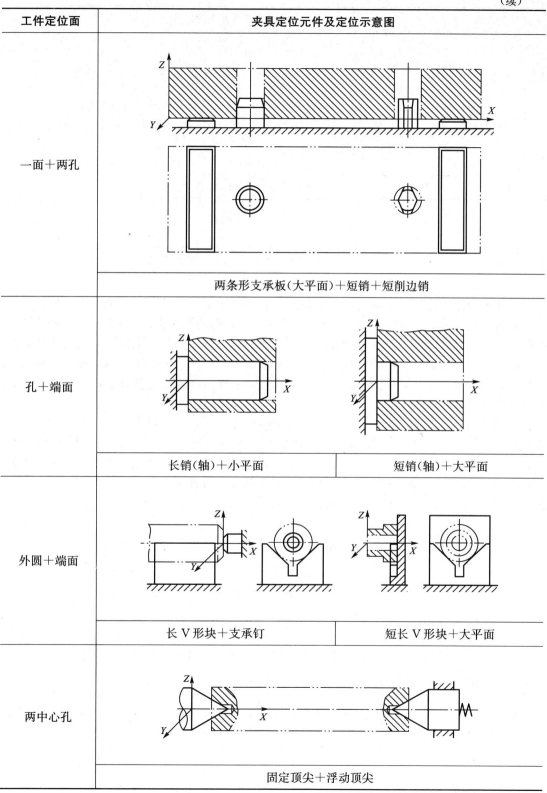两条形支承板(大平面)+短销+短削边销
孔+端面	长销(轴)+小平面　　　短销(轴)+大平面
外圆+端面	长V形块+支承钉　　　短长V形块+大平面
两中心孔	固定顶尖+浮动顶尖

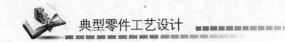
（续）

工件定位面	夹具定位元件及定位示意图
中心孔＋外圆 （短外圆）	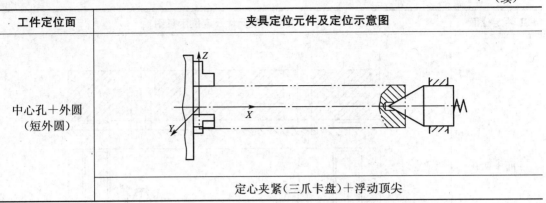
	定心夹紧(三爪卡盘)＋浮动顶尖

2.3 定位误差及其分析与计算

要使一批工件在夹具中占有准确的加工位置，还必须对一批工件在夹具中定位的定位误差进行分析计算。根据定位误差的大小判断定位方案能否保证加工精度，从而证明该方案的可行性。定位误差也是夹具误差的一个重要组成部分，因此，定位误差的大小往往成为评价一个夹具设计质量的重要指标，也是合理选择定位方案的重要依据。根据定位误差分析计算的结果，便可看出影响定位误差的因素，从而找到减小定位误差和提高夹具工作精度的途径。

要保证零件加工精度，应满足 $\Delta_z \leqslant \Delta_g$。其中，$\Delta_z$ 为加工过程中产生的误差总和，Δ_g 为被加工零件允许误差。Δ_z 包括：①夹具在机床上的装夹误差，②工件在夹具中的定位和夹紧误差，③机床调整误差，④工艺系统受力变形和受热变形误差，⑤机床和刀具的制造误差和磨损误差。为了方便分析计算，以上5部分也可合并为3部分，即工件在夹具中的定位误差 Δ_{dw}、安装调整误差 Δ_{at} 和加工过程误差 Δ_{jg}。这时要满足

$$\Delta_{dw} + \Delta_{at} + \Delta_{jg} \leqslant \Delta_g \tag{2-1}$$

在对定位方案分析时，假设上述3项误差各占工件允许误差的1/3。

因此，分析计算定位误差 Δ_{dw} 时，Δ_{dw} 满足

$$\Delta_{dw} \leqslant \left(\frac{1}{2} \sim \frac{1}{5}\right)\Delta_g$$

时，认为定位误差满足加工要求。常取 $\Delta_{dw} \leqslant \frac{1}{3}\Delta_g$。

由此可见，分析计算定位误差是夹具设计中的一个十分重要的环节。

2.3.1 定位误差产生的原因

所谓定位误差，就是定位基准对其规定位置的最大变动量。造成定位误差的原因是定位基准与工序基准不重合以及定位基准的位移误差两个方面。

1. 基准不重合误差

由于定位基准与工序基准不重合而造成的定位误差，称为基准不重合误差，用 Δ_B 表

示。如图 2.25(a)所示为一工件的铣削加工工序简图，如图 2.25(b)所示为其定位简图。加工尺寸 L_1 的工序基准是 E 面，而定位基准是 A 面，这种定位基准与工序基准的不重合，将会因它们之间的尺寸 L_2 的误差给工序尺寸 L_1 造成定位误差，由图 2.25(b)可知，基准不重合误差的表达式为

$$\Delta_B = L_{2max} - L_{2min} = T(L_2) \tag{2-2}$$

式(2-2)说明，选择的定位基准与工序基准不相同时，就产生基准不重合误差。基准不重合误差的大小为定位基准与工序基准之间的误差在加工尺寸方向上的最大变动量。

若加工图 2.25(a)中的工序尺寸 H_1，其工序基准与定位基准均为 B 面，即基准重合，基准不重合误差为零。

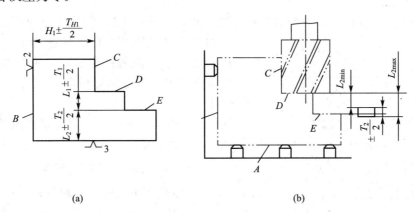

图 2.25 基准不重合误差

2. 基准位移误差

工件在夹具中定位时，由于定位副(工件的定位表面与定位元件的工作表面)的制造误差和最小配合间隙的影响，使定位基准在加工方向上产生位移，导致各个工件位置不一致，造成加工误差，这种定位误差称为基准位移误差，用 Δ_Y 表示。

由于定位误差由基准不重合误差 Δ_B 和基准位移误差 Δ_Y 组成。因而定位误差的表达式有以下几种情况。

(1) 当 $\Delta_B = 0$，$\Delta_Y \neq 0$ 时，产生定位误差的原因是基准位移，故其表达式为

$$\Delta_D = \Delta_Y \tag{2-3}$$

式中：Δ_D 为定位误差(mm)。

(2) 当 $\Delta_B \neq 0$，$\Delta_Y = 0$ 时，产生定位误差的原因是基准不重合，故其表达式为

$$\Delta_D = \Delta_B \tag{2-4}$$

(3) 当 $\Delta_B \neq 0$，$\Delta_Y \neq 0$ 时，如果工序基准不在定位基准面上，则其表达式为

$$\Delta_D = \Delta_Y + \Delta_B \tag{2-5}$$

如果工序基准在定位基面上，则其表达式为

$$\Delta_D = \Delta_Y - \Delta_B \tag{2-6}$$

"＋"、"－"号的判定方法：当定位基面变化时，分析工序基准随之变化所引起 Δ_B 和 Δ_Y 变动方向是相同还是相反。两者相同时为"＋"号，两者相反时为"－"。

2.3.2 定位误差的计算

不同的定位方式,其基准位移误差的计算方法也不同。

1. 工件以平面定位

由于工件定位面与定位元件工作面以平面接触时,两者的位置不会发生相对变化,因而一般认为其基准位移误差为零,即 $\Delta_Y = 0$。

2. 工件以外圆柱定位

1)定位套定位

用定位套作为定位元件,定位基准是工件外圆轴线,定位基面是工件外圆表面。一般

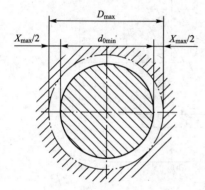

图 2.26 定位套定位

定位套内孔与被定位的工件外圆为间隙配合,如图 2.26 所示,由于间隙的影响,会使工件的中心(定位基准)发生偏移,其偏移量根据定位元件放置方式不同而不同。

当定位元件竖直放置时,定位基准偏移量为最大配合间隙,基准位移误差可按下式计算:

$$\Delta_Y = X_{max} = \delta_D + \delta_d + X_{min} \qquad (2-7)$$

式中:X_{max} 为定位副最大配合间隙(mm);δ_D 为定位套内孔的直径公差(mm);δ_d 为工件定位基面的直径公差(mm);X_{min} 为最小间隙。

当定位元件水平放置时,定位基准偏移量为最大配合间隙的一半,基准位移误差可按下式计算:

$$\Delta_Y = X_{max} = (\delta_D + \delta_d + X_{min})/2 \qquad (2-8)$$

根据前面讲的定位销直径的确定方法知道,如某工序定位基准尺寸为 $\phi 60r6(^{+0.060}_{+0.041})$mm,按基轴制表示为 $\phi 60.060(^{0}_{-0.019})$mm,再按 G7 选得定位套孔的尺寸为 $\phi 60.060G7(^{+0.040}_{+0.041})$mm,可进一步写为 $\phi 60.070^{+0.030}_{0}$mm。此时,$\delta_D = 0.30$mm,$\delta_d = 0.019$mm,$X_{min} = 60.070 - 60.060 = 0.01$mm,若定位元件竖直放置,则 $\Delta_Y = 0.03 + 0.019 + 0.01 = 0.059$mm。而 $D_{max} - d_{min} = (60.07 + 0.03) - (60.06 - 0.019) = 0.059$mm $= \Delta_Y$,所以,基准位移误差实际上也就是最大孔直径(定位套)减去最小轴直径(定位基准)。也就是说,在分析定位套定位基准位移误差时,可以不考虑最小间隙。

2)V 形块定位

V 形块是一种对中定位元件,当 V 形块和工件外圆制造的非常精确时,这时外圆中心应在 V 形块理论中心位置上,即没有基准位移误差。但是实际上对于一批工件而言外圆直径是有偏差的,当外圆直径由 d_{max} 减少到 d_{min} 时,如图 2.27 所示,定位基准相对定位元件发生位置变化(O、O′ 之间变化),因而产生垂直方向的基准位移误差 Δ_Y,即

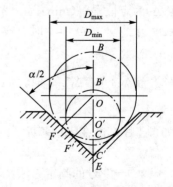

图 2.27 V 形块定位

$$\Delta_Y = OO_1 = OE - O'E = \frac{d_{max}}{2\sin\frac{\alpha}{2}} - \frac{d_{min}}{2\sin\frac{\alpha}{2}} = \frac{T(d)}{2\sin\frac{\alpha}{2}} \qquad (2-9)$$

式中：$T(d)$ 为工件定位基准的直径公差(mm)；α 为 V 形块两斜面夹角($^\circ$)。

【例 2-1】 工件以外圆表面在 V 形块中定位，如图 2.28(a)所示，在一轴类工件上铣键槽，要求键槽与外圆中心线对称，并保证工序尺寸 H_1 或 H_2 或 H_3，现分别计算各工序尺寸的定位误差。

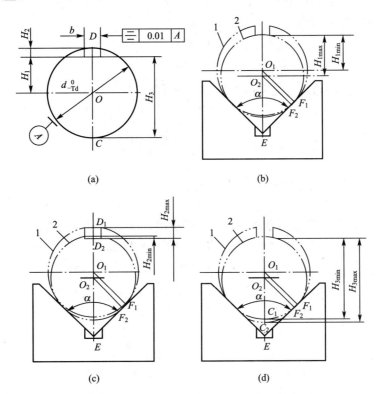

(a)   (b)

(c)   (d)

图 2.28 轴类工件铣键槽工序简图及 V 形块定位误差分析
1—最大极限尺寸圆；2—最小极限尺寸圆

解： 在图 2.28 中，当铣键槽的高度尺寸按 H_1 标注时，因基准重合，则 $\Delta_B = 0$

故 $\Delta_D(H_1) = \Delta_Y = \dfrac{T_d}{2\sin\frac{\alpha}{2}}$

当铣键槽的高度尺寸按 H_2、H_3 标注时，因基准不重合，则 $\Delta_B = \dfrac{T_d}{2}$。

当按高度尺寸 H_2 标注时，因 T_d 变大时，Δ_B、Δ_Y 引起高度尺寸 H_2 的工序基准作同方向变化，故有

$$\Delta_{D(H_2)} = \frac{T_d}{2\sin\frac{\alpha}{2}} + \frac{T_d}{2} = \frac{T_d}{2}\left(\frac{1}{\sin\frac{\alpha}{2}} + 1\right)$$

当按高度尺寸 H_3 标注时，因 T_d 变大时，Δ_B、Δ_Y 引起高度尺寸 H_3 的工序基准作反方

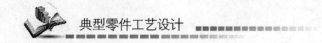

向变化，故有

$$\Delta_{D(H_3)}=\frac{T_d}{2\sin\frac{\alpha}{2}}-\frac{T_d}{2}=\frac{T_d}{2}\left[\frac{1}{\sin\frac{\alpha}{2}}-1\right]$$

这个例子，也可以通过作图法分析其定位误差，这也是分析计算定位误差的另一种方法。

工序尺寸 H_1 的定位误差分析如图 2.28(b)所示，图中 1 和 2 为一批工件在 V 形块中定位的两种极端位置，根据图中几何关系可知

$$\Delta_{D(H_1)}=O_1O_2=H_{1max}-H_{1min}$$

因

$$O_1O_2=O_1E-O_2E=\frac{O_1F_1}{\sin\frac{\alpha}{2}}-\frac{O_2F_2}{\sin\frac{\alpha}{2}}=\frac{O_1F_1-O_2F_2}{\sin\frac{\alpha}{2}}$$

$$O_1F_1-O_2F_2=\frac{d}{2}-\frac{d-T_d}{2}=\frac{T_d}{2}$$

故

$$\Delta_{D(H_1)}=\frac{T_d}{2\sin\frac{\alpha}{2}}$$

工序尺寸 H_2 的定位误差分析如图 2.28(c)所示，根据图示几何关系可知

$$\Delta_{D(H_2)}=D_1D_2=H_{2max}-H_{2min}$$
$$D_1D_2=O_2D_1-O_2D_2=(O_1O_2+O_1D_1)-O_2D_2$$

因

$$O_1O_2=\frac{T_d}{2\sin\frac{\alpha}{2}};\quad O_1D_1=\frac{d}{2};\quad O_2D_2=\frac{d-T_d}{2}$$

故

$$\Delta_{D(H_2)}=\frac{T_d}{2\sin\frac{\alpha}{2}}+\frac{T_d}{2}=\frac{T_d}{2}\left[\frac{1}{\sin\frac{\alpha}{2}}+1\right]$$

工序尺寸 H_3 的定位误差分析如图 2.28(d)所示，根据图示几何关系可知

$$\Delta_{D(H_3)}=C_1C_2=H_{3max}-H_{3min}$$
$$C_1C_2=O_1C_2-O_1C_1=(O_1O_2+O_2C_2)-O_1C_1$$

因

$$O_1O_2=\frac{T_d}{2\sin\frac{\alpha}{2}};\quad O_2C_2=\frac{d-T_d}{2};\quad O_1C_1=\frac{d}{2}$$

故

$$\Delta_{D(H_3)}=\frac{T_d}{2\sin\frac{\alpha}{2}}-\frac{T_d}{2}=\frac{T_d}{2}\left[\frac{1}{\sin\frac{\alpha}{2}}-1\right]$$

3. 工件以内孔定位

工件以内孔定位是指用圆柱定位销、圆柱心轴中心定位。当圆柱定位销、圆柱心轴与被定位的工件内孔为过盈配合时，不存在间隙，定位基准(内孔轴线)相对定位元件没有位置变化，则 $\Delta_Y=0$；当圆柱定位销、圆柱心轴与被定位的工件内孔为间隙配合时，由于间隙的影响，会使工件的中心(定位基准)发生偏移，也即基准位移误差。基准位移误差的计

算与定位套定位类似，这里不再赘述。

【例 2-2】 如图 2.29(a)所示，在套类上铣键槽，保证工序尺寸 H_1、H_2 和 H_3，现分析采用定位心轴定位时的定位误差。

解： 当定位心轴水平放置时，在未夹紧之前，每个工件在自身重力作用下使其内孔上母线与定单边接触。但在夹紧之后，会改变内孔接触位置，故与定位心轴垂直放置相同。设工件孔径为 $D^{+T_D}_0$，工件外径为 $d^0_{-T_d}$，定位心轴直径为 $d_2{}^0_{-T_{d_2}}$。现分别对工序尺寸的定位误差分析计算如下。

对于工序尺寸 H_1，基准重合，$\Delta_B = 0$，所以 $\Delta_{D(H_1)} = \Delta_B + \Delta_Y = D_{max} - d_{2min}$；

对于工序尺寸 H_2，基准不重合，$\Delta_B = T_D/2$，所以 $\Delta_{D(H_2)} = \Delta_B + \Delta_Y = \dfrac{T_D}{2} + D_{max} - d_{2min}$；

对于工序尺寸 H_3，基准不重合，$\Delta_B = T_d/2$，所以 $\Delta_{D(H_3)} = \Delta_B + \Delta_Y = \dfrac{T_D}{2} + D_{max} - d_{2min}$。

同样，也可通过作图法来分析其定位误差。如图 2.29(b)、(c)所示。取定位心轴尺寸最小、工件内孔尺寸最大，且工件内孔分别与定位心轴上、下母线接触。

对于工序尺寸 H_1，$\Delta_{D(H_1)} = O_1O_2 = H_{1max} - H_{1min} = D_{max} - d_{2min}$；

对于工序尺寸 H_2，$\Delta_{D(H_2)} = H_{2max} - H_{2min} = D_{max} - d_{2min} + \dfrac{T_D}{2}$；

对于工序尺寸 H_3，$\Delta_{D(H_3)} = H_{3max} - H_{3min} = D_{max} - d_{2min} + \dfrac{T_d}{2}$。

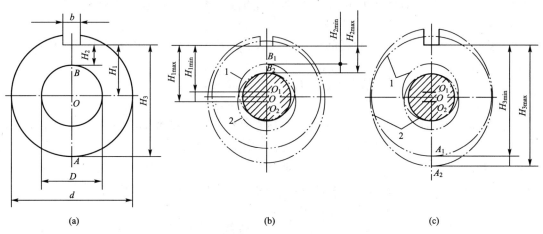

图 2.29 定位销定位误差分析

通过以上分析，可归纳如下几点结论。

(1) 用夹具装夹加工一批工件时，这批工件某加工精度参数(尺寸、位置)的工序基准在加工尺寸方向上的最大变化范围称为该加工精度参数的定位误差。

(2) 由于工件的工序基准和定位基准不重合，引起一批工件加工精度参数产生的位置变化，即产生基准不重合误差；由于工件定位面和定位元件的定位工作面的制造误差，引起一批工件的定位基准相对定位元件发生的位置变化，即产生基准位移误差。

(3) 分析计算定位误差时注意以下问题。

① 某工序的定位方案可以对本工序的几个不同加工精度参数产生不同定位误差，因此，应该对这几个加工精度参数逐个分析计算其定位误差。

② 分析计算定位误差值的前提是采用夹具装夹加工一批工件，并采用调整法保证加工要求，而不是用试切法保证加工要求。

③ 分析计算得出的定位误差值是指加工一批工件时可能产生的最大定位误差范围，它是一个界限值，而不是指某一个工件的定位误差的具体数值。

【例 2-3】 如图 2.30 所示的 3 种定位方案，本工序需钻 ϕ_1 孔，试计算被加工孔的位置尺寸 L_1、L_2、L_3 的定位误差。

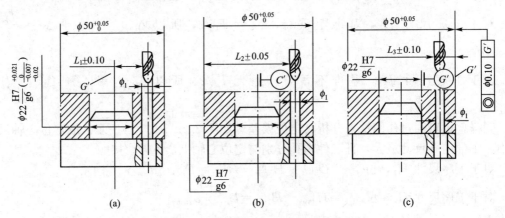

(a)　　　　　　　　　　　　(b)　　　　　　　　　　　　(c)

图 2.30　定位销定位误差分析计算

解：（1）图 2.30(a)尺寸 L_1 的工序基准为孔轴线，定位基准也为孔轴线，两者重合，则 $\Delta_B = 0$。

根据配合公差可知，由于存在间隙，定位基准将发生相对位置变化，因而存在基准位移误差，即

$$\Delta_Y = X_{max} = D_{max} - d_{min} = 0.041\text{mm}$$
$$\Delta_D = \Delta_Y = 0.041mm$$

（2）图 2.30(b)尺寸 L_2 的工序基准为外圆左母线，定位基准为孔轴线，两者不重合，以 $\phi50^{+0.05}_{0}/2\text{mm}$ 尺寸（即半径）相联系，则 $\Delta_B = 0.05/2 = 0.025\text{mm}$。

基准位移误差与图 2.30(a)相同，即 $\Delta_Y = 0.041\text{mm}$。因基准不重合误差是尺寸 $\phi50^{+0.05}_{0}\text{mm}$ 引起，基准位移误差是配合间隙引起，两者属于相互独立因素，则

$$\Delta_D = \Delta_Y + \Delta_B = 0.041 + 0.025 = 0.066\text{mm}$$

（3）图 2.30(c)尺寸 L_3 的工序基准为外圆右母线，定位基准为孔轴线，两者不重合，由于工序基准轴线与定位基准孔轴线存在同轴度误差，所以两者以尺寸 $\left[\dfrac{\phi50^{+0.05}_{0}}{2} + (0 \pm 0.05)\right]$ 联系，故

$$\Delta_B = 0.025 + 2 \times 0.05 = 0.125\text{mm}$$

又因为工序基准不在工件定位面（内孔）上，则

$$\Delta_D = \Delta_Y + \Delta_B = 0.041 + 0.125 = 0.166\text{mm}$$

讨论：

① 在图 2.30(b)方案中，尺寸 L_2 的定位误差占工序允许误差的比例为 0.066/0.1 =

66%。其所占比例过大，不能保证加工要求，需改进定位方案，可采用如图 2.31 所示方案实现钻孔加工。此时，尺寸 L_2 的定位误差为

$$\Delta_D = \Delta_Y - \Delta_B = \frac{0.05}{2\sin\frac{90°}{2}} - \frac{0.05}{2} = 0.035 - 0.025 = 0.01 \text{mm}$$

只占加工允差 0.1 的 10%。

此例说明，计算定位误差是分析比较定位方案，并从中选择合理方案的重要依据。

② 分析计算定位误差，就会遇到定位误差占工序允差的合适比例问题。要确定一个准确的数值是比较困难的，因为加工要求高低各不相同，加工方法能达到的经济精度也相差悬殊。这就需要有丰富的实际工艺知识，只有按实际情况来分析解决，根据从工序允差中扣除定位误差后余下的允差部分，来判断具体加工方法能否经济地保证精度要求。但据实际统计资料表明，在一般情况下，夹具的精度对加工误差的影响较为重要。

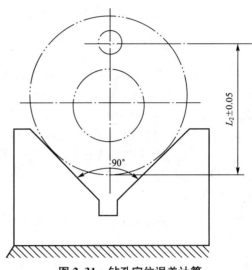

图 2.31 钻孔定位误差计算

【例 2-4】 如图 2.32(a)所示为台阶轴在 V 形块上的定位方案。已知 $d_1 = \phi 20_{-0.013}^{0}$ mm，$d_2 = \phi 45_{-0.016}^{0}$ mm，两外圆的同轴度公差为 $\phi 0.02$ mm，V 形块夹角 $\alpha = 90°$。试计算对距离尺寸 $(H \pm 0.20)$ mm 产生的定位误差，并分析其定位质量。

解： 为便于分析计算，先将有关参数改标如图 2.32(b)所示。其中，同轴度可标为 $e = (0 \pm 0.01)$ mm，$r_2 = 22.5_{-0.008}^{0}$ mm。

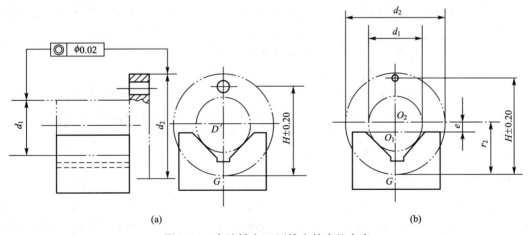

(a)   (b)

图 2.32 台阶轴在 V 形块上的定位方案

由于 d_2 的工序基准为外圆下母线 G，而定位基准为外圆 d_1 轴线，基准不重合，两者以 e 及 r_2 相联系。故

$$\Delta_B = 2 \times 0.01 + 0.008 = 0.028 \text{mm}$$

$$\Delta_Y = \frac{\delta_{d_1}}{2\sin\frac{\alpha}{2}} = \frac{0.013}{2\sin\frac{90°}{2}} = 0.0092 \text{ mm}$$

因工序基准 G 不在工件定位面外圆上，故有

$$\Delta_D = \Delta_Y + \Delta_B = 0.028 + 0.0092 = 0.0372\text{mm}$$

计算所得定位误差 $\Delta_D = 0.0372 < (0.2 \times 2)/3 = 0.13\text{mm}$，故此方案可行。

2.3.3 一面两孔定位误差分析

"一面两孔"定位方式常用在成批及大量生产中加工箱体、连杆、盖板等零件，是以工件的一个平面和两个孔构成组合面定位。工件上的两个孔可以是其结构上原有的，也可为满足工艺上需要而专门加工的定位孔。采用"一面两孔"定位后，可使工件在加工过程中实现基准统一，大大减少了夹具结构的多样性，有利于夹具的设计和制造。但是在实际生产中，由于孔心距和销心距的制造误差，孔心距与销心距很难完全相等，此时工件就无法装入两销实现定位，这就是过定位引起的后果。为了保证一批工件都能实现定位，可采用下列方法消除过定位。

1. 采用两个圆柱销及一个平面支承定位

采用两个圆柱销及一个平面支承定位时，消除过定位的方法是减小其中一个圆柱销的直径，使其减小到能够补偿孔心距及销心距误差的最大值。

如图 2.33 所示，假定工件上圆孔 D_1 与夹具上定位销 d_1 的中心重合，这时第一个定位圆柱销的装入条件为

$$d_{1\text{max}} = D_{1\text{min}} - X_{1\text{min}} \tag{2-10}$$

式中：$d_{1\text{max}}$ 为第一个定位销的最大直径（mm）；$D_{1\text{min}}$ 为第一个定位孔的最小直径（mm）；$X_{1\text{min}}$ 为第一个定位副的最小间隙（mm）。

工件上孔心距的误差和夹具上销心距的误差完全用缩小定位销 d_2 的直径来补偿。当定位销 2 的直径缩小到使工件在图 2.33 的两种极限情况下都能装入定位销上，考虑到安装力，还应在第 2 定位副中增加一最小间隙 $X_{2\text{min}}$。

由图 2.33 可知，第二个定位圆柱销的装入条件为

$$d_{2\text{max}} = D_{2\text{min}} - 2(\delta_{LD} + \delta_{Ld} + X_{2\text{min}}/2) \tag{2-11}$$

式中：$d_{2\text{max}}$ 为第二个定位销的最大直径（mm）；$D_{2\text{min}}$ 为第二个定位孔的最小直径（mm）；$X_{2\text{min}}$ 为第二个定位副的最小间隙（mm）；δ_{LD}、δ_{Ld} 为孔间距偏差和销间距偏差（mm）。

采用两个圆柱销及平面支承定位会因第二个定位销直径减小过多而引起工件较大的转角误差，只有在加工要求不高时才使用。

2. 采用一个圆柱销和一个削边销及平面支承定位

采用一个圆柱销和一个削边销及平面支承定位不缩小定位销的直径，而采用定位销"削边"的方法也能增大连心线方向的间隙。这样，在连心线的方向上，仍起到缩小定位销直径的作用，使中心距误差得到补偿。但在垂直于连心线的方向上，销 2 的直径并未减小，所以工件的转角误差没有增大，提高了定位精度。

为了保证削边销的强度，一般多采用菱形结构，故削边销又称为菱形销。常用削边销的结构如图 2.34 所示。图中 A 型削边销刚性好、应用广；B 型结构简单、容易制造，但

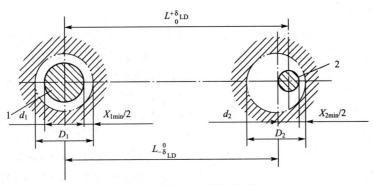

(a) 销心距最大及孔心距最小的情况

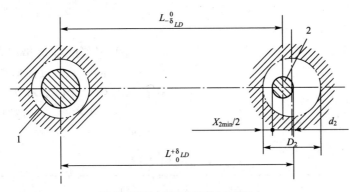

(b) 销心距最小及孔心距最大的情况

图 2.33 两圆柱销定位分析

1—圆孔；2—定位销

刚性差。削边销安装时，削边方向应垂直于两销的连心线。

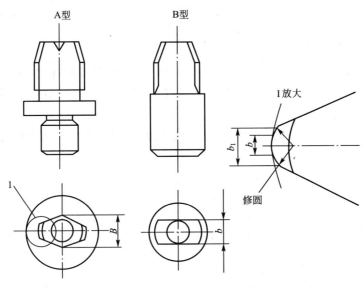

图 2.34 常用削边销的结构

3. 削边销尺寸的确定

如图 2.35 所示，削边销剩余圆柱部分的最大直径为 $d_{2max}=D_{2min}-X_{2min}$。

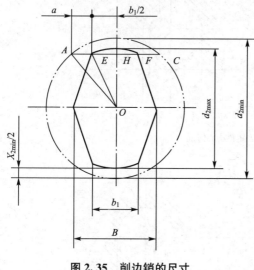

图 2.35 削边销的尺寸

由于 AE 和 CF 能补偿 $\pm\delta_{LD}$ 和 $\pm\delta_{Ld}$，因而 $AE=CF=a=\delta_{LD}+\delta_{Ld}+X_{1min}/2$。在实际工作中，补偿值 a（单位 mm）一般按下式计算。

$$a=\delta_{LD}+\delta_{Ld} \qquad (2-12)$$

经过分析后，再行调整。当补偿值确定后，便可根据图 2.35 计算削边销的尺寸，即

$$b_1=\frac{D_{2min}X_{2min}}{2a} \text{ 或 } X_{2min}=\frac{2ab_1}{D_{2min}} \qquad (2-13)$$

当采用修圆削边销时，以 b 取代 b_1。b、b_1、B 的尺寸可以根据表 2-3 选取。削边销的结构尺寸已标准化，选用时可参照国家标准 GB/T2203—1991 机床夹具零件及部件。

表 2-3 削边销尺寸单位 mm

d	>3~6	>6~8	>8~20	>20~25	>25~32	>32~40	>40~50	>50
B	$d-0.5$	$d-1$	$d-2$	$d-3$	$d-4$	$d-5$	$d-6$	—
b	1	2	3	3	3	4	5	—
b_1	2	3	4	5	5	6	8	14

注：d 为削边销工作部分直径。

4. 削边销定位误差的计算

定位基准的位移方式有两种：如图 2.36(a) 所示为两定位副的间隙同方向时定位基准的两个极限位置，最上位置 $O_1'O_2''$，最下位置 $O_1'O_2'$。如图 2.36(b) 所示为两定位副的间隙反方向时定位基准的两个极限位置 $O_1''O_2'$、$O_1'O_2''$。图 2.33 中，$O_1'O_1''=X_{1max}$ 为第一定位副的最大间隙，$O_2'O_2''=X_{2max}$ 为第二定位副的最大间隙，根据图 2.36 可以推导出 $\Delta\alpha$、$\Delta\beta$ 计算公式分别为

$$\Delta\alpha=\arctan\left(\frac{X_{2max}-X_{1max}}{2L}\right) \qquad (2-14)$$

$$\Delta\beta=\arctan\left(\frac{X_{2max}+X_{1max}}{2L}\right) \qquad (2-15)$$

在计算某一加工尺寸的基准位移误差时，要考虑加工尺寸的方向和位置。计算时，可参考表 2-4。

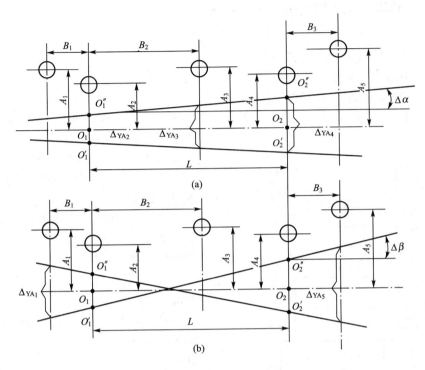

图 2.36 定位基准位移示意图

表 2-4 一面两孔定位时基准位移误差的计算公式

加工尺寸的方向与位置	加工尺寸	计算公式
水平尺寸：任意位置	B_1、B_2、B_3	$\Delta_Y = X_{1max}$
垂直尺寸：在 O_1、O_2 上的垂直尺寸	A_2 A_4	$\Delta_Y = O_1'O_1'' = X_{1max}$ $\Delta_Y = O_2'O_2'' = X_{2max}$
垂直尺寸：在 O_1、O_2 之间的垂直尺寸	A_3	$\Delta_Y = X_{1max} + 2B_2 \tan\Delta\alpha$
垂直尺寸：在 O_1、O_2 外侧的垂直尺寸	A_1 A_5	$\Delta_Y = X_{1max} + 2B_1 \tan\Delta\beta$ $\Delta_Y = X_{1max} + 2B_3 \tan\Delta\beta$

5. 工件以一面两孔定位时的设计步骤和计算实例

1）工件以一面两孔定位时的设计步骤

（1）确定定位销的中心距和尺寸公差。销间距的基本尺寸和孔间距的基本尺寸相同，销间距的公差可按下面公式取值，一般取 1/3。

$$\delta_{Ld} = (1/3 \sim 1/5)\delta_{LD} \qquad (2-16)$$

（2）确定圆柱销的尺寸及公差。同工件以孔定位定位销直径确定方法。

（3）按表 2-3 选取削边销的尺寸 b_1、b 及 B。

（4）确定削边销的直径尺寸和公差及与孔的配合性质。首先求出削边销的最小配合间

隙 X_{2min}，然后求出削边销工作部分的直径，即

$$d_{2max}=D_{2min}-X_{2min} \qquad (2-17)$$

削边销与定位孔的配合一般按 h6 选取。

（5）计算定位误差，分析定位质量。

2）工件以一面两孔定位时的计算实例

【例 2-5】 如图 2.37 所示为连杆盖的工序图，现要求加工其上的 4 个定位销孔。根据加工要求，用平面 A 和（$2-\phi12^{+0.027}_{0}$）mm 的孔定位。已知两定位孔的中心距为（59 ± 0.1）mm，试设计两定位销尺寸并计算定位误差。

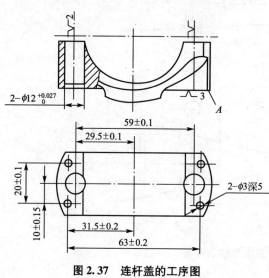

图 2.37　连杆盖的工序图

解：（1）确定定位销中心距及尺寸公差。取 $\delta_{Ld}=1/5\delta_{LD}=1/5\times0.2=0.04$mm，则两定位销中心距为（$59\pm0.02$）mm。

（2）确定圆柱销尺寸及公差。取 $\phi12g6=\phi12^{-0.006}_{-0.017}$mm。

（3）按表 2-3 选定削边销的 b_1 及 B 的值。取 $b_1=4$mm，$B=d-2=12-2=10$mm。

（4）确定削边销的直径尺寸及公差。取 $a=\delta_{LD}+\delta_{Ld}=0.02+0.1=0.12$mm，则

$$X_{2min}=\frac{2ab_1}{D_{2min}}=\frac{2\times0.12\times4}{12}=0.08\text{mm}$$

所以 $d_{2max}=D_{2min}-X_{2min}=12-0.08=11.92$mm

削边销与孔的配合取 h6，其下偏差为 -0.011mm，故削边销直径为 $\phi11.92^{0}_{-0.011}$ mm＝$\phi12^{-0.008}_{-0.091}$mm。所以 $d_{2max}=\phi11.92$mm。

（5）计算定位误差。本工序要保证的尺寸有 4 个，即（63 ± 0.10）mm、（20 ± 0.10）mm、（31.5 ± 0.20）mm、（10 ± 0.15）mm。其中，（63 ± 0.10）mm 和（20 ± 0.10）mm 取决于夹具上钻套之间的距离，与工件定位无关，因而无定位误差，只要计算（31.5 ± 0.20）mm 和（10 ± 0.15）mm 的定位误差即可。

① 加工尺寸（31.5 ± 0.20）mm 的定位误差。由于定位基准与工序基准不重合，两者的联系尺寸为（29.5 ± 0.10）mm，基准不重合误差应等于该定位尺寸的公差，即 $\Delta_B=0.2$mm。

由于（31.5 ± 0.20）mm 是水平尺寸，根据表 2-4 得其基准位移误差为

$$\Delta_Y=X_{1max}=D_{1max}-d_{1min}=0.027+0.017=0.044\text{mm}$$

由于工序基准不在定位基面上，则

$$\Delta_D=\Delta_Y+\Delta_B=0.044+0.2=0.244\text{mm}$$

② 加工尺寸（10 ± 0.15）mm 的定位误差。由于定位基准与工序基准重合，则 $\Delta_B=0$。分别计算左边两小孔和右边两小孔的基准位移误差，取最大的作为（10 ± 0.15）mm 位移误

差。因左、右两小孔都在 O_1、O_2 外侧，按图 2.36(b)方式计算得

$$\tan\Delta\beta=\frac{X_{1max}+X_{2max}}{2L}=\frac{0.044+0.118}{2\times59}=0.00138$$

左端两小孔的尺寸相当于表 2-4 中的 A_1 尺寸，故

$$\Delta_Y=X_{1max}+2B_1\tan\Delta\beta=0.044+2\times2\times0.00138=0.05mm$$

右端两小孔的尺寸相当于表 2-4 中的 A_5 尺寸，故

$$\Delta_Y=X_{2max}+2B_3\tan\Delta\beta=0.118+2\times2\times0.00138=0.124mm$$

所以(10±0.15)mm 的基准位移误差 $\Delta_Y=0.124mm$。

定位误差为 $\Delta_D=\Delta_Y=0.124mm$。

2.4　夹紧装置的设计

2.4.1　夹紧装置的组成和设计要求

1. 夹紧装置的组成

夹紧装置是指工件定位后将其固定，使其在加工过程中保持定位位置不变的装置。典型的夹紧装置是由力源装置、中间传力机构和夹紧元件所组成。如图 2.38 所示为夹紧装置组成示意图，它主要由力源装置、中间传力机构和夹紧元件 3 部分组成。

1) 力源装置

力源装置是指产生夹紧作用力的装置。力源装置所产生的力称为原始力，如气动、液动及电动等，图 2.38 中的力源装置为气缸 1。对于手动夹紧来说，力源来自人力。

2) 中间传力机构

中间传力机构是介于力源和夹紧元件之间传递力的机构，如图 2.38 中的斜楔 2 和滚轮 3。在传递力的过程中，中间传力机构能够改变作用力的方向和大小，起增力作用；还能使夹紧实现自锁，保证力源提供的原始力消失后，仍能可靠地夹紧工件，这对手动夹紧尤为重要。

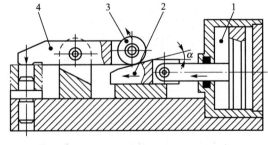

图 2.38　夹紧装置组成示意图
1—气缸；2—斜楔；3—滚轮；4—压板

3) 夹紧元件

夹紧元件是指夹紧装置的最终执行件，与工件直接接触完成夹紧作用，如图 2.38 中的压板 4。

2. 夹紧装置的基本要求

夹紧装置是夹具重要组成部分，合理设计夹紧装置有利于保证工件的加工质量、提高生产率和降低工人劳动强度。通常夹紧装置的组成并非一成不变，须根据工件的加工

要求、安装方法和生产规模等条件来确定。但无论其组成如何，都必须满足以下基本要求。

（1）夹紧时应保持工件定位后所占据的正确位置。

（2）夹紧力大小要适当，夹紧机构既要保证工件在加工过程中不产生松动或振动。同时，又不得产生过大的夹紧变形和表面损伤。

（3）夹紧机构的自动化程度和复杂程度应和工件的生产规模相适应，并有良好的结构工艺性，尽可能采用标准化元件。

（4）夹紧动作要迅速、可靠，且操作要方便、省力、安全。

2.4.2 夹紧力的确定

一套夹紧装置设计的优劣，在很大程度上取决于夹紧力的设计是否合理。夹紧力包括夹紧力的方向、作用点和大小 3 个要素。

1. 夹紧力方向

（1）夹紧力的作用方向应不破坏工件定位的准确性和可靠性。一般要求夹紧力的方向应指向主要定位基准面，把工件压向定位元件的主要定位表面上。图 2.39 所示直角支座镗孔时要求孔与 A 面垂直，故应以 A 面为主要定位基准，且夹紧力方向与之垂直，则较易保证质量。反之，若压向 B 面，当工件 A、B 两面有垂直度误差时，就会使孔不垂直 A 面而可能报废。这实际上是夹紧力的作用方向选择不当，改变了工件的主要定位基准面，从而产生了定位误差。

（2）夹紧力方向应使工件变形尽可能小。对于薄壁套筒零件，用自定心三爪卡盘夹紧外圆，工件变形比较大。若改用图 2.40 所示特制螺母从工件轴向夹紧，变形就要小多了。

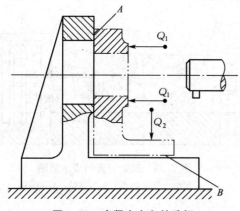

图 2.39　夹紧力方向的选择

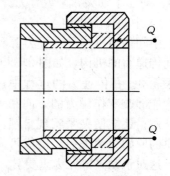

图 2.40　薄壁套筒零件的夹紧

（3）夹紧力方向应使所需夹紧力尽可能小。在保证夹紧可靠的前提下，减小夹紧力可以减小工件的变形，对于手动夹紧，还可减轻工人的劳动强度、提高生产效率，同时可以使夹紧机构轻便、紧凑。为此，应使夹紧力 Q 的方向最好与切削力 F、工件重力 G 的方向重合，这时所需的夹紧力最小。一般在定位与夹紧同时考虑时，切削力、工件重力、夹紧力三力的方向与大小也要同时考虑。图 2.41 所示为三力之间关系的几种情况，显然，

图 2.41(a)最合理，而图 2.41(f)最不合理。

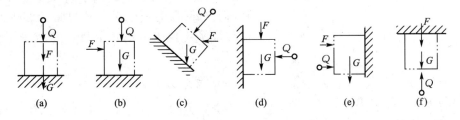

图 2.41 夹紧力、切削力和工件重力关系

2. 夹紧力作用点

夹紧力作用点的位置和数目，将直接影响工件定位后的可靠性和夹紧后的变形。一般从以下几方面考虑。

(1) 夹紧力作用点应靠近支承元件的几何中心或几个支承元件所形成的支承面内。如图 2.42(a)所示，夹紧力为 Q 时，因它作用在支承面范围之外，会使工件倾斜或移动；若把夹紧力改为 Q_1，因它作用在支承面范围之内，所以是合理的。

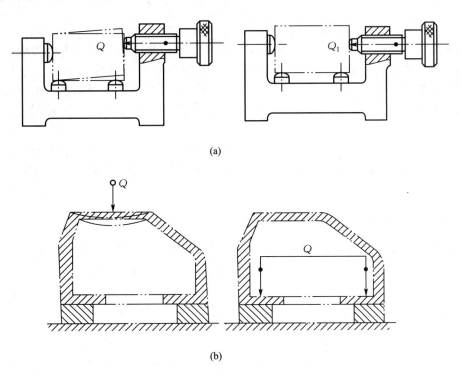

图 2.42 夹紧力作用点的选择

(2) 夹紧力作用点应作用在工件刚度较好的部位上，这对刚度较差的工件尤其重要。如图 2.42(b)所示，将夹紧力作用点由中间的单点改为两侧的两点夹紧，工件变形大为减小，且夹紧可靠。

(3) 夹紧力作用点应尽可能靠近被加工表面，这样可减小切削力对工件造成的翻转

（颠覆）力矩。必要时应在工件刚性差的部位增加辅助支承，并施加附加夹紧力，以免振动和变形。如图 2.43 所示，辅助支承 a 尽量靠近被加工表面，同时给予附加夹紧力 Q_2。这样翻转（颠覆）力矩减小，又增加了工件的刚性，既保证了定位夹紧的可靠性，又减少了振动和变形。

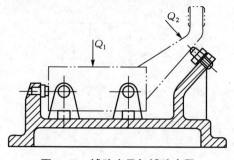

图 2.43　辅助支承与辅助夹紧

3. 夹紧力大小

夹紧力的大小主要影响工件定位的可靠性、工件的夹紧变形以及夹紧装置的结构尺寸和复杂性，因此夹紧力的大小应当适中。在实际设计中，确定夹紧力大小的方法有经验法和分析计算法。可查阅相关手册。

采用分析计算法，一般根据切削原理的切削力计算经验公式计算出切削力 F，还要考虑惯性力、离心力等的大小，然后与工件重力及待求的夹紧力组成静平衡力系，即可算出理论夹紧力 Q'。为安全可靠起见，还要考虑一个安全系数 K，因此，实际的夹紧力为

$$Q = KQ' \tag{2-18}$$

式中：K 一般取 1.5～3，粗加工时取 2.5～3，精加工时取 1.5～2。

由于加工中切削力随刀具的磨损、工件材料性质和余量的不均匀等因素而变化，而且切削力的计算公式是在一定条件下求得的，使用时虽然根据实际的加工条件给予修正，但是仍然很难计算准确。所以在实际生产中一般是先计算出切削力，再通过类比的方法估算夹紧力的大小。对于关键性的重要夹具，则往往通过实验方法来测定所需要的夹紧力。

夹紧力三要素的确定，实际上是一个综合性问题，必须全面考虑工件的结构特点、工艺方法、定位元件的结构和布置等多种因素，才能最后确定并具体设计出较为理想的夹紧机构。

2.4.3　基本夹紧机构

夹紧机构的选择需要满足加工方法、工件所需夹紧力大小、工件结构、生产率等方面的要求，因此，在设计夹紧机构时，首先需要了解各种基本夹紧机构的工作特点，如能产生多大的夹紧力、自锁性能、夹紧行程、扩力比等。常用的基本夹紧机构有斜楔、螺旋、偏心等形式，它们都是利用机械摩擦的斜面自锁原理来夹紧工件。

1. 斜楔夹紧机构设计

斜楔夹紧机构主要用于增大夹紧力或改变夹紧力方向。如图 2.44（a）所示为手动式斜楔夹紧机构，图 2.44（b）所示为机动式斜楔夹紧机构。

在图 2.44（b）中斜楔 2 在气动（或液动）作用下向前推进，装在斜楔 2 上方的柱塞 3 在弹簧的作用下推动压板 6 向前。当压板 6 与螺杆 5 靠近时，斜楔 2 继续前进，此时柱塞 3 压缩弹簧 7 而压板 6 停止不动。当斜楔 2 再向前运动时，压板 6 后端抬起，前端将工件压紧。斜楔 2 只能在楔座 1 的槽内滑动。当斜楔 2 向后退时，弹簧 7 将压板 6 抬起，斜楔 2 上的销子 4 将压板 6 拉回。

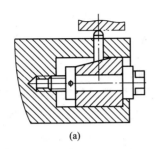
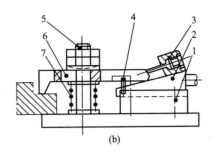

(a)　　　　　　　　　　(b)

图 2.44　斜楔夹紧机构

1—楔座；2—斜楔；3—柱塞；4—销子；5—螺杆；6—压板；7—弹簧

1）夹紧力的计算

斜楔在夹紧过程中的受力分析如图 2.45(a)所示，工件与夹具体给斜楔的作用力分别为 Q 和 R；工件和夹具体与斜楔的摩擦力分别为 F_2 和 F_1，相应的摩擦角分别为 φ_2 和 φ_1。R 与 F_1 的合力为 R_1，Q 与 F_2 的合力为 Q_1。

当斜楔处于平衡状态时，根据静力学平衡得

$$P = F_2 + R_{1x}, \quad Q = R_{1y}, \quad F_2 = Q\tan\varphi_2,$$
$$R_{1x} = R_{1y}\tan(\alpha + \varphi_1)$$

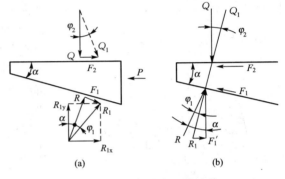

(a)　　　　(b)

图 2.45　斜楔夹紧力的计算

可得斜楔对工件所产生的夹紧力 Q 为

$$Q = \frac{P}{\tan(\alpha + \varphi_1) + \tan\varphi_2} \tag{2-19}$$

式中：P 为夹紧原动力(N)；α 为斜楔的楔角(°)，一般为 $6°\sim10°$；φ_1 和 φ_2 分别为斜楔与夹具体和工件间的摩擦角(°)。

由于 α、φ_1 和 φ_2 均较小，设 $\varphi_1 = \varphi_2 = \varphi$，由式(2-19)可得

$$Q = \frac{P}{\tan(\alpha + 2\varphi)} \tag{2-20}$$

2）自锁条件

当工件夹紧并撤除夹紧原动力 P 后，夹紧机构依靠摩擦力的作用，仍能保持对工件的夹紧状态的现象称为自锁。根据这一要求，当撤除夹紧原动力 P 后，此时摩擦力的方向与斜楔松开的趋势相反，斜楔自锁时的受力分析如图 2.45(b)所示，要自锁，必须满足：$F_2 \geqslant F_1'$，则斜楔夹紧的自锁条件为

$$\alpha \leqslant \varphi_1 + \varphi_2 \tag{2-21}$$

钢铁表面间的摩擦因数一般为 $f = 0.1\sim0.15$，可知摩擦角 φ_1 和 φ_2 的值为 $5.75°\sim8.5°$。因此，斜楔夹紧机构满足自锁的条件为 $\alpha \leqslant 11.5°\sim17°$。但为了保证自锁可靠，一般取 $\alpha = 6°\sim10°$ 或更小些。

3）扩力比

扩力比也称为扩力系数 i_p，是指在夹紧原动力 P 的作用下，夹紧机构所能产生的夹紧力 Q 与夹紧原动力 P 的比值。

4) 行程比

一般把斜楔的移动行程 L 与工件需要的夹紧行程 s 的比值，称为行程比 i_s，它在一定程度上反映了对某一工件夹紧的夹紧机构的尺寸大小。

当夹紧原动力 P 和斜楔行程 L 一定时，楔角 α 越小，则产生的夹紧力 Q 和夹紧行程 s 比就越大，而夹紧行程 s 却越小。此时楔面的工作长度加长，致使结构不紧凑，夹紧速度变慢。所以在选择楔角 α 时，必须同时兼顾扩力比和夹紧行程，不可顾此失彼。

5) 应用场合

斜楔夹紧机构结构简单、工作可靠，但由于它的机械效率较低，很少直接应用于手动夹紧，而常用在工件尺寸公差较小的机动夹紧机构中。

2. 螺旋夹紧机构设计

螺旋夹紧机构是从斜楔夹紧机构转化而来的，相当于将斜楔斜面绕在圆柱体上，转动螺旋时即可夹紧工件。如图 2.46 所示为手动单螺旋夹紧机构，转动手柄，使压紧螺钉 1 向下移动，通过浮动压块 5 将工件 6 夹紧。浮动压块既可增大夹紧接触面积，又能防止压紧螺钉旋转时带动工件偏转而破坏定位和损伤工件表面。螺旋夹紧机构的主要元件(如螺杆、压块等)已经标准化，设计时可参考机床夹具设计手册。

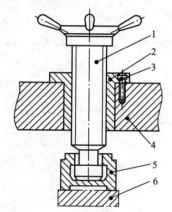

图 2.46 手动单螺旋夹紧机构
1—压紧螺钉；2—螺纹衬套；3—止动螺钉；
4—夹具体；5—浮动压块；6—工件

1) 夹紧力的计算

如图 2.47 所示为螺旋夹紧的受力分析。根据力矩平衡原理，可得螺旋夹紧机构的夹紧力 Q 为

$$Q = \frac{PL}{r_1 \tan\varphi_2 + r_z \tan(\alpha + \varphi_1)} \quad (2-22)$$

式中：L 为手柄长度(mm)；r_z 为螺旋中径一半(mm)；r_1 为压紧螺钉端部的当量摩擦半径(mm)；α 为螺旋升角(°)，一般为 $2°\sim4°$；φ_1 为螺旋与螺杆间的摩擦角(°)；φ_2 为工件与螺杆头部的(或压块)间的摩擦角(°)。

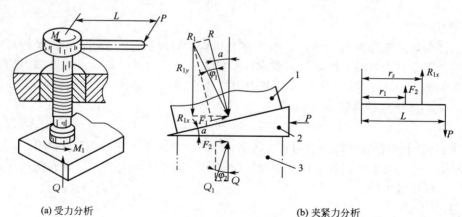

(a) 受力分析   (b) 夹紧力分析

图 2.47 螺旋夹紧力的计算
1—螺母；2—螺杆；3—工件

2) 自锁条件

螺旋夹紧机构自锁条件和斜楔夹紧的自锁条件相同，即 $\alpha \leqslant \varphi_1 + \varphi_2$。但螺旋夹紧机构的螺旋升角很小（一般为 $2° \sim 4°$），故自锁性能好。

3) 扩力比

因为螺旋升角小于斜楔的楔角，螺旋夹紧机构的扩力作用远远大于斜楔夹紧机构。

4) 应用场合

螺旋夹紧机构结构简单、制造容易、夹紧行程大、扩力比大、自锁性能好、应用广泛，尤其适用于手动夹紧机构，但夹紧动作缓慢、效率低，不宜使用在自动化夹紧装置上。

3. 偏心夹紧机构设计

偏心夹紧机构是靠偏心轮回转时其半径逐渐增大而产生夹紧力来夹紧工件的，偏心夹紧机构常与压板联合使用，如图 2.48 所示。常用的偏心轮有曲线偏心和圆偏心。曲线为阿基米德曲线或对数曲线，这两种曲线的优点是升角变化均匀或不变，可使工件夹紧稳定可靠，但制造困难；圆偏心外形为圆，制造方便、应用广泛。下面介绍圆偏心夹紧机构。

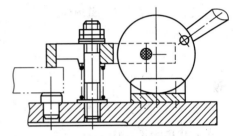

图 2.48　偏心夹紧机构

圆偏心夹紧机构的夹紧原理与斜楔夹紧机构相似，只是斜楔夹紧的楔角不变，而圆偏心夹紧的楔角是变化的。如图 2.49（a）所示的圆偏心轮展开后情形如图 2.49（b）所示。

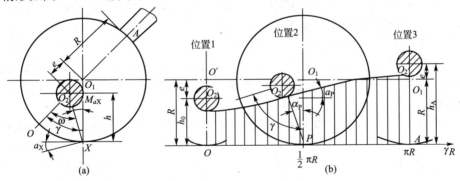

图 2.49　圆偏心夹紧原理

1) 夹紧力的计算

如图 2.50 所示为圆偏心轮在 P 点处夹紧时的受力情况。此时，可以将圆偏心轮看做一个楔角为 α 的斜楔，该斜楔处于圆偏心轮回转轴和工件垫块夹紧面之间，可得圆偏心夹紧的夹紧力 Q 为

$$Q = \frac{PL}{\rho[\tan\varphi_2 + \tan(\alpha + \varphi_1)]} \tag{2-23}$$

2) 自锁条件

根据斜楔自锁条件，可得圆偏心夹紧机构的自锁条件为

$$\frac{e}{R} \leqslant \tan\varphi_2 = \mu_2 \tag{2-24}$$

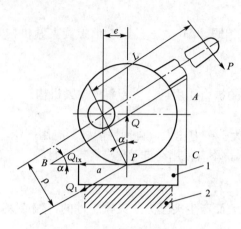

图 2.50　圆偏心夹紧力计算
1—垫块；2—工件

式中：e 为偏心轮的偏心距（mm）；R 为偏心轮的半径（mm）；μ_2 为偏心轮作用点处的摩擦系数。

若 $\mu_2 = 0.1 \sim 0.15$，则圆偏心夹紧机构的自锁条件可写为

$$\frac{R}{e} \geqslant 7 \sim 10$$

3）扩力比

圆偏心夹紧机构的扩力比远小于螺旋夹紧机构的扩力比，但大于斜楔夹紧机构的扩力比。

4）应用场合

圆偏心夹紧机构的优点是操作方便、夹紧迅速、结构紧凑；缺点是夹紧行程小、夹紧力小、自锁性能差，因此，常用于切削力不大、夹紧行程较小、振动较小的场合。

2.4.4　其他夹紧机构

1. 联动夹紧机构

在夹紧机构设计中，有时需要对一个工件上的几个点或对多个工件同时进行夹紧。一次夹紧动作能使几个点同时夹紧工件的机构称为联动夹紧机构或多位夹紧机构。联动夹紧机构既可对一个工件实现多点夹紧，也可用于多件夹紧。

联动夹紧机构根据需要可设计成各种形式，但总的要求是各点的夹紧元件间必须用浮动件相联系，以保证各点都能同时夹紧。

1）联动夹紧机构的主要类型

（1）单件联动夹紧机构。大多用于分散的夹紧力作用点或夹紧力方向差别较大的场合。按夹紧力的方向分单件同向联动夹紧机构、单件对向联动夹紧机构及互垂力或斜交力联动夹紧机构。

如图 2.51(a)所示为单件同向联动夹紧机构，通过浮动柱 2 的水平滑动协调浮动压头 1、3 实现对工件的夹紧。如图 2.51(b)所示为联动钩形压板夹紧机构，通过薄膜气缸 9 的活塞杆 8 带动浮动盘 7 和 3 个钩形压板 5，可使工件 4 得到快速转位松夹。钩形压板 5 下部的螺母头及活塞杆 8 的头部都以球面与浮动盘相连接，并在相关的长度和直径方向上留有足够的间隙，使浮动盘 7 充分浮动以确保可靠地联动。

如图 2.52 所示为单件对向联动夹紧机构。当液压缸中的活塞杆 3 向下移动时，通过双臂铰链使浮动压板 2 相对转动，最后将工件 1 夹紧。

如图 2.53(a)所示为双向浮动四点联动夹紧机构，把两个摆动压块 1、3 装在一个本身也可以摆动的钩形板上，对构件从两个方向共 4 个点同时夹紧，两个方向的夹紧力由夹紧后的力矩平衡关系求出。如图 2.53(b)所示为通过摆动压块 1 实现斜交力两点联动夹紧的浮动压头。

（2）多件联动夹紧机构。多用于中、小型工件的加工，按其对工件施力方式的不同，一般分为以下几种：平行式多件联动夹紧机构、连续式多件联动夹紧机构、对向式多件联动夹紧机构及复合式多件联动夹紧机构。

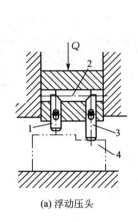
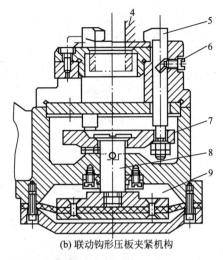

(a) 浮动压头   (b) 联动钩形压板夹紧机构

图 2.51　单件同向多点联动夹紧机构

1、3—浮动压头；2—浮动柱；4—工件；5—钩形压板；

6—螺钉；7—浮动盘；8—活塞杆；9—薄膜气缸

如图 2.54(a)所示为平行式浮动压板机构，由于刚性压板 2、摆动压块 3 和球面垫圈 4 可以相对转动，且均为浮动件，故旋动螺母 5 即可同时平行夹紧每个工件。如图 2.54(b)所示为液性介质联动夹紧机构。密闭腔内的不可压缩液性介质既能传递力，又起到浮动环节的作用。旋紧螺母 5 时，液性介质 8 推动各个柱塞，使它们与工件全部接触并夹紧。

如图 2.55 所示为连续式多件联动夹紧机构，7个工件以外圆及轴肩在夹具的可移动 V 形块中定位，用螺钉 3 夹紧。V 形块既是定位、夹紧元件，又是浮动元件，除左端第一个工件外，其他工件是

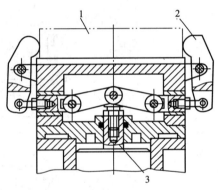

图 2.52　单件对向联动夹紧机构

1—工件；2—浮动压板；3—活塞杆

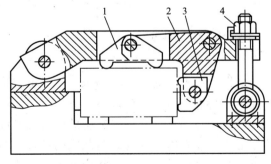

(a) 双向浮动四点联动夹紧机构   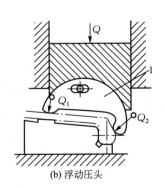 (b) 浮动压头

图 2.53　互垂力或斜交力联动夹紧机构

1、3—摆动压块；2—摇臂；4—螺母

93

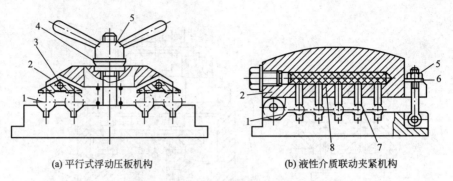

(a) 平行式浮动压板机构　　　(b) 液性介质联动夹紧机构

图 2.54　平行式多件联动夹紧机构

1—工件；2—刚性压板；3—摆动压块；4—球面垫圈；

5—螺母；6—垫圈；7—柱塞；8—液性介质

浮动的。在理想条件下，各工件所受的夹紧力 Q 均为螺钉输出的夹紧力 Q。实际上，在夹紧系统中，各环节的变形、传递力过程中均存在摩擦能耗，当被夹工件数量过多时，有可能导致工件夹紧力不足，或者首个工件被夹坏的结果。

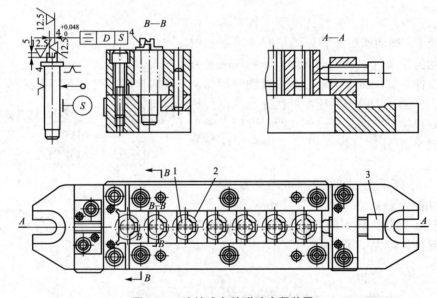

图 2.55　连续式多件联动夹紧装置

1—工件；2—V 形块；3—螺钉；4—对刀块

此外，由于工件定位误差和定位夹紧件的误差依次传递、逐个积累，造成夹紧力方向的误差很大，故连续式夹紧适用于工件的加工面与夹紧力方向平行的场合。

如图 2.56 所示为对向式多件联动夹紧机构。两对向压板 1、4 利用球面垫圈及间隙构成了浮动环节。当旋动偏心轮 6 时，迫使压板 4 夹紧右边的工件，与此同时拉杆 5 右移使压板 1 将左边的工件夹紧。这类夹紧机构可以减小原始作用力，但相应增大了对机构夹紧行程要求。

凡将上述多件联动夹紧方式合理组合构成的机构，均称为复合式多件联动夹紧机构，如图 2.57 所示。

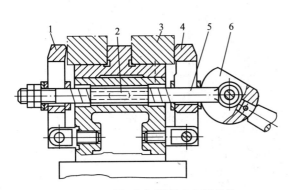
图 2.56　对向式多件联动夹紧机构
1、4—压板；2—键；3—工件；5—拉杆；6—偏心轮

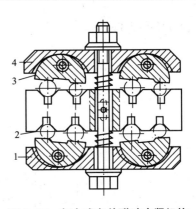
图 2.57　复合式多件联动夹紧机构
1、4—压板；2—工件；3—摆动压块

2）联动夹紧机构的设计

（1）联动夹紧机构在两个夹紧点之间必须设置必要的浮动环节，并具有足够的浮动量，动作灵活，符合机械传动原理。如前述联动夹紧机构中，采用滑柱、球面垫圈、摇臂、摆动压块和液性介质等作为浮动件的各种环节，它们补偿了同批工件尺寸公差的变化，确保了联动夹紧的可靠性。常见的浮动环节结构如图 2.58 所示。

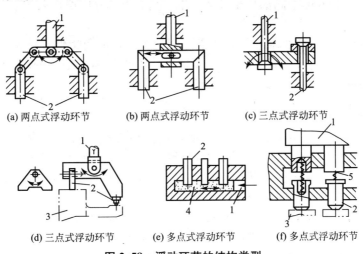
(a) 两点式浮动环节　　(b) 两点式浮动环节　　(c) 三点式浮动环节

(d) 三点式浮动环节　　(e) 多点式浮动环节　　(f) 多点式浮动环节

图 2.58　浮动环节的结构类型
1—动力输入端；2—输出端；3—工件；4—液性介质；5—弹簧

（2）适当限制被夹工件的数量。在平行式多件联动夹紧机构中，若工件数量越多，则在一定原始力作用条件下，作用在各工件上的力越小，或者为了保证工件有足够的夹紧力，需无限增大原始力，从而给夹具的强度、刚度及结构等带来一系列问题。对连续式多件联动夹紧，由于摩擦等因素的影响，各工件上所受的夹紧力不等，距原始力越远，则夹紧力越小，故要合理确定同时被夹紧的工件数量。

（3）联动夹紧机构的中间传力杠杆应力求增力，以免使驱动力过大，并要避免采用过多的杠杆，力求结构简单紧凑、提高工作效率、保证机构可靠的工作。

（4）设置必要的复位环节，保证复位准确，松夹装卸方便。如图 2.59 所示，在拉杆 4 上装有固定套环 5。松夹时，联动杠杆 6 上移，就可借助固定套环 5 强制拉杆 4 向上，使压板 3 脱离工件，以便装卸。

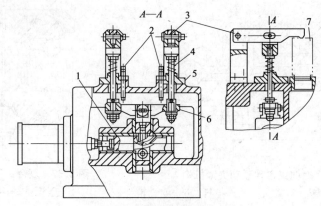

图 2.59　强行松夹的结构
1—斜楔滑柱机构；2—限位螺钉；3—压板；
4—拉杆；5—固定套环；6—联动杠杆；7—工件

（5）要保证联动夹紧机构的系统刚度。一般情况下，联动夹紧机构所需总夹紧力较大，故在结构形式及尺寸设计时必须予以重视，特别要注意一些传递力元件的刚度。图 2.59 中的联动杠杆 6 的中间部位受较大弯矩，其截面尺寸应设计大些，以防止夹紧后发生变形或损坏。

（6）正确处理夹紧力方向和工件加工面之间的关系，避免工件在定位、夹紧时的逐个积累误差对加工精度的影响。在连续式多件联动夹紧机构中，工件在夹紧力方向必须没有限制自由度的要求。

2. 定心夹紧机构

定心夹紧机构是一种同时实现对工件定心定位和夹紧的夹紧机构。工件在夹紧过程中，利用定位夹紧元件的等速移动或均匀弹性变形，来消除定位副制造不准确或定位尺寸偏差对定心或对中的影响，使这些误差或偏差能均匀而对称地分配在工件的定位基准面上。定心夹紧机构按工作原理可分为以下两大类。

（1）按等速移动原理工作的定心夹紧机构。如图 2.60 所示为螺旋定心夹紧机构，螺杆 4 两端的螺纹旋向相反、螺距相同。当其旋转时，通过左右螺旋带动两 V 形钳口 1、2 同时移向中心，从而对工件起定位夹紧作用。这类定心夹紧机构的特点是制造方便、夹紧力和夹紧行程较大，但由于制造误差和组成元件间的间隙较大，故定心精度不高，常用于

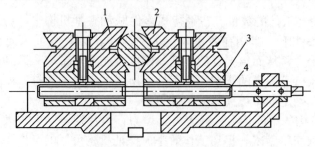

图 2.60　螺旋定心夹紧机构
1、2—V 形钳口；3—滑块；4—螺杆

粗加工和半精加工中。

（2）以均匀弹性变形原理工作的定心夹紧机构。当定心精度要求较高时，一般都利用这类定心夹紧机构，主要有弹簧夹头定心夹紧机构、弹性薄膜卡盘定心夹紧机构、液性塑料定心夹紧机构、碟形弹簧定心夹紧机构等。如图 2.61 所示为液性塑料定心夹紧机构，工件以内孔作为定位基面，装在薄壁套筒 2 上。起直接夹紧作用的薄壁套筒 2 则压配在夹具体 1 上，在所构成的环槽中注满了液性塑料 3。当旋转螺钉 5 通过柱塞 4 向腔内加压时，液性塑料 3 便向各个方向传递压力，在压力作用下薄壁套筒 2 产生径向均匀的弹性变形，从而将工件定心夹紧。

3. 铰链夹紧机构

如图 2.62 所示为铰链夹紧机构。铰链夹紧机构的优点是动作迅速、增力比大、易于改变力的作用方向；缺点是自锁性能差，一般常用于液动、气动夹紧中。

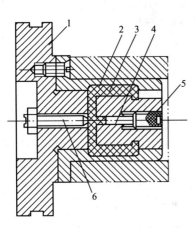

图 2.61　液性塑料定心夹紧机构
1—夹具体；2—薄壁套筒；3—液性塑料；
4—柱塞；5—螺钉；6—限位螺钉

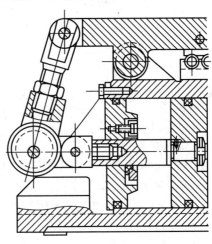

图 2.62　铰链夹紧机构

2.5　各类机床夹具及其设计要点

2.5.1　车床夹具设计

在车床上用来加工工件的内外圆柱面、圆锥面、回转成形面、螺旋面及端面等的夹具称为车床夹具。车床夹具大多安装在车床主轴上，少数安装在车床床鞍或床身上（应用很少，本节不作介绍）。常见专用的车床夹具有心轴类车床夹具、角铁类车床夹具、卡盘类车床夹具、花盘类车床夹具 4 种类型。

1. 车床夹具的典型结构形式

1）心轴类车床夹具

心轴类车床夹具适用于以工件内孔定位，加工套类、盘类等回转体零件，主要用于保证工件被加工表面（一般是外圆）与定位基准（一般是内孔）间的同轴度。

按照与机床主轴连接方式的不同，心轴类车床夹具可分为顶尖式心轴车床夹具和锥柄式心轴车床夹具两种。前者用于加工长筒形工件，后者仅能加工短的套筒或盘状工件，且结构简单，因此经常采用。

心轴的定位表面根据工件定位基准的精度和工序加工要求，可设计成圆柱面、圆锥面、可胀圆柱面以及花键等特形面。常用的有圆柱心轴和弹性心轴。如图 2.63 所示为手动弹簧心轴，工件以精加工过的内孔在弹性套筒 5 和心轴端面上定位。旋紧螺母 4，通过锥体 1 和锥套 3 使弹性套筒 5 产生向外均匀的弹性变形，将工件胀紧，实现对工件的定心夹紧。由于弹性变形量较小，要求工件定位孔的精度高于 IT8，因而定心精度一般可达 0.02～0.05mm。

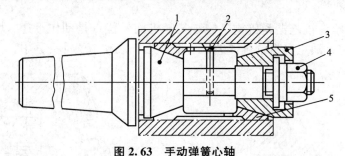

图 2.63　手动弹簧心轴

1—锥体；2—防转销；3—锥套；4—螺母；5—弹性套筒

2）角铁类车床夹具

夹具体呈角铁状的车床夹具称为角铁类车床夹具，其结构不对称，用于加工壳体、支座、杠杆、接头等零件上的回转面和端面。

如图 2.64 所示为角铁式车床夹具，是图 2.65 所示的开合螺母精镗 ϕ40mm 孔的专用

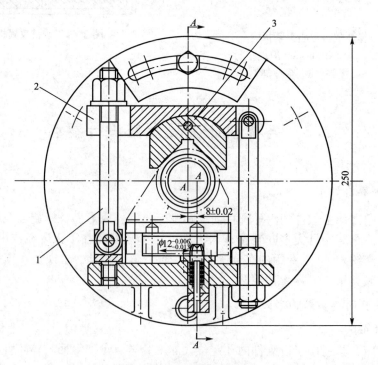

图 2.64　角铁式车床夹具

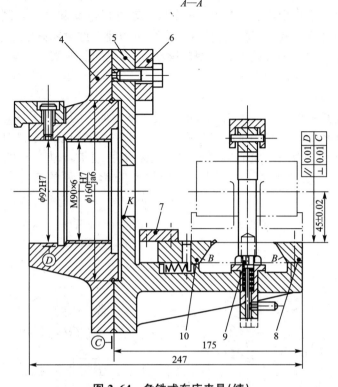

图 2.64 角铁式车床夹具(续)

1、11—螺栓；2—压板；3—摆动 V 形块；4—过渡盘；5—夹具体；6—平衡块；

7—盖板；8—固定支承板；9—活动菱形销；10—活动支承板

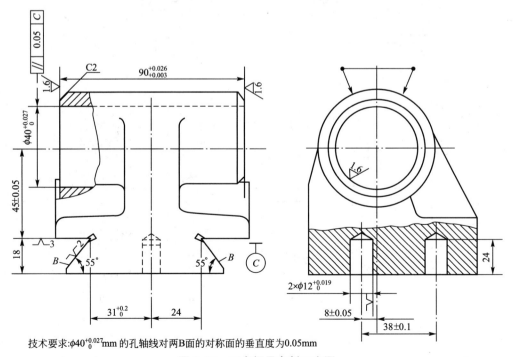

技术要求:$\phi 40^{+0.027}_{0}$mm 的孔轴线对两B面的对称面的垂直度为0.05mm

图 2.65 开合螺母车削工序图

车床夹具。按基准重合原则，工件以燕尾面 B、C 在固定支承板 8 及活动支承板 10 上定位（两板等高），限制 5 个自由度；用 $\phi12\text{mm}$ 孔与活动菱形销 9 配合，限制 1 个自由度；装卸工件时，推开活动支承板 10 将工件插入，靠弹簧力使工件紧靠固定支承板 8，并略推移工件使活动菱形销 9 弹入定位孔内。采用带摆动 V 形块的回转式、螺旋式压板机构夹紧，用平衡块 6 来保持夹具平衡。

3）卡盘类车床夹具

卡盘类车床夹具一般是用一个以上卡爪夹紧工件，加工的零件大多是以外圆（或内孔）及端面定位的对称零件，多采用定心夹紧机构，因此，其结构基本上是对称的。

如图 2.66(a)所示为两爪定心夹紧卡盘。其工作原理是转动左右旋螺杆 3 带动两个滑块 4 做等速相向移动，滑块 4 上安装着可换的卡爪 5，工件的定心夹紧是靠卡爪 5 来实现的。

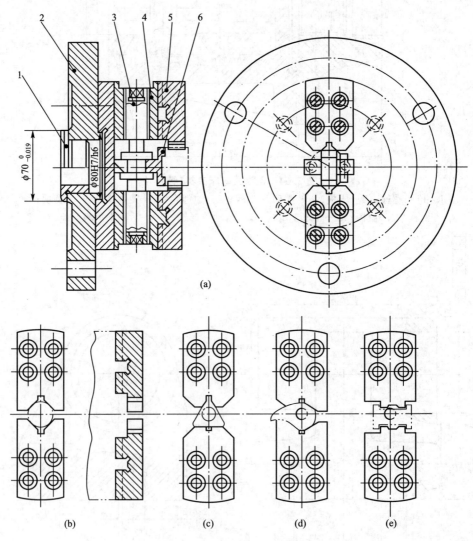

图 2.66　两爪定心夹紧卡盘

1—定位器；2—圆盘；3—左右旋螺杆；4—滑块；5—卡爪；6—轴向定位器

在实际生产中，只需根据不同的工件设计制造相应的卡爪，见图 2.66(b)、(c)、(d)、(e)，使用时进行更换。卡爪上的定位表面一般都要在使用前进行修磨，对于圆柱定位基准采用装配后再使用车床上最后加工定位面的方法，以保证工件的定心精度。

4）花盘类车床夹具

花盘类车床夹具的基本特征是夹具体为一圆盘形零件，装夹工件一般形状较复杂。工件的定位基准多数是圆柱面和与圆柱面垂直的端面，因而夹具对工件多数是端面定位、轴向夹紧。

如图 2.67 所示为在车床上镗两个平行孔的位移夹具。工件由固定 V 形块 4 和活动 V 形块 5 夹紧在燕尾滑块 10 上。左右两个挡销 3、6 分别确定燕尾滑块 10 两端的位置，燕尾滑块 10 先和挡销 6 接触，确定了大孔的加工位置。待加工完后，松开楔形压板 9，向左移动燕尾滑块 10，直到调节螺钉 2 和挡销 3 接触为止，再用楔形压板 9 压紧燕尾滑块 10，加工小孔。两孔间的距离可利用调节螺钉 2 调节。转动把手 7，活动 V 形块 5 即可进退。

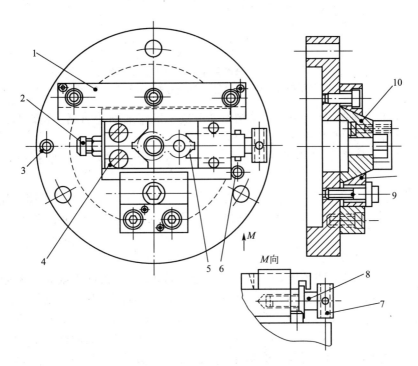

图 2.67　在车床上镗两个平行孔的位移夹具
1—导向板；2—调节螺钉；3、6—挡销；4—固定 V 形块；5—活动 V 形块；
7—把手；8—螺杆；9—楔形压板；10—燕尾滑块

2. **车床夹具的设计特点**

车床夹具的主要特点是夹具安装在车床主轴上，工作时由车床主轴带动高速回转。因此，在设计车床夹具时，除了保证工件达到工序的精度要求外，还应考虑以下几点。

1）车床夹具与机床主轴的连接

车床夹具与机床主轴的连接精度对工件加工表面的相互位置精度有决定性的影响。夹具的回转轴线与机床的回转轴线必须具有较高的同轴度。一般车床夹具在车床主轴上的安装有以下几种方式。

（1）夹具通过锥柄安装在车床主轴锥孔内，并用螺栓拉紧，如图 2.68(a)所示。这种连接方式定心精度较高，适用于径向尺寸 $D<140\mathrm{mm}$ 或 $D<(2\sim3)d$ 的小型夹具。

（2）夹具通过过渡盘与机床主轴连接，如图 2.68(b)、(c)所示。这种连接方式适用于径向尺寸较大的夹具。过渡盘的使用，使同一夹具可以用于不同型号和规格的车床上，增加夹具的通用性。

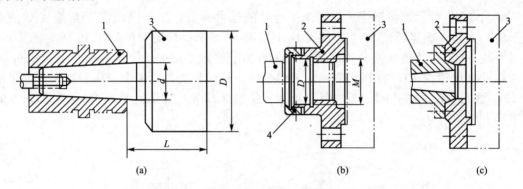

图 2.68　车床夹具与车床主轴的连接方式
1—车床主轴；2—过渡盘；3—专用夹具；4—压块

过渡盘与机床主轴配合处的形状结构设计取决于机床主轴的前端结构。常用车床主轴前端的结构尺寸，可查阅夹具手册。

夹具与过渡盘多采用平面及定位止口定位，按 H7/h6 或 H7/js6 配合，并用螺钉锁紧。

（3）没有过渡盘时，可将过渡盘与夹具体合成一个零件设计，也可采用通用花盘来连接夹具与主轴，但必须在夹具外圆上制造一段找正圆，用来保证夹具相对主轴的径向精度。

2）夹具找正基面的设置

为保证车床夹具的安装精度，安装时应对夹具的限位基面仔细找正。若限位基面偏离回转中心，则应在夹具体上专门制一个孔（或外圆）作为找正基面，使该面与机床主轴同轴，同时它也可作为夹具设计、装配和测量基准，如图 2.64 所示的找正孔 K。为保证加工精度，车床夹具的设计中心（即限位面或找正基面）与主轴回转中心的同轴度应控制在 0.01mm 之内，限位端面（或找正端面）对主轴回转中心的跳动量也不应大于 0.01mm。

3）定位元件（装置）的设计

在车床上加工回转表面，要求工件加工面的轴线必须和车床主轴的回转轴线重合。夹具上定位元件（装置）的结构设计与布置，必须保证工件的定位基面、加工面和机床主轴三者的轴线重合。特别对于如支座、壳体等工件，由于其被加工回转表面与工序基准之间有尺寸或相互位置精度要求，因而应以机床夹具的回转轴线作为基准来确定夹具定位元件工作表面的位置，如图 2.64 中的尺寸标注 45±0.02 和 8±0.02。

4）夹紧装置的设计要点

由于车削时工件和夹具一起随主轴做回转运动，因而在加工过程中，工件除了受切削扭矩的作用外，还受到离心力的作用，同时，工件定位基准的位置相对重力和切削力的方向也是变化的。所以要求夹紧机构所产生的夹紧力必须足够大，且具有良好的自锁性能，以防止工件在加工过程中松动。

对于角铁式夹具还要注意防止夹紧变形。图 2.69(a)所示的夹紧装置，悬伸部分受力易引起变形，离心力、切削力也会加剧这种变形，可能导致工件松动。如能用图 2.69(b)所示的铰链式螺旋联动摆动压板机构情况会好些。

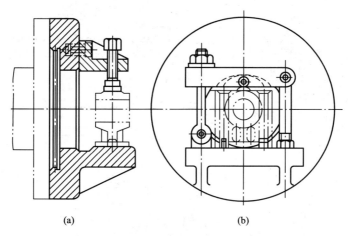

(a)   (b)

图 2.69　夹紧机构的比较

5) 夹具的平衡

对角铁式、花盘式等结构不对称的车床夹具，设计时应采取平衡措施，使夹具的重心落在主轴回转轴线上，以减少主轴轴承的磨损，避免因离心力产生振动而影响加工质量和刀具寿命。平衡的方法有两种，即设置配重块和加工减重孔。配重块上应开有弧形槽或径向槽，以便调整配重块的位置，图 2.64 中件 6 即为平衡块。

6) 对车床夹具的总体结构要求

(1) 结构紧凑、悬伸短。车床夹具的悬伸长度过大，会加剧主轴轴承的磨损，同时引起振动，影响加工质量。因此，夹具的悬伸长度 L 与轮廓直径 D 之比应加以控制：直径小于 150mm 的夹具，$L/D \leqslant 2.5$；直径为 $150 \sim 300$mm 的夹具，$L/D \leqslant 0.9$；直径大于 300mm 的夹具，$L/D \leqslant 0.6$。

(2) 确保安全。车床夹具的夹具体，应设计成圆形结构。夹具上(包括工件在内)的各元件不应突出夹具体的轮廓之外，当夹具上有不规则的突出部分，或有切削液飞溅及切屑缠绕时，应设计防护罩。

(3) 夹具的结构应便于工件在夹具上的安装和测量，切屑能顺利排出或清理。

2.5.2　铣床夹具设计

铣床夹具主要用于加工平面、凹槽及各种成形表面，一般由定位元件、夹紧机构、对刀装置(对刀块与塞尺)、定位键和夹具体组成。按加工中工件的进给方式，铣床夹具主要类型可分为直线进给式铣床夹具、圆周连续进给式铣床夹具和机械仿形进给式的靠模铣床夹具 3 种。

1. 铣床夹具的典型结构形式

1) 直线进给式铣床夹具

如图 2.70 所示为铣连杆上直角凹槽的直线进给式夹具，夹具直接安装在按直线进给方式运动的铣床工作台上，工件以一面两孔在定位支承板 8、圆柱销 9 和菱形销 7 上定位。拧紧厚螺母 6，通过活节螺栓 5 带动浮动杠杆 3，使压板 10 夹紧工件。

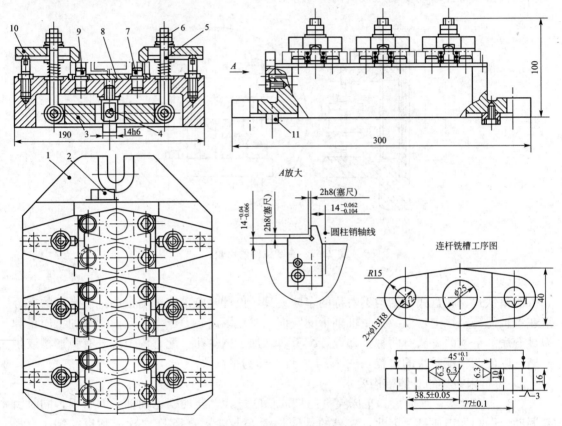

图 2.70　铣连杆上直角凹槽的直线进给式夹具

1—夹具体；2—对刀块；3—浮动杠杆；4—铰链螺钉；5—活节螺栓；6—螺母；

7—菱形销；8—定位支承板；9—圆柱销；10—压板；11—定位键

2) 圆周连续进给铣床夹具

圆周连续进给铣床夹具多数安装在有回转工作台或回转鼓轮的铣床上，加工过程中随回转盘旋转做连续的圆周进给运动，并可在不停车的情况下装卸工件，效率高，适用于大批量生产。如图 2.71 所示为铣某拨叉的圆周连续进给铣床夹具。工件以内孔、端面及侧面在定位销 2 和挡销 4 上定位，并由液压缸 6 驱动拉杆 1，通过开口垫圈 3 将工件夹紧。工作台由电动机通过蜗轮蜗杆机构带动回转，从而将工件依次送入切削区 AB。当工件离开切削区被加工好后，在非切削区 CD 内，可将工件卸下，并装上待加工工件，使辅助时间与铣削时间相重合，提高机床利用率。

3) 机械仿形进给式的靠模铣床夹具

带有靠模的铣床夹具称为靠模铣床夹具，用于加工各种非圆曲面。靠模的作用是使工

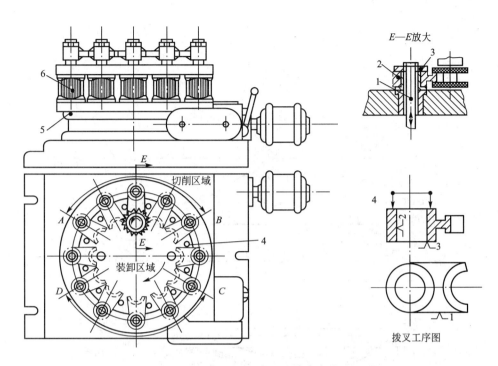

图 2.71　圆周连续进给铣床夹具

1—拉杆；2—定位销；3—开口垫圈；4—挡销；5—转台；6—液压缸

件获得辅助运动。靠模铣床夹具可分为直线进给式靠模铣床夹具和圆周进给式靠模铣床夹具两种。如图 2.72 所示为溜板油槽靠模铣床夹具。工件以底面和侧面在滑座 6 和两挡销 4 上定位，操纵手把 1、3 可将工具夹紧。滑座 6 安置在装有 8 个轴承的底座 7 上，移动灵活，底座 7 固定在铣床工作台上。滑座 6 上方装有靠模板 2，靠模滚轮 5 装在刀杆上，和靠模板槽的两侧保持接触。当工作台做纵向移动时，靠模滚轮 5 迫使滑座按靠模曲线横向运动，即加工出曲线。

2. **铣床夹具的设计要点**

1）要特别注意工件定位的稳定性和夹紧的可靠性

因为铣削加工是多刀、多刃断续切削，切削用量和切削力较大，且切削力的方向不断变化，加工时极易产生振动，因此：

（1）定位装置的设计和布置，应尽量使定位支承面积大些。

（2）夹紧力应作用在工件刚度较大的部位上，当从侧面压紧工件时，压板在侧面的着力点应低于工件侧面的支承点，夹紧力应靠近加工面。

（3）夹紧装置要有足够的夹紧力，自锁性好，一般不宜采用偏心夹紧，特别是粗铣时。

2）注意提高生产率

铣削加工有空行程，加工辅助时间长，因此，应尽可能安排多件、多工位加工。夹紧时则尽量采用快速夹紧、联动夹紧和液压、气动等高效夹紧装置。

3）铣床夹具底面应设置两个定位键

通过定位键与铣床工作台 T 形槽的配合，使夹具上定位元件的工作表面相对于铣床工

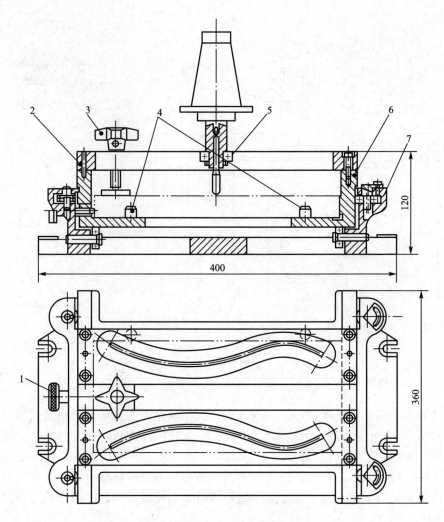

图 2.72 溜板油槽靠模铣床夹具

1、3—手把；2—靠模板；4—挡销；5—靠模滚轮；6—滑座；7—底座

作台的进给方向具有正确的位置关系，如图 2.70 所示，件 11 即为定位键。

4）设置对刀装置，以便迅速准确地确定铣刀与夹具的相对位置

对刀装置由对刀块和塞尺组成，其形式根据加工表面的情况而定。

常见的对刀装置如图 2.73 所示。其中图 2.73(a)为圆形对刀装置，用于铣单一平面时对刀；图 2.73(b)为直角对刀装置，用于铣槽或台阶面时对刀；图 2.73(c)、(d)为用于铣成形面的特殊对刀装置。

对刀时，铣刀不能与对刀块的工作表面直接接触，而应通过塞尺来校准它们间的相对位置，以免损坏切削刃或造成对刀块过早磨损。塞尺有平塞尺和圆柱塞尺两种，其厚度或直径一般为 3～5mm，公差为 h6。

5）夹具体的设计

夹具体设计时应注意以下事项。

（1）铣床夹具的夹具体要有足够的刚度和强度，壁厚恰当，且应设置适当的筋板。

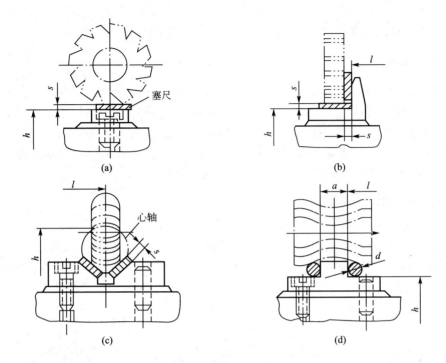

图 2.73　常见的对刀装置

　　(2) 尽可能降低铣床夹具的重心，夹具体高度与宽度之比一般为 $H/B \leqslant 1 \sim$ 1.25，如图 2.74(a)所示，使工件的加工面尽量靠近工作台面，以提高铣床夹具的稳定性。

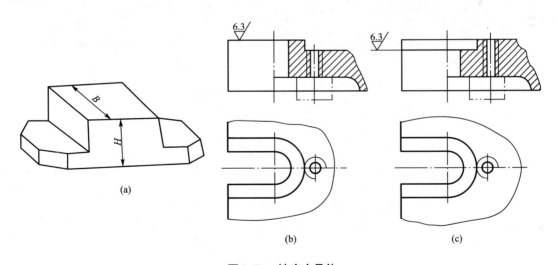

图 2.74　铣床夹具体

　　(3) 要有足够的排屑空间，切屑和切削液能顺利排出，必要时可设计排屑槽、排屑面。

　　(4) 夹具体上应设置耳座，以方便铣床夹具在工作台上的固定。对小型夹具体，可两

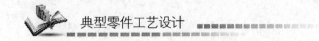

端各设置一个耳座,夹具体较宽时,两端各设置两个耳座,两耳座的距离应与铣床工作台的两个 T 形槽之间的距离一致。常见的耳座结构如图 2.74(b)、(c)所示。

2.5.3 镗床夹具设计

镗床夹具简称为镗模,主要由镗套、镗模支架、镗模底座以及必需的定位、夹紧机构组成,在镗床、组合机床(也可在车床和摇臂钻床)上加工箱体、支座等零件上的精密孔或孔系尺寸时常用镗模。按其所使用的机床形式不同,镗床夹具可分为卧式镗床夹具和立式镗床夹具两类;按其导向支架的布置形式,可分为双支承镗模、单支承镗模和无支承镗模 3 类。采用镗模可不受机床精度的影响而加工出较高精度的工件。

1. 镗床夹具的典型结构形式

1)双支承镗模

如图 2.75 所示为镗削车床尾架的双支承镗模结构图。镗模的两个支承分别设置在刀具的前方和后方,两个镗模支架 1 上用回转镗套 2 来支承和引导镗杆 9,镗杆 9 和镗床主轴通过浮动接头 10 连接,所以镗孔的位置精度主要取决于镗套的位置精度。

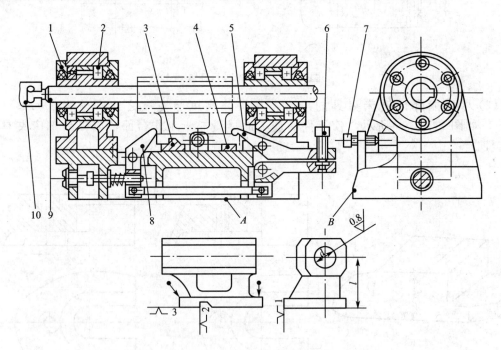

图 2.75 镗削车床尾架的双支承镗模结构图
1—支架;2—镗套;3、4—定位板;5、8—压板;6—夹紧螺钉;
7—可调支承钉;9—镗杆;10—浮动接头

2)单支承镗模

单支承镗模按其镗杆的支撑方式不同可分为单面前导向和单面后导向两种。如图 2.76 所示为镗削车床尾架的单支承镗模单面前导向结构图。图 2.77 为镗削车床尾架的单支承镗模单面后导向结构图。

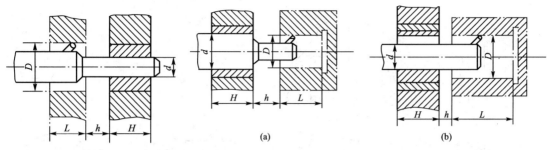

图 2.76　单面前导向结构图　　　　　　　图 2.77　单面后导向结构图

3) 无支承镗模

工件在刚度好、精度高的金刚镗床、坐标镗床或数控机床、加工中心上镗孔时，夹具上不设镗模支承，加工孔的尺寸和位置精度由镗床保证。无支承夹具只需要设计定位、夹紧装置和夹具体即可。

2. 镗床夹具的设计要点

1) 镗套的选计

镗套的结构和精度直接影响加工精度。镗套的结构有固定式和回转式两种。

(1) 固定式镗套是指在镗孔过程中不随镗杆转动的镗套，其结构与快换钻套基本相同。如图 2.78(a)所示，固定式镗套开有油槽，设有压配式油杯，外形小、结构简单、中心位置准确，适用于低速镗孔(摩擦面线速度小于 0.3m/s)。

(2) 如图 2.78(b)、(c)、(d)所示，回转式镗套在镗孔过程中随镗杆一起转动，镗杆与镗套只有相对移动而无相对转动，从而减少了镗套的磨损，不会因摩擦发热而卡死，特别适用于高速镗削。

回转式镗套可分为滑动和滚动两种。

如图 2.78(b)所示为滑动回转式镗套。镗套 1 可在滑动轴承 2 内回转，镗模支架 3 上设有油杯和油孔，使回转副得到充分润滑，滑镗套中间开有键槽。镗杆上的键通过键套一起回转。这种镗套径向尺寸较小、回转精度高、减振性好、承载能力大，但需充分润滑，适用于摩擦面线速度 $v < 0.3 \sim 0.4\text{m/s}$、孔心距较小的孔系加工，常用于精加工。

如图 2.78(c)所示为立式滚动回转式镗套。为避免切屑和切削液落入镗套，需设防护罩；为承受轴向力，一般采用圆锥滚子轴承。

如图 2.78(d)所示为卧式滚动回转式镗套。镗套 6 支承在两个滚动轴承 4 上，回转精度受轴承精度的影响，对润滑要求较低。但径向尺寸较大，适用于粗加工和半精加工。

滚动回转式镗套一般用于镗削孔距较大的孔系，一般摩擦面线速度 $v > 0.4\text{m/s}$。

当被加工孔径大于镗套孔径时，需在回转镗套上开引导槽，使装好刀的镗杆能够进出镗套而不发生碰撞。为此当镗刀从固定的方位进入或退出镗套时，镗杆必须停止转动，同时，必须在镗杆与旋转导套间设置定向键，以保证工作过程中镗刀与引导槽的正确位置关系，确保镗杆顺利进入引导槽(该定向键也有保证加工精度稳定的作用)。带有引导槽的外滚式镗套，其定向键的形式有两种。图 2.79 为尖头定向键在外滚式镗套的旋转导套上的固定方法。

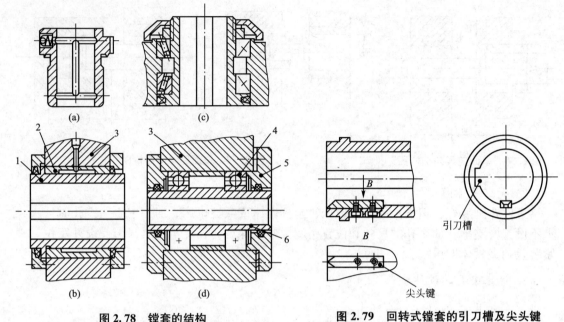

<table>
<tr><td>图 2.78　镗套的结构</td><td>图 2.79　回转式镗套的引刀槽及尖头键</td></tr>
</table>

图 2.78　镗套的结构

1、6—镗套；2—滑动轴承；3—镗模支架；
　　　4—滚动轴承；5—轴承端盖

图 2.79　回转式镗套的引刀槽及尖头键

2）镗杆的结构设计

如图 2.80 所示为用于固定式镗套的镗杆导向部分结构。当镗杆导向部分直径 $d<$ 50mm 时，一般采用整体式结构。

图 2.80(a) 为开有油槽的圆柱形镗杆。这种镗杆结构简单、刚度和强度较好，但与镗套接触面积大、润滑不好、易磨损，切屑易进入引导部分，出现"卡死"现象。

图 2.80(b)、(c) 为开直槽和螺旋槽的镗杆。这种镗杆与镗套接触面积小，沟槽又可容屑，减少"卡死"现象，但其刚度较低。

图 2.80(d) 为镶条式镗杆。这种镗杆与镗套接触面积小、容屑量大，不易"卡死"，镶条磨损后，可在其下加垫，再修磨外圆。该引导结构常用于镗杆导向部分直径 $d>50$mm 的情况。

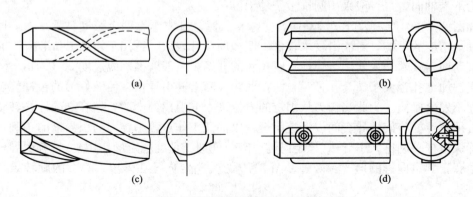

图 2.80　固定镗套的镗杆导向部分的结构

如图 2.81 所示为回转式镗套的镗杆结构。图 2.81(a)中的镗套前端设有平键，键下装有压缩弹簧，键前部设有斜面，适用于开有键槽的镗套。加工中无论镗杆以何位置进入镗套，平键均能自动进入键槽，带动镗套旋转。图 2.81(b)中的镗杆上开有键槽，其头部做成小于 45°的螺旋引导结构，可与装有尖头键的镗套配合使用。

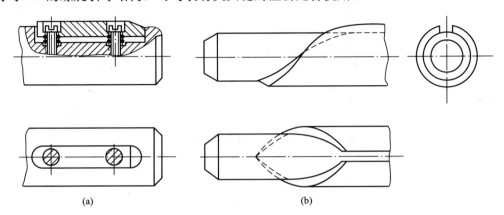

(a)   (b)

图 2.81　回转式镗套的镗杆结构

镗杆与加工孔之间应有足够的容屑空间，镗杆的直径一般取 $d=(0.6\sim0.8)D$。镗杆的精度一般应比被加工孔高两级，其直径公差在粗镗时选 g6，精镗时选 g5；表面粗糙度为 $R_a0.4\sim0.2$mm。

3）浮动接头

双支承镗杆均采用浮动接头与机床主轴连接。如图 2.82 所示，镗杆 1 上的拨动销 3 插入接头体 2 的槽中，镗杆 1 与接头体 2 之间留有间隙以便浮动，接头体 2 的锥柄安装在机床主轴的锥孔中，能自动补偿镗杆轴线和机床主轴轴线间的角度偏差和平移偏差，主轴的回转可通过接头体 2、拨动销 3 传给镗杆。

4）镗模支架的设计

镗模支架安装镗套和承受切削力，应有足够的强度和刚度，设计时应注意以下几方面。

（1）为便于制造，支架与底座应分开，一般采用铸铁材料，不宜采用焊接结构。

（2）支承架有较大的安装基面并设有必要的加强筋，支承装配面的宽度（沿孔轴向）为其高度的 1/2。

（3）支架厚度应根据高度来确定，一般取 15～25mm。

（4）支架与底座需要用圆柱销来定位，并用螺钉紧固。

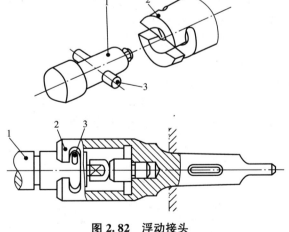

图 2.82　浮动接头
1—镗杆；2—接头体；3—拨动销

（5）不能在镗模支座上安装夹紧机构，以免夹紧反力使得镗模变形，影响镗孔精度。如图 2.83(a)所示的结构是错误的，应采用如图 2.83(b)所示的结构，以便夹紧反力由镗模底座承受。

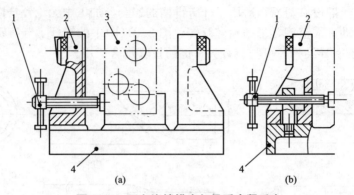

图 2.83 不允许镗模支架承受夹紧反力
1—夹紧螺钉；2—镗模支架；3—工件；4—镗模底座

2.5.4 钻床夹具

钻床夹具习惯上称为钻模，是在钻床上用于钻孔、扩孔、铰孔及攻螺纹的机床夹具。钻模一般都设有安装钻套的钻模板，以确定刀具的位置并引导刀具进行切削，保证孔的加工要求，大幅度提高生产率。

1. 钻床夹具的典型结构形式

钻模的结构形式很多，可分为固定式钻模、分度式钻模、翻转式钻模、盖板式钻模和滑柱式钻模等。

1）固定式钻模

固定式钻模在机床上的位置一般固定不动，加工精度较高，主要用于在立式钻床上加工直径较大的单孔及同轴线上的孔，或在摇臂钻床上加工轴线平行的孔系。为了提高加工精度，在立式钻床上安装钻模时，要先将装在主轴上的钻头伸入钻套中，确定钻模的位置后再将夹具夹紧。

如图 2.84(a)所示为用来加工工件上的 ϕ12H8 孔的固定式钻模，图 2.84(b)所示为衬套零件加工工序图。由图 2.84(b)可知，ϕ12H8 孔的设计基准为端面 B 和内孔 ϕ68H7，据此选定其为定位基准，符合基准重合原则，限制了 5 个自由度，满足加工要求。快换钻套 5 用于引导加工刀具。搬动手柄 8 借助偏心轮 9 的作用，通过拉杆 3 与开口垫圈 2 夹紧工件。反向搬动手柄 8，拉杆 3 在弹簧 10 的作用下松开工件，开口垫圈 2 绕螺钉 1 摆开，即可卸下工件。

2）分度式钻模

带有分度装置的钻模称为分度式钻模。其分度方式有两种，即回转式分度钻模和直线式分度钻模。回转式分度钻模应用较多，主要用于加工平面上成圆周分布、轴线互相平行的孔系，或分布在圆柱面上的径向孔系。回转式分度钻模按其转轴的位置还分可为立轴式分度钻模、卧轴式分度钻模和斜轴式分度钻模 3 种。工件一次安装，经夹具分度机构转位可顺序加工各孔。

图 2.85 所示为卧轴回转式分度钻模，它可用来加工工件圆柱面上 3 个径向均布孔。在分度转盘 6 的左端面上有成圆周均布的 3 个轴向钻套孔，内设定位锥套 12。钻孔前，对定销

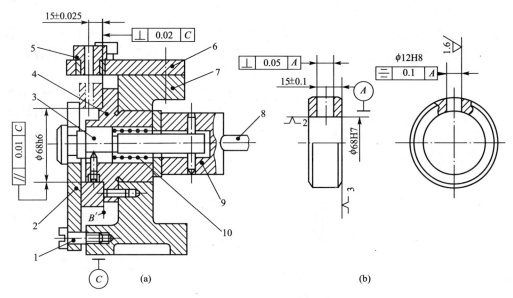

图 2.84　固定式钻模

1—螺钉；2—开口垫圈；3—拉杆；4—定位法兰；5—快换钻套；
6—钻模板；7—夹具体；8—手柄；9—偏心轮；10—弹簧

2 在弹簧力的作用下插入分度锥孔，反转手柄 5。螺套 4 通过锁紧螺母使分度转盘 6 锁紧在夹具体上。钻孔后，正转手柄 5，将分度转盘 6 松开，同时螺套 4 上的端面凸轮将对定销 2 拔出，将分度转盘 6 转动 120°直至对定销 2 重新插入第二个锥孔，然后锁紧加工另一孔。

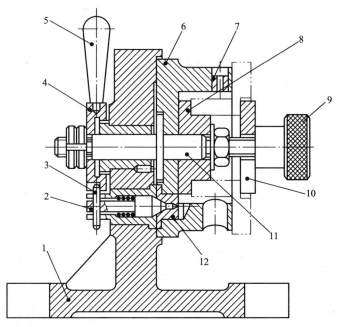

图 2.85　卧轴回转式分度钻模

1—夹具体；2—对定销；3—横销；4—螺套；5—手柄；6—分度转盘；7—钻套；
8—定位件；9—滚花螺母；10—开口垫圈；11—转轴；12—锥套

3）翻转式钻模

翻转式钻模主要用于加工小型工件同一表面或不同表面上的孔，适合于中、小批量工件的加工。加工时，整个钻模（含工件）一般用手进行翻转；对于稍大工件，必须设计专门的托架，以便翻转夹具。

如图 2.86（a）所示为加工某套类零件上 12 个螺纹底孔的翻转式钻模，图 2.86（b）为其工序图。工件以端面 M 和内孔 $\phi 30H8$ 分别在夹具定位件 2 上的面 M' 和 $\phi 30g6$ 圆柱销上定位，用削扁开口垫圈 3、螺杆 4 和手轮 5 压紧工件，翻转 6 次加工工件上 6 个径向孔，然后将钻模轴线竖直向上，即可加工端面上的 6 个孔。

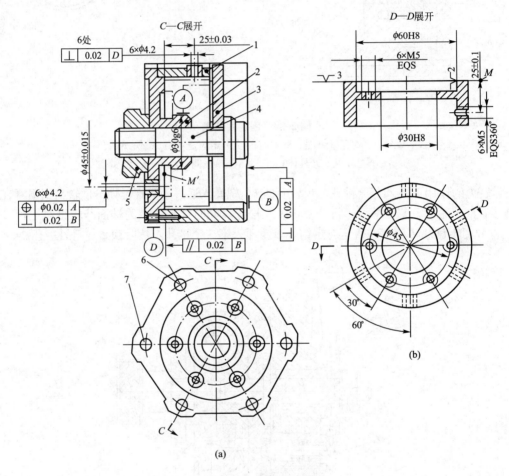

(a)

(b)

图 2.86　翻转式钻模

1—夹具体；2—定位件；3—削扁开口垫圈；4—螺杆；

5—手轮；6—销；7—沉头螺钉

4）盖板式钻模

盖板式钻模没有夹具体，其定位元件和夹紧装置直接安装在钻模板上。钻模板在工件上定位，夹具结构简单轻便，切屑易于清除，常用于床身、箱体等大型工件上的小孔加工，也可用于中、小批量生产中的中、小工件的孔加工。加工小孔时，可不设夹紧装置。如图 2.87 所示为加工主轴箱 7 个螺纹孔的盖板式钻模，右边为其工序简图。工件以端面及两大孔作为定位基面，在钻模板的 4 个支承钉 1 组成的平面、圆柱销及菱形销 6 上定位；旋转螺杆 5 向下推动钢球 4，钢球 4 同时使 3 个柱塞外移，将钻模板夹紧在工件上。该定心夹紧机构常称为内涨器，现已标准化。

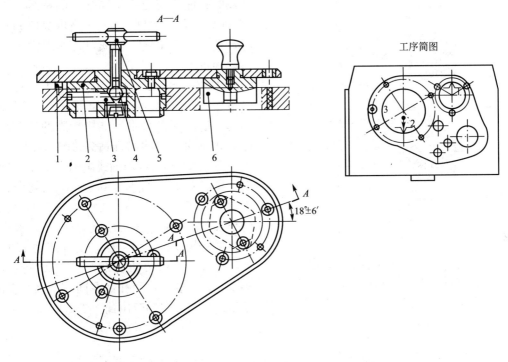

图 2.87　加工主轴箱 7 个螺纹孔的盖板式钻模

1—支承钉；2—夹具体；3—柱塞；4—钢球；5—螺杆；6—菱形销

5）滑柱式钻模

滑柱式钻模带有升降模板，属通用可调钻夹具，一般由夹具体、滑柱、升降模板和锁紧机构组成。常见的钻模板上下移动方式有手动和气动两种。图 2.88 所示为手动滑柱式钻模通用底座。升降钻模板 1 通过两根导柱 7 与夹具体 5 的导孔相连。转动操纵手柄 6，经斜齿轮 4 带动斜齿条轴杆 3 移动，使钻模板实现升降。这类钻模结构已系列化、标准化，选用时可查相关的《机床夹具手册》。

2. 钻床夹具的设计要点

1）钻套形式的选择和设计

钻套用来引导刀具，以保证被加工孔的位置精度和提高工艺系统的刚度。钻套可分为标准钻套和特殊钻套两大类。标准钻套又分为固定钻套、可换钻套和快换钻套，如图 2.89 所示。

（1）固定钻套。图 2.89(a)所示为固定钻套的两种形式。钻套直接压入钻模板或夹具体的孔中，位置精度高，但磨损后不易更换，在中、小批量生产中使用。

（2）可换钻套。图 2.89(b)为可换钻套的标准结构。钻套 1 以间隙配合安装在衬套 2 中，衬套 2 压入钻模板 3 中，并用螺钉 4 固定，以防止钻套在衬套中转动。可换钻套磨损后，将螺钉松开便可更换，故多用于大批量生产。

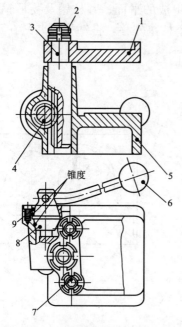

图 2.88 手动滑柱式钻模通用底座
1—升降钻模板；2—锁紧螺母；3—斜齿条轴杆；
4—斜齿轮；5—夹具体；6—操纵手柄；7—导柱；
8—齿轮轴；9—套环

（3）快换钻套。图 2.89(c)为快换钻套的标准结构。快换钻套适用于在同一道工序中，需要依次对同一孔进行钻、扩、铰或攻螺纹时，能快速更换不同孔径的钻套。更换钻套时，不需松开螺钉，只要将快换钻套反时针转过一定角度，使缺口正对螺钉头部即可取出更换。

（4）特殊钻套。由于工件的形状特殊，或者被加工孔位置的特殊性，不适合采用标准钻套，就需要自行设计结构特殊的钻套。如图 2.90 所示为几种特殊钻套的例子。

图 2.90(a)为在斜面或圆弧面上钻孔的钻套。排屑空间的高度 $h < 0.5$mm，可避免钻头引偏或折断。图 2.90(b)为在凹形表面上钻孔的加长钻套。钻套可做成悬伸的，为减少刀具与钻套的摩擦，可将钻套引导高度 H 以上的孔径放大，做成阶梯形。图 2.90(c)、(d)为小孔距钻套，将两孔做在同一个钻套上时，要用定位销确定钻套位置。图 2.90(e)、(f)为兼有定位与夹紧功能的钻套。

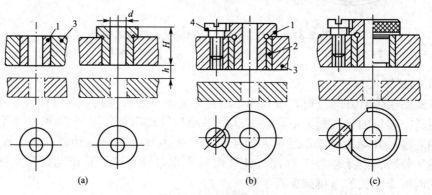

(a)　　　　　　　　　　(b)　　　　　　　　(c)

图 2.89 标准钻套
1—钻套；2—衬套；3—钻模板；4—螺钉

（5）钻套的尺寸与公差。

① 钻套基本尺寸 取刀具的最大极限尺寸，图 2.91 所示 d 为导向孔径，对于钻头、扩孔钻、铰刀等定尺寸刀具，按基轴制选用，配合偏差值按 F7 或 G6 选取。

② 钻套高度 H 对于一般孔距精度 $H = (1.5 \sim 2)d$；孔距精度要求高(± 0.05mm)时，$H = (2.5 \sim 3.5)d$。

③ 钻套与工件距离 h 增大 h 值，排屑方便，但刀具的刚度和孔加工精度都会降低。钻削易排屑的铸铁时，常取 $h = (0.3 \sim 0.7)d$；钻削较难排屑的钢件时，常取 $h = (0.7 \sim 1.5)d$；工件精度要求高时，取 $h = 0$，使切屑全部从钻套中排出。

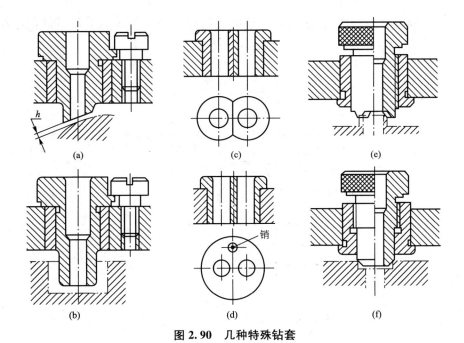

图 2.90　几种特殊钻套

2）钻模板的设计

钻模板用于安装钻套，并确保钻套在钻模上的位置。常见的钻模板有以下几种。

（1）固定式钻模板。固定式钻模板与夹具体铸成一体，或用螺钉和销钉与夹具体连接在一起，结构简单、制造方便、定位精度高，但有时装配工件不便。

（2）铰链式钻模板。如图 2.92 所示，铰链销 1 与钻模板 5 的销孔采用 G7/h6 配合。钻模板 5 与铰链座 3 之间采用 H8/g7 配合。钻套导向孔与夹具安装面的垂直度可通过调整两个支承钉的高度加以保证。加工时，钻模板 5 由菱形螺母 6 锁紧。由于铰链销、孔之间存在活动间隙，工件的加工精度不高。

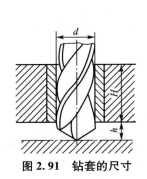

图 2.91　钻套的尺寸

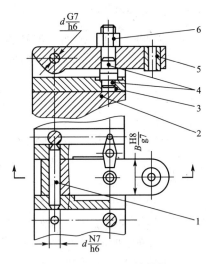

图 2.92　铰链式钻模板
1—铰链销；2—夹具体；3—铰链座；4—支承钉；
5—钻模板；6—菱形螺母

（3）可卸式钻模板。如图 2.93 所示，可卸式钻模板与夹具体做成可拆卸的结构，工件每装卸一次，钻模板也要装卸一次，故适用于中、小批量生产。

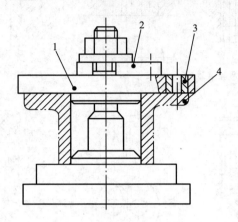

图 2.93　可卸式钻模板
1—钻模板；2—压板；3—钻套；4—工件

2.6　专用夹具的设计方法

2.6.1　专用夹具的设计步骤

合理、有效的夹具设计步骤会对夹具的设计质量及使用性能影响很大，同时也对机械零件的加工效率起到事半功倍的作用。

1. 明确设计要求与收集设计资料

在已知生产纲领的前提下，研究被加工零件的零件图、工序图、工艺规程文件及技术要求等，工艺人员在编制零件的工艺规程时，有时也会提出相应的夹具设计要求，其内容主要包含以下几方面。

（1）零件的工序加工尺寸、位置精度要求。

（2）零件加工时的定位基准。

（3）夹具上的夹紧力作用点、大小及方向。

（4）整个工艺系统中机床、刀具、辅具的设置情况。

（5）零件加工过程中所需夹具数量等。

按照上述要求，夹具设计应收集如下资料。

（1）收集与夹具设计相关的被加工件图纸和技术资料。

（2）掌握本企业制造和使用夹具的生产条件、技术现状及工人的技术水平等情况。

（3）明确所使用机床的主要技术参数、性能、规格、精度以及与夹具连接部分结构的联系尺寸等。

（4）获取国内外同类工件的加工方法、所使用夹具及设计指导资料。

2. 拟定夹具结构方案与绘制夹具草图

(1) 确定工件的定位、夹紧、对刀及导向元件方案。

(2) 确定夹具与机床、夹具与其他组成元件或装置的连接方式。

(3) 借鉴典型夹具结构，协调各种元件、装置的布局，确定安装方式及夹具体的总体结构。

(4) 绘制夹具草图，并初步标注尺寸、公差及技术要求。

3. 进行必要的分析计算

工件的加工精度较高时，应进行工件加工精度分析。有动力装置的夹具需计算夹紧力。当有几种夹具方案时，可进行经济分析，选用经济效益较高的方案。

4. 审查方案与改进设计

夹具草图画出后，应征求有关人员的意见，并送有关部门审查，然后根据他们的意见对夹具方案作进一步修改。

5. 绘制夹具装配总图

夹具装配总图绘制的一般步骤如下。

(1) 绘制夹具装配总图应遵循国家制图标准。

(2) 按照加工状态用双点画线画出工件的外形轮廓和主要表面。

(3) 按照工件的形状及位置绘出定位元件的具体结构。

(4) 按照夹紧原则选择最佳夹紧状态及技术经济合理的夹紧系统，画出夹紧工件的状态。

(5) 围绕工件的几个视图依次绘出对刀、导向元件以及定向键等。

(6) 标注夹具装配总图有关尺寸。

2.6.2　夹具总图上尺寸、公差与配合和技术条件的标注

夹具总图上应标注 5 类尺寸和有关尺寸的公差与配合，还应标注 4 类技术条件。由于夹具总图上的调刀尺寸直接影响工件对应尺寸精度的保证，因而它是夹具总图中的重要尺寸。下面将对这些尺寸和技术要求的标注方法分别进行分析讨论。

1. 夹具总图上应标注的 5 类尺寸

(1) 夹具的外形轮廓尺寸：即夹具在长、宽、高 3 个方向上的外形最大极限尺寸。若夹具上有可动部分，应包括可动部分极限位置所占的空间尺寸。标注此类尺寸的作用在于避免夹具与机床或刀具发生干涉。如图 2.94 所示的外形轮廓尺寸 A。

(2) 工件与定位元件的联系尺寸：主要指工件定位面与定位元件定位工作面的配合尺寸和各定位元件之间的位置尺寸。如工件以孔在心轴或定位销上(或工件以外圆在内孔中)定位时，工件定位表面与夹具上定位元件间的配合尺寸。图 2.94 的尺寸 B 属此类尺寸。

(3) 夹具与刀具的联系尺寸：用来确定夹具上对刀、导引元件位置的尺寸。对于铣、刨床夹具，是指对刀元件与定位元件的位置尺寸；对于钻、镗床夹具，则是指钻(镗)套与

定位元件间的位置尺寸、钻(镗)套之间的位置尺寸，以及钻(镗)套与刀具导向部分的配合尺寸等。图 2.94 的尺寸 C 属于此类尺寸。

(4) 夹具与机床的联系尺寸：用于确定夹具在机床上正确位置的尺寸。对于车、磨床夹具，主要是指夹具与主轴端的配合尺寸；对于铣、刨床夹具，则是指夹具上的定向键与机床工作台上的 T 型槽的配合尺寸。标注尺寸时，常以夹具上的定位元件作为相互位置尺寸的基准。

(5) 夹具内部的配合尺寸：总图上凡是夹具内部有配合要求的表面，都必须按配合性质和配合精度标注配合尺寸。它们与工件、机床、刀具无关，主要是为了保证夹具装配后能满足规定的使用要求。图 2.94 的尺寸 E 属于此类尺寸。

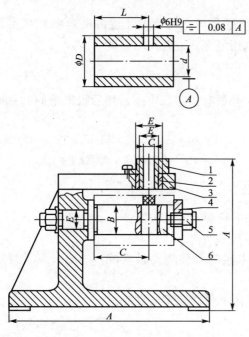

上述尺寸公差的确定可分为两种情况处理：一是夹具上定位元件之间，对刀、导引元件之间的尺寸公差，直接对工件上相应的加工尺寸发生影响，因此可根据工件的加工尺寸公差确定，一般可取工件加工尺寸公差的 $1/3 \sim 1/5$；二是定位元件与夹具体的配合尺寸公差，夹紧装置各组成零件间的配合尺寸公差等，则应根据其功用和装配要求，按一般公差与配合原则决定。

2. 夹具总图上应标注的 4 类技术条件

夹具总图上应标注的 4 类技术条件，指夹具装配后应满足的各有关表面的相互位置精度要求。有如下几个方面。

(1) 定位元件之间的相互位置要求，其作用是保证定位精度。

(2) 定位元件与连接元件(或找正基面)间的位置要求。夹具在机床上安装时，是通过连接元件或夹具体底面来确定其在机床上的正确位置的，而工件在夹具上的正确位置，是靠夹具上的定位元件来保证的。因此，定位元件与连接元件(或找正基面)之间应有相互位置精度要求。

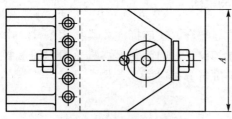

图 2.94 钻孔夹具

1—钻套；2—衬套；3—钻模板；
4—开口垫片；5—夹紧螺母；6—定位心轴

(3) 对刀元件与连接元件(或找正基面)间的位置要求。

(4) 导引元件与定位元件间的位置要求。

上述技术条件是保证工件相应的加工要求所必需的，其数量应取工件相应技术要求所规定数值的 $1/3 \sim 1/5$。当工件没注明要求时，夹具上的那些主要元件间的位置公差，可以按经验取为 $(0.02/100) \sim (0.05/100)$mm，或在全长上不大于 $0.03 \sim 0.05$mm。

3. 夹具调刀尺寸的标注

夹具的调刀尺寸一般是指夹具的调刀基准至对刀元件工作表面或导引元件轴线之间的位置尺寸。调刀尺寸是夹具中最常见的与工件加工尺寸要求直接相关的尺寸，也是夹具总图上关键的尺寸要求。

夹具的调刀尺寸一般按工件的设计尺寸(或工序尺寸)来直接标注。若工件的设计尺寸(或工序尺寸)与待标注的调刀尺寸直接对应，就可依据设计尺寸(或工序尺寸)直接标注调刀尺寸。

例如在图 2.95(a)所示的零件上铣上平面，要求保证加工表面至工件外圆下母线间的位置尺寸 $42_{-0.16}^{0}$ mm。图 2.95(b)是夹具的定位方案。设所用的对刀塞尺为 3mm，不考虑对刀塞尺的制造误差，现计算应标注的调刀尺寸。

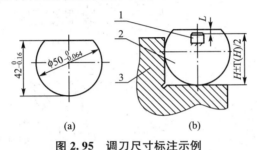

图 2.95 调刀尺寸标注示例
1—对刀块；2—工件；3—定位元件 $L=3$mm(塞尺厚度)

在夹具总图上应标注的调刀尺寸是 $H\pm\dfrac{T(H)}{2}$，它与零件图上的设计尺寸(工序尺寸)直接对应。确定方法是：首先将尺寸 $42_{-0.16}^{0}$ mm 换算成对称偏差分布的形式，即 $42_{-0.16}^{0}$ mm→41.92 ± 0.08mm。41.92mm 就是计算调刀尺寸的依据，即 $H=41.92-3=38.92$mm，取 ±0.08mm 的 1/4 作为调刀尺寸公差，最后得到调刀尺寸及其偏差为 $H\pm\dfrac{T(H)}{2}=38.92\pm0.02$mm。

若设计尺寸在加工中是间接保证的尺寸，那么工序尺寸是未知数，这时就需通过尺寸链算出工序尺寸后再根据工序尺寸来标注调刀尺寸。

上述确定调刀尺寸的方法是在不考虑对刀塞尺制造误差的情况下进行的。若考虑对刀塞尺的制造误差，则需通过尺寸链来确定调刀尺寸。此时，调刀尺寸和塞尺尺寸为尺寸链的组成环，工件的设计尺寸(或工序尺寸)为封闭环，通过解算该三环尺寸链确定调刀尺寸。封闭环的公差一般取工件设计尺寸(或工序尺寸)的 1/3。

2.7 专用夹具设计实例

2.7.1 明确要加工零件的设计任务

如图 2.96 所示为汽车底盘传动轴上的万向节滑动叉的零件图，其在中型机械加工车间中批量生产。要求编制万向节滑动叉的机械加工工艺规程文件并设计该零件加工的专用夹具。

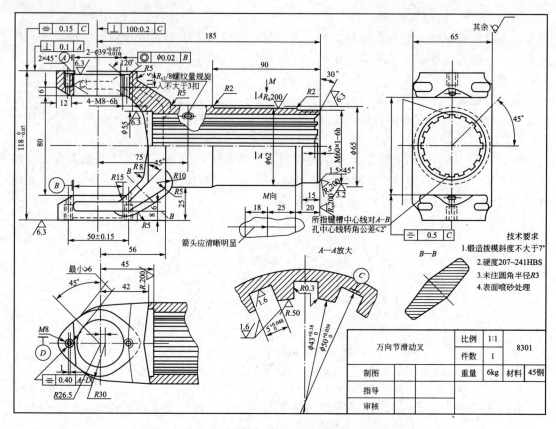

图 2.96　汽车底盘传动轴上万向节滑动叉的零件图

2.7.2　对零件的性能及工艺进行分析

1. 零件的作用

汽车底盘传动轴上的万向节滑动叉位于传动轴的端部，是由两个叉头和一个带有花键孔的圆套筒组成，类似套筒类零件，其主要作用：一是传递扭矩，使汽车获得前进的动力；二是当汽车后桥钢板弹簧处在不同的状态时，由本零件可以调整传动轴的长短及其位置。

一般的万向节滑动叉就是将万向节叉和滑动花键副的一部分组合起来，使其成为一个零件，而图 2.96 中的万向节滑动叉是采用管材制作的，其端部呈叉形结构，并设有两个十字销孔，用于安装十字万向节；在管内设有内花键，这种呈整体式结构的滑动叉，不仅加工容易、成本低，而且强度高，故其使用寿命与传统的万向节叉与滑动套合件相比，有了成倍的提高。零件的两个叉头部位上有两个 $\phi39^{+0.027}_{-0.010}$ mm 的孔，用以安装滚针轴承并与十字轴相连，起万向联轴节的作用。零件 $\phi65$mm 外圆内为 $\phi50$mm 花键孔与传动轴端部的花键轴相配合，用于传递动力之用。

2. 零件的材料及类型

万向节滑动叉的材料选用 45 钢，属于优等碳素结构钢，经调质处理后有良好的综合机械性能和加工工艺性能，零件材料的选择主要是考虑到满足使用要求，同时兼顾材料的工艺性和经济性，45 钢能满足以上要求，所以选用 45 钢。考虑到零件在工作过程中经常承受变载荷和冲击载荷，因此选锻件，保证零件工作可靠。

3. 零件的工艺分析

万向节滑动叉共有两处主要加工表面，它们之间有一定的位置要求。现分述如下。

(1) 以 $\phi39^{+0.027}_{-0.010}$ mm 孔为中心的加工表面。这一组表面包括两个 $\phi39^{+0.027}_{-0.010}$ mm 的孔及其倒角，相距为 $118^{0}_{-0.07}$ mm 的两平面，且与 $\phi39^{+0.027}_{-0.010}$ mm 孔的垂直度要求，还有在平面上的 4 个螺孔 M8。其中，主要加工表面为 $\phi39^{+0.027}_{-0.010}$ mm 的两个孔。

(2) 以 $\phi50$ mm 花键孔作为中心的加工表面。这一组表面包括 $\phi50^{+0.039}_{0}$ mm 十六齿方齿花键孔、$\phi55$ mm 阶梯孔及 $\phi65$ mm 的外圆表面和 $M60\times1$ mm 的外螺纹表面。

这两组加工表面之间有着一定的位置要求，主要为以下几个。

(1) $\phi50^{+0.039}_{0}$ mm 花键孔与 $\phi39^{+0.027}_{-0.010}$ mm 二孔中心连线的垂直度公差为 $100:0.2$。

(2) $\phi39$ mm 二孔外端面对 $\phi39$ mm 孔垂直度公差为 0.1 mm。

(3) $\phi50^{+0.039}_{0}$ mm 花键槽宽中心线与 $\phi39$ mm 中心线偏转角度公差为 2°。

由以上分析可知，对于这两组加工表面而言，可以先加工其中一组表面，然后借助于专用夹具加工另一组表面，并且保证它们之间的位置精确要求。

4. 表面处理内容及作用

由于零件受正反向冲击性载荷，容易疲劳破坏，因而采用表面喷砂处理，提高表面硬度，还可以在零件表面造成残余压应力，以抵消部分工作时产生的拉应力，从而提高疲劳极限。

2.7.3 零件工艺规程设计

1. 生产类型的确定

计算零件生产纲领的公式为

$$N = Q \times n(1 + \alpha\%)(1 + \beta\%)$$

式中：Q 为汽车的年生产量 5000(辆/年)；n 为每辆汽车中万向节滑动叉的数量 1(件/辆)；$a\%$ 备品率为 4%；$\beta\%$ 废品率为 1%。则

$$N = 5000 \times 1 \times (1 + 4\%)(1 + 1\%) = 5252(件)$$

根据生产纲领确定该零件为成批生产。

2. 确定毛坯的制造形式

零件材料为 45 钢。考虑到汽车在运行中要经常加速及正反向行驶，零件在工作过程中则经常承受交变载荷以及冲击性载荷，因此，应该选用锻件，以使金属纤维不被切断，保证零件工作可靠。由于零件年产量为 5252 件，已达大批生产的水平，而且零件的轮廓尺寸不大，因而可采用模锻成形。

3. 制定工艺路线及方法

1）加工方法的选择

零件各表面加工方法的选择，不但影响加工质量，而且也要影响生产率和成本。同一表面的加工可以有不同的加工方法，这取决于表面形状、尺寸，精度、表面粗糙度及零件的整体构型等因素。

主要加工面的加工方法选择如下。

（1）两个 $\phi 39^{+0.027}_{-0.010}$ mm 孔以及其倒角可选用的加工方案如下。

① 该零件的批量不是很大，考虑到经济性，不适合用钻—拉方案。

② 该零件除上述因素外，尺寸公差及粗糙度要求均不是很高，因此，只需采用钻—镗方案。

（2）尺寸为 $118^{0}_{-0.07}$ mm 的两个与孔 $\phi 39^{+0.027}_{-0.010}$ mm 相垂直的平面根据零件外形及尺寸的要求，选用粗铣—磨方案。

（3）$\phi 50$ mm 花键孔的孔径不大，所以不采用先车后拉，而采用钻—扩—拉方案。

（4）$\phi 65$ mm 外圆和 M60×1mm 外螺纹表面均采用车削即可达到零件图纸的要求。

2）基准的选择

基面选择是工艺规程设计中的重要工作之一。基面选择得正确与合理，可以使加工质量得到保证，生产率得以提高。否则，加工工艺过程中会问题百出，更有甚者，还会造成零件大批报废，使生产无法正常进行。

（1）粗基准的选择。对于一般的轴类零件而言，以外圆作为粗基准是完全合理的。但对本零件来说，如果以 $\phi 65$ mm 外圆（或 $\phi 62$ mm 外圆）表面作基准（四点定位），则可能造成这一组内外圆柱表面与零件的叉部外形不对称。按照有关粗基准的选择原则（当零件有不加工表面时，应以这些不加工表面作粗基准；若零件有若干个不加工表面时，则应以与加工表面要求相对位置精度较高的不加工表面作为粗基准），现选择叉部两个 $\phi 39^{+0.027}_{-0.010}$ mm 孔的不加工外轮廓表面作为粗基准，利用一组共两个短 V 形块支承这两个 $\phi 39^{+0.027}_{-0.010}$ mm 的外轮廓作为主要定位面，以消除 $\vec{x}$、$\hat{x}$、$\vec{y}$、$\hat{y}$ 4 个自由度，再用一对自动定心的窄口卡爪，夹持在 $\phi 65$ mm 外圆柱面上，用以消除 $\vec{z}$、$\hat{z}$ 2 个自由度，达到完全定位。

（2）精基准的选择。精基准的选择主要应该考虑基准重合的问题。当设计基准与工序基准不重合时，应该进行尺寸换算。

3）制定工艺路线

制定工艺路线的出发点，应使零件的几何形状、尺寸精度及位置精度等技术要求能得到合理的保证。由于生产类型为大批生产，可以考虑采用万能性机床配以专用工夹具，并尽量使工序集中来提高生产率。除此之外，还应当考虑经济效果，以便使生产成本尽量下降。根据零件的结构形状和技术要求，现初步制定如下工艺路线方案。

工序 00：车端面及外圆 $\phi 62$ mm、$\phi 60$ mm，车螺纹 M60×1mm。以两个叉耳外轮廓及 $\phi 65$ mm 外圆为粗基准，选用 C6140 卧式车床，专用夹具装夹。

工序 05：钻、扩花键底孔 $\phi 43$ mm，并锪沉头孔 $\phi 55$ mm。以 $\phi 62$ mm 外圆为基准，选用 C365L 转塔车床。

工序 10：内花键孔 5×60° 倒角。选用 C6140 车床加专用夹具。

工序 15：钻锥螺纹 M8 底孔。选用 Z5125 立式钻床及专用钻模。这里安排钻 M8 底孔主要是为了下道工序拉花键时消除回转自由度而设置的一个定位基准。本工序以花键内底孔定位，并利用叉部外轮廓消除回转自由度。

工序 20：拉花键孔。利用花键内底孔、$\phi55$mm 端面及 M8 锥纹孔定位，选用 L6120 卧式拉床加工。

工序 25：粗铣 $\phi39$mm 二孔端面，以花键孔定位，选用 X6132 卧式铣床加工。

工序 30：钻、扩 $\phi39$mm 二孔及倒角。以花键孔及端面定位，选用 Z5150 立式钻床加工。

工序 35：精、细镗 $\phi39$mm 二孔。选用 T7140 型卧式精镗床及用夹具加工，以花键内孔及端面定位。

工序 40：磨 $\phi39$mm 二孔端面，保证尺寸 $118_{-0.07}^{0}$mm，以 $\phi39$mm 孔及花键孔定位，选用 M7130 平面磨床及专用夹具加工。

工序 45：钻叉部 4 个 M8 螺纹底孔并倒角。选用 Z4012 立式及专用夹具加工，以花键孔及 $\phi39$mm 孔定位

工序 50：攻螺纹 4—M8。

工序 55：终检。

4. 机械加工余量、工艺尺寸及毛坯尺寸的确定

由于万向节滑动叉零件材料为 45 钢，硬度为 $207\sim241$HBS，毛坯重量约为 6kg，生产类型为大批生产，采用在锻锤上合模模锻毛坯。根据这些原始资料及加工工艺，可以确定各加工表面的加机械加工余量、工序尺寸及毛坯尺寸。工序间尺寸及公差结果整理成表 2-5，并确定万向节滑动叉毛坯图如图 2.97 所示。

表 2-5　加工余量计算表　　　　　　　　　　　　　　　　　　mm

加工尺寸及公差 ＼ 工序		锻件毛坯（$\phi39$mm 二端面，零件尺寸 $118_{-0.07}^{0}$mm）	粗铣二端面		磨二端面
加工前尺寸	最大		124.6		118.4
	最小		120.6		118.18
加工后尺寸	最大	124.6	118.4		118
	最小	120.6	118.18		117.93
加工余量（单边）		2	最大	3.1	0.2
			最小	1.21	0.125
加工公差		$+1.3$ -0.7	$-0.22/2$		$-0.07/2$

2.7.4　万向节滑动叉夹具设计

为了提高劳动生产率、保证加工质量、降低劳动强度，需要设计专用夹具。由于万向节滑动叉工序表较多，为了说明夹具设计的基本方法与思路，现以第 25 道工序中的夹具设计过程为例进行说明。

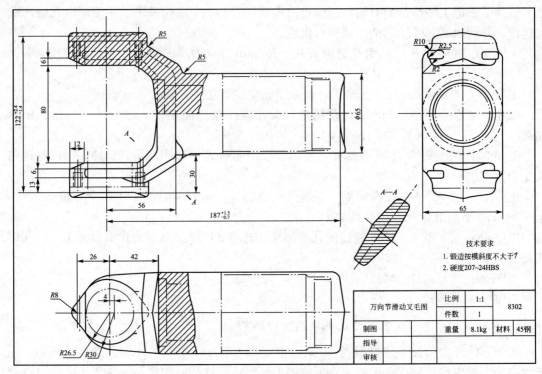

图 2.97　万向节滑动叉毛坯图

1．问题的提出

（1）本道工序加工内容为粗铣 $\phi39\text{mm}$ 二孔端面。

（2）本道工序所用设备为 X6132 卧式铣床。

（3）本道工序采用的金属切削刀具为两把高速钢镶齿三面刃铣刀，对工件的两个端面同时进行加工。

（4）本道工序所设计夹具用来粗铣 $\phi39\text{mm}$ 二孔的两个端面，这两个端面对 $\phi39\text{mm}$ 孔及花键孔都有一定的技术要求。

2．夹具设计

1）定位基准的选择

由零件图 2.96 可知，$\phi39\text{mm}$ 二孔端面应对花键孔中心线有平行度及对称度要求，其设计基准为花键孔中心线。为了使定位误差为零，应该选择以花键孔定位的自动定心夹具。但这种自动定心夹具在结构上将过于复杂，因此这里只选用以花键孔为主要定位基面。

为了提高加工效率，现决定用两把镶齿三面刃铣刀对两个 $\phi39\text{mm}$ 孔端面同时进行加工。同时，为了缩短辅助时间，准备采用气动夹紧。该工序使用的定位夹紧方式如图 2.98 所示。

2）切削力及夹紧力计算

刀具为高速钢镶齿三面刃铣刀，其参数为：直径 $d_\circ=\phi225\text{mm}$，刀齿 $z=20$。

$$F=\frac{c_F a_p^{x_F} f_z^{y_F} a_e^{u_F} z}{d_0^{q_F} n^{w_F}}$$

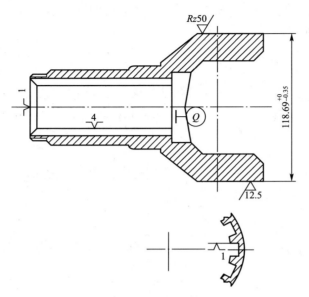

图 2.98　铣床定位夹紧方式

式中：$c_F=650$，$a_p=3.1\text{mm}$，$x_F=1.0$，$f_z=0.08\text{mm}$，$y_F=0.72$，$a_e=40\text{mm}$（在加工面上测量的近似值），$u_F=650$，$d_0=225\text{mm}$，$q_F=0.86$，$w_F=0$，$z=20$。

即

$$F=\frac{650\times3.1\times0.08^{0.72}\times40^{0.86}\times20}{225^{0.86}}=1456\text{N}$$

当用两把刀铣削时，$F_{实}=2F=2912\text{N}$

水平分力为 $F_H=1.1F_{实}=3203\text{N}$

垂直分力为 $F_v=0.3F_{实}=873\text{N}$

在计算切削力时，必须把安全系数考虑在内。安全系数的表达式为

$$K=K_1K_2K_3K_4$$

式中：K_1 为基本安全系数 1.5；K_2 为加工性质系数 1.1；K_3 为刀具钝化系数 1.1；K_4 为断续切削系数 1.1。即

$$F'=KF_H=1.5\times1.1\times1.1\times1.1\times3203=6395\text{N}$$

选用气缸—斜楔夹紧机构，楔角 $\alpha=10°$，其结构形式选用 Ⅳ 型，则扩力比 $i=3.42$。

为克服水平切削力，实际夹紧力 N 应为

$$N(f_1+f_2)=KF_H$$

即

$$N=\frac{KF_H}{f_1+f_2}$$

式中：f_1 及 f_2 为夹具定位面及夹紧面上的摩擦系数，$f_1=f_2=0.25$。则

$$N=\frac{6395}{0.5}=12790\text{N}$$

气缸选用 $\phi100\text{mm}$。当压缩空气单位压力 $p=0.5\text{MPa}$ 时，气缸推力为 3900N。由于已知斜楔机构的扩力比 $i=3.42$，故由气缸产生的实际夹紧力为

$$N_{气}=3900i=3900\times3.42=13338\text{N}$$

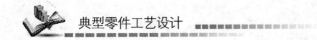

此时 $N_{\text{气}}$ 已大于所需的 12790N 的夹紧力,故本夹具可安全工作。

3) 定位误差分析

(1) 定位元件尺寸及公差的确定。夹具的主要定位元件为一花键轴,与本零件在工作时与其相配花键轴的尺寸与公差相同,即 $16 \times 43H11 \times 50H8 \times 5H10$mm。

(2) 零件图样规定 $\phi50^{+0.039}_{0}$mm 花键孔键槽宽中心线与 $\phi39^{+0.027}_{-0.010}$mm 两孔中心线转角公差为 2°。由于 $\phi39$mm 孔中心线应与其外端面垂直,故要求 $\phi39$mm 两孔端面之垂线应与 $\phi50$mm 花键孔键槽宽中心线转角公差为 2°。此项技术要求主要应由花键槽宽配合中的侧向间隙保证。

已知花键孔键槽宽为 $5^{+0.048}_{0}$mm,夹具中定位花键轴键宽为 $5^{-0.025}_{-0.065}$mm,因此当零件安装在夹具中时,键槽处的最大侧向间隙为

$$\Delta b_{\max} = 0.048 - (-0.065) = 0.113\text{mm}$$

由此而引起的零件最大转角 α 为

$$\tan\alpha = \frac{\Delta b_{\max}}{R} = \frac{0.113}{25} = 0.00452$$

所以

$$\alpha = 0.258°$$

即最大侧隙能满足零件的精度要求。

(3) 计算 $\phi39$mm 二孔外端面铣加工后与花键孔中心线的最大平行度误差。

零件花键孔与定位心轴外径的最大间隙为

$$\Delta_{\max} = 0.048 - (-0.083) = 0.131\text{mm}$$

当定位花键轴的长度取 100mm 时,则由上述间隙引起的倾角为 0.131/100。此即为由于定位问题而引起的 $\phi39$mm 孔端面对花键孔中心线的最大平行度误差。由于 $\phi39$mm 孔外端面以后还要进行磨削加工,故上述平行度误差值可以允许。

4) 铣床夹具设计及操作的简要说明

如前所述,在设计夹具时,应该注意提高劳动生产率。为此,应首先着眼于机动夹紧而不采用手动夹紧。因为这是提高劳动生产率的重要途径。本道工序的铣床夹具就选择了气动夹紧方式。

本工序由于是粗加工,切削力较大,为了夹紧工件,势必要增大气缸直径,而这样将使整个夹具过于庞大。因此,应首先设法降低切削力。

目前常采取降低切削力的措施有以下几种。

(1) 提高毛坯的制造精度,使最大切削深度降低,以降低切削力。

(2) 选择一种比较理想的斜楔夹紧机构,尽量增加该夹紧机构的扩力比。

(3) 在可能的情况下,适当提高压缩空气的工作压力(由 0.4MPa 增至 0.5MPa),以增加气缸推力。本夹具总的感觉还比较紧凑。夹具上装有对刀块,可使夹具在一批零件的加工之前很好地对刀(与塞尺配合使用);同时,夹具体表面上的一对定位键可使整个夹具在机床工作台上有一正确的安装位置,以利于铣削加工。铣床夹具的装配图及具体零件图如图 2.99 所示。

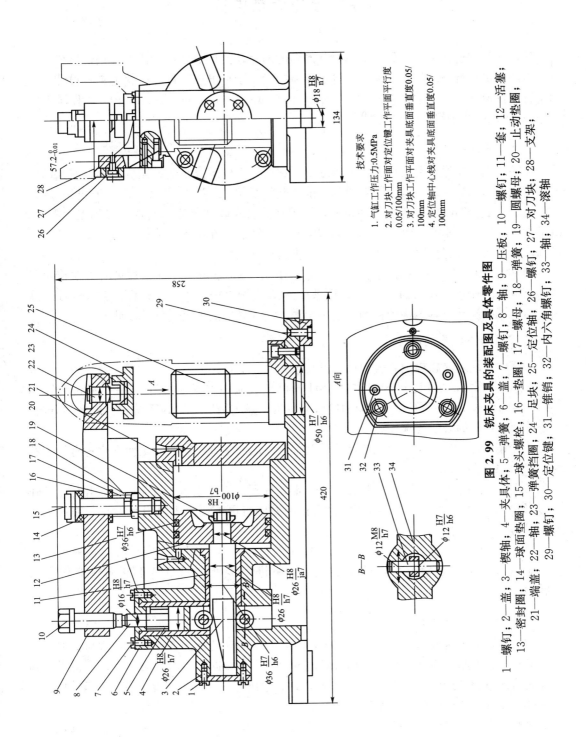

技术要求

1. 气缸工作压力:0.5MPa
2. 对刀块工作面对定位键工作平面平行度0.05/100mm
3. 对刀块工作平面对夹具底面垂直度0.05/100mm
4. 定位轴中心线对夹具底面垂直度0.05/100mm

图 2.99 铣床夹具的装配图及具体零件图

1—螺钉; 2—盖; 3—楔轴; 4—夹具体; 5—弹簧; 6—盖; 7—螺钉; 8—轴; 9—压板; 10—螺钉; 11—套; 12—活塞; 13—密封圈; 14—球面垫圈; 15—球头螺栓; 16—垫圈; 17—螺母; 18—弹簧; 19—圆螺母; 20—止动垫圈; 21—端盖; 22—轴; 23—弹簧挡圈; 24—足块; 25—定位轴; 26—螺钉; 27—对刀块; 28—支架; 29—螺钉; 30—定位键; 31—锥销; 32—内六角螺钉; 33—轴; 34—滚轴

2.8　现代夹具设计

随着夹具制造技术的发展、夹具设计周期的缩短，夹具更新换代速度加快，传统的大批量生产已被小批量多品种的夹具设计思想所替代，于是出现了计算机辅助夹具设计。应用组合夹具设计的一项关键技术就是 Computer Aided Fixture Design（CAFD），我国从 20 世纪 80 年代已开始研究这项技术。

1. CAFD 概述

CAFD 就是在设计者设计思想的指导下，利用计算机系统来辅助完成一部分或大部分夹具设计工作。早在 20 世纪 70 年代初，前苏联就开始 CAFD 的研究工作。20 世纪 80 年代，美国、欧洲和我国也相继着手研究，但因计算机软硬件落后，其发展受到很大限制。由于夹具对制造成本和研制周期的影响非常大，缩短加工准备周期就成了第一代 CAFD 的目标，交互式设计界面可以完成比较复杂的夹具设计任务。

20 世纪 80 年代中期发展起来的第二代 CAFD，根据变异式和生成式两种方法产生了基于成组技术和基于知识的两类 CAFD 系统。20 世纪 90 年代后出现了第三代 CAFD 系统，转向了以产品夹具结构为目的、实际生产应用为导向的夹具的软件设计上。

2. CAFD 系统发展趋势

CAFD 系统发展趋势主要表现在以下几个方面。

（1）集成化 CAFD 已逐步发展成为计算机集成制造系统的一个重要组成部分，和 CAPP 共同构成 CAD 和 CAM 之间的接口与桥梁。集成化是 CAFD 系统发展的必然方向，是企业信息集成的必然要求。

（2）标准化是提高 CAFD 系统适应性和促进集成的基础，功能模块标准化将有利于实现 CAFD 系统与 CAPP 的集成。

（3）并行化以往的 CAFD 总是在 CAPP 制定完所有工序之后才开始进行，并行化则强调 CAFD 与 CAPP 并行实现。CAFD 并行化的发展将更加提高夹具设计效率，缩短生产准备周期。

（4）智能化人工智能技术在 CAFD 系统中的最初主要应用是专家系统。各种技术的综合应用，如模糊数学与神经网络的结合，将进一步推进 CAFD 不断向智能化方向发展。

3. CAFD 基本原理

CAFD 系统总体框图如图 2.100 所示，首先根据夹具设计任务要求，输入与被加工零件、工序有关的原始信息，然后计算机通过对程序库和数据库中的有关信息进行检索，调用有关的程序和数据协助技术人员来完成夹具的定位方案、导向方案、夹紧方案的设计，然后进行夹具总体结构设计及非标准夹具零件设计，最后输出设计结果。

随着 CIMS、并行工程和敏捷制造技术的发展，企业对 CAFD 的需求也越来越迫切。采用 CAFD 不仅可以大大提高夹具的设计效率、缩短夹具设计周期，而且可以提高设计质量，进一步促进 CAD 的集成。

4. CAFD 典型系统

1）交互式 CAFD 系统

交互式 CAFD 系统的设计步骤与传统夹具设计步骤类似，主要通过人机交互的方式完成夹具设计。最初的交互式 CAFD 系统是由设计人员简单应用 CAD 软件的二维图形功能，建立一个标准夹具元件数据库，设计者根据经验选择元件，并装配成夹具。随后开发的 CAFD 系统建立了定位方法选择、工件信息检索等模块，大大提高了 CAFD 系统的实用性。随着计算机技术的发展，又提供了更好的三维绘图平台。

交互式 CAFD 系统适用于新产品开发和无夹具信息可以利用的情况。

2）检索式 CAFD 系统

检索式 CAFD 系统基于成组技术原理，针对某一类工件的某一工序，事先设计好相应的标准化夹具。系统运行时先根据工序内容，检索出相应的夹具结构形式，然后计算出夹具的具体尺寸和元件规格等数据。

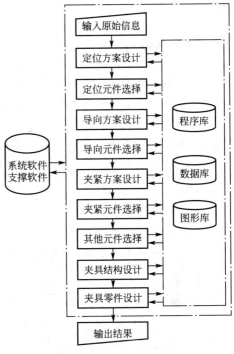

图 2.100 CAFD 系统总体框图

3）知识推理式 CAFD 系统

知识推理式 CAFD 系统将人工智能（知识库、知识规则、逻辑推理）应用于夹具设计，将夹具设计的有关知识用事实和规则表示，存储于知识库中，通过对知识库中知识的推理，引导操作者完成夹具设计。

在 CAFD 系统中，典型部件包括以下几个部分。

（1）程序库用于完成夹具的设计计算工作，主要包括以下几个部分。

① 定位设计程序库完成定位元件选择、尺寸设计计算及定位精度分析。

② 导向、对刀设计程序库完成导向和对刀元件选择、计算及导向精度分析。

③ 夹紧设计程序库完成夹紧装置选择、夹紧力计算及夹紧元件设计计算。

④ 夹具结构设计程序库完成夹具体及夹具结构设计计算。

⑤ 其他夹具零件设计计算程序库完成非标准零件设计计算。

⑥ 空间坐标转换计算程序库完成夹具设计中元件的坐标转换。

（2）数据库提供夹具设计所用的各种表格数据、公式及线图数据等。

（3）图形库提供夹具元件及典型夹具样例，主要包括以下几个部分。

① 夹具元件库包括标准夹具元件及组件图形，如定位元件、导向元件、辅助支承、典型夹紧机构等。

② 典型夹具库提供车床、铣床、钻床、镗床、磨床及齿轮机床等的典型夹具示例。

③ 通用件库夹具设计时用到的通用件，如螺钉、螺母、垫圈、销、弹簧等。

④ 工艺符号库存放夹具设计时用到的各种标准符号，如定位夹紧符号等。

⑤ 企业常用件库存放企业自行扩充的常用夹具零、部件，如夹具体、夹具元件

组等。

复习与思考题

2.1 工件在夹具中定位所确定的位置与工件被夹紧而得到的位置固定有什么区别?

2.2 何谓"六点定位原理"? 试举例说明工件应该限制的自由度与加工技术要求之间的关系。

2.3 何谓定位误差? 产生定位误差的原因有哪些?

2.4 根据加工要求,试确定图 2.101 各图中,加工标有粗糙度符号的表面时,应该限制的自由度。

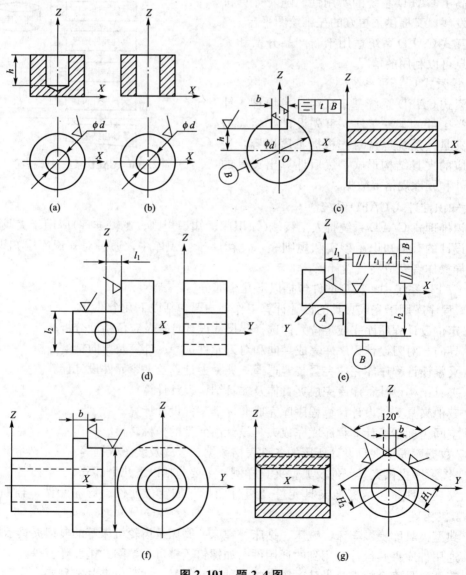

图 2.101 题 2.4 图

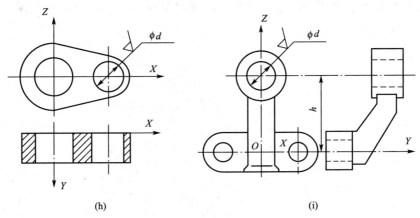

(h)   (i)

图 2.102 题 2.4 图(续)

2.5   图 2.103 所示为加工连杆大头孔(左端孔)的两种定位方案,要求保证大小头孔中心距,以及大头孔与其端面的垂直度。试比较分析哪种定位方案合理? 为什么?

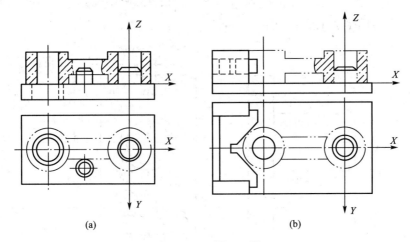

(a)   (b)

图 2.103 题 2.5 图

2.6   图 2.104 为连杆小头孔精镗工序的定位简图。选择大头孔及其端面和小头孔为定位基准,分别用带台肩定位销和可插拔的削边销定位。试分析各定位元件限制工件的哪些自由度。

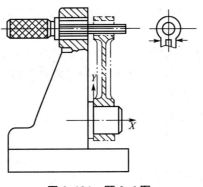

图 2.104 题 2.6 图

2.7 工件以圆孔在水平心轴上定位铣两斜面，如图 2.105 所示，要求保证加工尺寸为 $a\pm Ta/2$，试计算定位误差。

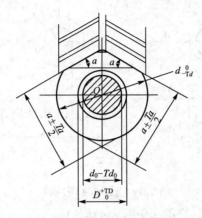

图 2.105 题 2.7 图

2.8 在卧式铣床上，用三面刃铣刀加工图 2.106 所示零件的缺口。本工序为最后工序。试设计一个能满足加工要求的定位方案。

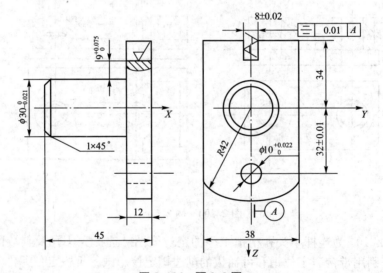

图 2.106 题 2.8 图

2.9 如图 2.107 所示凸轮轴导块铣槽工序简图，试设计一个能满足加工要求的定位方案。

2.10 试举例说明设计夹具时对夹紧力的三要素有什么要求。

2.11 试述斜楔、螺旋、圆偏心夹紧机构的优缺点及应用范围。

2.12 铣床夹具的设计要点是什么？

2.13 车床夹具的设计要点是什么？

2.14 钻床夹具的设计要点是什么？

2.15 夹具设计的基本要求是什么？

2.16 夹具总图上应标注哪几类尺寸？

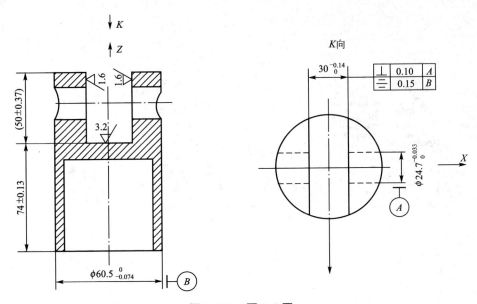

图 2.107 题 2.9 图

2.17 确定定位方案时应考虑哪些问题?

第 **3** 章
常见零件加工工艺分析

本章学习目标

★ 理解轴类零件的结构特点、工艺特点及夹具设计特点；

★ 理解套筒类零件的结构特点、工艺特点及夹具设计特点；

★ 理解箱体类零件的结构特点、工艺特点及夹具设计特点。

本章教学要点

知识要点	能力要求	相关知识
轴类零件的加工	理解轴类零件的结构特点、工艺特点及夹具设计特点	轴类零件结构及技术要求，外圆表面加工方法，轴类零件工艺分析，轴类零件夹具特点
套筒类零件的加工	理解套筒类零件的结构特点、工艺特点及夹具设计特点	套筒类零件结构及技术要求，内圆表面加工方法，套筒类零件工艺分析，套筒类零件夹具特点
箱体类零件的加工	理解箱体类零件的结构特点、工艺特点及夹具设计特点	箱体类零件结构及技术要求，平面及孔系加工方法，箱体类零件工艺分析，箱体类零件夹具特点

生产实际中，零件的结构各不相同。不同零件的材料、结构和用途不同，技术要求也千差万别，因此零件的加工工艺各不一样。但就机械产品（装置）来说，最常见到的零件有轴类零件、套筒类零件、箱体类零件等。所以，有必要对这些常见零件的典型加工工艺问题，结合生产实例进行阐述，分析轴类零件、套筒类零件、箱体类零件的结构特点和加工方法，以灵活运用制订工艺规程的原理和方法，以及这些零件加工过程的机床夹具特点，理解和掌握常见典型零件加工工艺所具有的共同规律和方法，保证高效经济地达到预期加工质量。

3.1 轴类零件的加工

轴是机械加工中常见的典型零件之一。轴类零件通常由内外圆柱面、内外圆锥面、端面、台阶面、螺纹、键槽、花键及沟槽等组成。它在机械中主要用于支承齿轮、带轮、凸轮以及连杆等传动件，以传递运动和动力。按直线形式分为直轴和曲轴；按结构形式不同，轴可以分为阶梯轴、锥度心轴、光轴、空心轴、曲轴、凸轮轴、偏心轴、各种丝杠等，其中阶梯传动轴应用较广，其加工工艺能较全面地反映轴类零件的加工规律和共性。

3.1.1 概述

1. 轴类零件的功用与结构特点

轴类零件主要用于支承传动零件（齿轮、带轮等）、承受载荷、传递转矩以及保证装在轴上的零件的回转精度。

（1）根据轴的结构形状，轴的分类如图 3.1 所示。

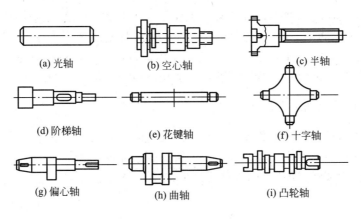

(a) 光轴　　(b) 空心轴　　(c) 半轴

(d) 阶梯轴　　(e) 花键轴　　(f) 十字轴

(g) 偏心轴　　(h) 曲轴　　(i) 凸轮轴

图 3.1 轴类零件的分类

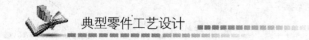

(2) 根据轴的长度 L 与直径 d 之比，又可分为刚性轴（$L/d \leqslant 12$）和挠性轴（$L/d > 12$）两种。

2. 轴类零件技术要求

根据轴类零件的功用和工作条件，其技术要求主要在以下方面：

1）尺寸精度

轴类零件的尺寸精度主要是指轴径尺寸精度和轴长尺寸精度。按使用要求，主要轴颈直径尺寸精度通常为 IT6～IT9 级，精密的轴颈也可达 IT5 级。轴长尺寸通常规定为公称尺寸，对于阶梯轴的各台阶长度按使用要求可相应给定公差。轴类零件的主要表面常为两类：一类是与轴承的内圈配合的外圆轴颈，即支承轴颈，用于确定轴的位置并支承轴，尺寸精度要求较高，通常为 IT5～IT7；另一类为与各类传动件配合的轴颈，即配合轴颈，其精度稍低，常为 IT6～IT9。

2）几何形状精度

除了尺寸精度外，一般还对支承轴颈的几何精度（圆度、圆柱度）提出要求。主要指轴颈表面、外圆锥面、锥孔等重要表面的圆度、圆柱度。其误差一般应限制在尺寸公差范围内，对于精密轴，需在零件图上另行规定其几何形状精度。

3）相互位置精度

包括内、外表面、重要轴面的同轴度、圆的径向跳动、重要端面对轴心线的垂直度、端面间的平行度等。

4）表面粗糙度

根据机械的精密程度，运转速度的高低，轴类零件表面粗糙度要求也不相同。一般情况下，支承轴颈的表面粗糙度 R_a 值为 0.63～0.16μm；配合轴颈的表面粗糙度 R_a 值为 2.5～0.63μm。

5）轴类零件的材料

轴类零件材料的选取，主要根据轴的强度、刚度、耐磨性以及制造工艺性而决定，力求经济合理。一般轴类零件常选用 45 钢；对于中等精度而转速较高的轴可用 40Cr；对于高速、重载荷等条件下工作的轴可选 20Cr、20CrMnTi 等低碳合金钢进行渗碳淬火，或用 38CrMoAlA 氮化钢进行氮化处理。

6）轴类零件的毛坯

最常用的是圆棒料和锻件，只有某些大型的、结构复杂的轴才采用铸件（铸钢或球墨铸铁）。内燃机中的曲轴一般均采用铸件毛坯。型材毛坯分热轧或冷拉棒料，均适合于光滑轴或直径相差不大的阶梯轴。锻件毛坯经加热锻打后，金属内部纤维组织沿表面分布，因而有较高的抗拉、抗弯及抗扭转强度，一般用于重要的轴。

3.1.2 轴类零件常用加工方法

外圆表面是轴类零件的主要表面，在零件加工中占有很大的比重。因此要能合理地制订轴类零件的机械加工工艺规程，首先应了解外圆表面的各种加工方法和加工方案。这里简要介绍常用的几种外圆加工方法和常用的外圆加工方案。

1. 外圆表面的车削加工

1）外圆车削概述

轴类、套类和盘类零件是具有外圆表面的典型零件。外圆表面加工主要采用车削和磨削两种方法。要求精度高、粗糙度低时，还可能要用到光整加工的研磨、超精加工和抛光。车削加工是外圆表面最经济有效的加工方法，但就其经济精度来说，一般适用于作为外圆表面粗加工和半精加工方法；根据毛坯的制造精度和工件最终加工要求，外圆车削一般可分为粗车、半精车、精车及精细车。

车削时，工件作旋转的主运动，刀具作直线的进给运动；单件小批量生产时，车外圆是在普通车床上进行，大型圆盘类零件在立式车床上加工，成批或大批量生产时，广泛使用转塔车床进行加工。

2）车削方法

（1）粗车的目的是切去毛坯硬皮和大部分余量。加工后工件尺寸精度 IT11～IT13，表面粗糙度 R_a50～12.5μm；较大的 a_p、f 值，小的切削速度 v，可以提高生产率。

（2）半精车的尺寸精度可达 IT8～IT10，表面粗糙度 R_a6.3～3.2μm。半精车可作为中等精度表面的终加工，也可作为磨削或精加工的预加工。a_p、f 值均比粗车时要小。

（3）精车后的尺寸精度可达 IT7～IT8，表面粗糙度 R_a1.6～0.8μm。高速或低速精车，车床要具备很高的精度和刚度，刀刃要锋利，采用金刚石或细晶粒硬质合金刀具。

（4）精细车后的尺寸精度可达 IT6～IT7，表面粗糙度 R_a0.4～0.025μm。精细车尤其适合于有色金属加工，有色金属一般不宜采用磨削，所以常用精细车代替磨削，低的 a_p、f 值，大的切削速度 v。

2. 外圆表面的磨削加工

1）磨削概述

磨削是外圆表面精加工的主要方法之一，粗磨就可达到精车的效果(IT7～IT8、R_a 值为 1.6～1.8μm)；精磨可达到精细车的效果(IT6、R_a 值为 0.4～0.2μm)。特别适用于各种高硬度和淬火后的零件精加工；它既可加工淬硬后的表面，又可加工未经淬火的表面。外圆磨削常在外圆磨床和万能外圆磨床上进行。外圆磨削可采用纵磨法、横磨法、深磨法，也可在无心磨床上进行加工。

2）外圆磨削方法

根据磨削时工件定位方式的不同，外圆磨削可分为中心磨削和无心磨削两大类。

（1）中心磨削即普通的外圆磨削，被磨削的工件由中心孔定位，在外圆磨床或万能外圆磨床上加工。磨削后工件尺寸精度可达 IT6～IT8，表面粗糙度 R_a0.8～0.1μm。按进给方式不同分为纵向进给磨削法(纵磨法)和横向进给磨削法(横磨法)。

纵向进给磨削法，砂轮高速旋转，工件装在前后顶尖上，工件旋转并和工作台一起纵向往复运动。纵磨法精度较高，R_a 值较小（每次磨削深度很小，多次横向进给磨去全部余量），生产率低，适用单件小批量生产。特别适合细长轴磨削（磨削力小、进给量小）。

横向进给磨削法，此种磨削法没有纵向进给运动。当工件旋转时，砂轮以慢速做连续的横向进给运动。其生产率高，适用于大批量生产，也能进行成形磨削。但横向磨削力较大，磨削温度高，要求机床、工件有足够的刚度，故适合磨削短而粗、刚性好的工件；加工精度低于纵磨法。

（2）无心磨削是一种高生产率的精加工方法，以被磨削的外圆本身作为定位基准。目前无心磨削的方式主要有贯穿法和切入法。

3）外圆磨削的特点

（1）较容易达到高的精度和较低的 R_a 值，同时形位误差也小，主要是因为磨床结构刚性好，运动机构精确；磨粒锐利、微细、分布稠密。

（2）可磨削淬火和未淬火钢件和铸铁件、刀具、硬质合金等，但不适合磨削有色金属件。

（3）磨削温度高达 1000℃，工件表面易烧伤，使表面硬度降低，且易产生表面裂纹（工件表里温度不一致，应力大），所以磨削时要大量使用切削液。

3. 外圆表面的光整加工

1）概述

对于超精密零件的加工表面往往需要采用特殊的加工方法，在特定的环境下加工才能达到要求，外圆表面的光整加工就是提高零件加工质量的特殊加工方法。

光整加工是指超精研、研磨、超精加工和抛光加工。作用是降低粗糙度，一般不能提高形状、位置精度，而形状精度和位置精度则主要由前面工序保证。

2）光整加工方法

（1）研磨是一种常用的光整加工方法。它采用研具与磨料从工件表面磨去一层极薄金属，用于外圆表面，可使加工精度提高到 IT5～IT6，表面粗糙度降达 R_a0.1～0.008μm。

（2）超精加工是将工件装夹在顶尖上做低速回转，装有油石的磨头轻压在工件上做短距离密集交叉的网状轨迹运动，从而获得良好的表面质量。它仅能除去表面的微观凸起，不能提高加工精度，因而对前道工序要求较高。

（3）抛光是用涂有抛光膏的软轮对表面进行高速光整加工的过程。抛光可使表面的粗糙度 R_a 达到 0.012μm，但不能提高工件的加工精度。

3）光整加工的特点

（1）加工余量极小或没有，一般小于 0.1mm；

（2）精度很高，一般为 IT5～IT6；R_a 值很低，一般为 0.1～0.008um；

（3）加工轨迹一般为复杂的网状轨迹。

3.1.3 轴类零件加工工艺分析

1. 定位销轴

1）技术要求

如图 3.2 所示为定位销轴的零件图，以 ϕ20mm 轴心线为基准，尺寸 ϕ18mm 与 ϕ20mm 的同轴度公差要求 ϕ0.02mm；外径 ϕ30mm 圆柱两端面与基准轴心线的垂直度公差为 ϕ0.02mm；工件热处理后的硬度为 55～60HRC；选用材料为高级优质碳素工具钢 T10A。

2）机械加工工艺过程

定位销轴的机械加工工艺过程见表 3-1。

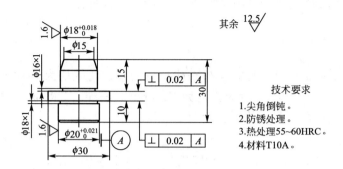

图3.2　定位销轴零件图

表3-1　定位销轴机械加工工艺过程

工序号	工序名称	工序内容	定位及夹紧
1	下料	棒料：$\phi35mm\times35mm$	
2	粗车	夹毛坯一端外圆，粗车外圆直径至$\phi24mm$，长度$8^{+1}_{0}mm$；粗车外圆直径至$\phi33mm$，长度9mm；表面粗糙度$R_a12.5\mu m$	
3	粗车	掉头夹已加工外圆表面$\phi24mm$，车另一端各部，直径$\phi21mm$，保证总长度32mm	
4	精车	以$\phi21mm$外圆定位夹紧，车外圆$\phi24mm$尺寸至$\phi20^{+0.4}_{-0.3}$mm，长度$10^{-0.3}_{-0.4}$mm。车退刀槽$\phi18mm\times2mm$，车端面保证外圆$\phi20^{+0.4}_{-0.3}mm$，长度10mm将尺寸$\phi33mm$车到$\phi30mm$。	
5	精车	以$\phi20mm$定位夹紧车另一端外圆至$\phi18^{+0.4}_{-0.3}$mm。车$\phi30$外圆处长度尺寸为5mm，切退刀槽$\phi16\times2mm$	
6	车	打两端中心孔	
7	热处理	工件热处理后的硬度为55~60HRC	
8	磨削	修研两端中心孔，磨削两轴颈至图样尺寸，并磨削两端面保证垂直度	中心孔
9	检验	按图样要求检查各部尺寸和精度	
10	入库	涂油入库	

3）工艺分析

如图3.2所示为定位销轴的零件图，根据其进行工艺分析。

（1）定位销属于定位元件，因具有较好的耐磨性，选材T10A或20钢等。

（2）定位销单件小批量生产，可用普通机床，大批量生产用转塔车床。

（3）零件除单件下料外，可采用5件一组连下。

（4）零件淬火后需修研中心孔。

（5）零件的长径比小，热处理不易变形，所以可留较少的磨削余量。

（6）对于精度要求较低的零件，粗、精加工合成一道工序。

（7）同轴度、垂直度测量可采用偏摆仪检测或同轴度检具。

2. 阀螺栓

1）技术要求

如图 3.3 所示为阀螺栓零件图，零件结构比较简单，两端均为 M20 - 7h 外螺纹；定位部分外圆 ϕ22mm 与两端螺纹外径过渡处为 R1.5mm；右端 ϕ12.5mm 孔是在装配时，与阀座进行铆接用；工件热处理后的硬度为 28～32HRC。

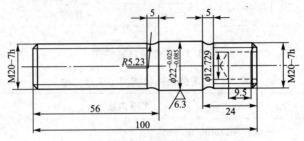

图 3.3　阀螺栓零件图

2）机械加工工艺过程卡片

阀螺栓的机械加工工艺过程见表 3 - 2。

表 3 - 2　阀螺栓机械加工工艺过程

工序号	工序名称	工序内容	定位及夹紧
1	下料	棒料：ϕ24mm×860mm（8 件连下）	
2	热处理	调质处理 28～32HRC	
3	车	棒料穿过主轴孔，采用三爪自定心卡盘夹紧，车端面、车 M20 - 7h 外径至 ϕ19.7～ϕ19.85mm，长 56mm；车其余外圆各部，保证 ϕ22$_{-0.085}^{-0.025}$ mm，长 20mm；车右端 M20 - 7h 外径至 ϕ19.7～ϕ19.85mm；车 R1.5 连接圆弧；切断，保证总长 101mm	
4	车	夹 ϕ22mm（垫上铜皮）处，套螺纹 M20 - 7h 两处（掉头一次）	
5	车	采用三爪自定心卡盘夹紧 ϕ22mm（垫上铜皮），车左右端面，保证总长 100mm，倒角 1×45°；钻右端孔 ϕ12.5mm，深 10mm	
6	热处理	发蓝处理	
7	检验	按图样要求检查各部尺寸和精度	
8	入库	涂油入库	

3）工艺分析

根据图 3.3 所示阀螺栓的零件图，对其进行工艺分析。

（1）零件小短轴，可直接用棒料加工。

（2）阀螺栓一般批量生产，可采用套螺纹机械加工。

（3）采用 M20 - 7H 螺纹环规检验。

3. 连杆螺栓

1) 技术要求

如图 3.4 所示为连杆螺栓的零件图，连杆螺栓定位部分为 $\phi34_{-0.016}^{0}$mm，表面粗糙度为 $R_a0.8\mu m$，圆度公差为 0.008mm，圆柱度公差为 0.008mm；螺纹 M30×2 的精度为 6g，表面粗糙度为 $R_a3.2\mu m$；螺纹头部支撑面，对轴线的垂直度为 0.015mm；连杆螺栓承受交变载荷作用，不容许材料有裂纹、夹渣等影响强度的缺陷，因此，需磁力探伤。材料为 40Cr。

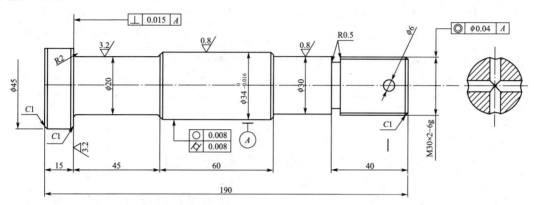

图 3.4　连杆螺栓零件图

2) 机械加工工艺过程卡片

连杆螺栓的机械加工工艺过程见表 3-3。

表 3-3　连杆螺栓机械加工工艺过程

工序号	工序名称	工序内容	定位及夹紧
1	下料	棒料 $\phi60$mm×125mm	
2	锻造	锻造成形，连杆螺栓头部为 $\phi52$mm×27mm，杆部为 $\phi41$mm×183mm，总长 210mm	
3	热处理	正火处理	
4	钻	钻两端中心孔 A2.5	毛坯外圆
5	粗车	以毛坯外圆找正并将 $\phi41$mm 车至 $\phi37$mm，长度 185mm	$\phi52$mm×27mm、中心孔
6	粗车	车另一端毛坯外圆 $\phi52$mm 至 $\phi48$mm	$\phi37$mm 外圆
7	热处理	调质处理 28~32HRC	
8	精车	修研两中心孔；车工艺凸台(中心孔处)外圆尺寸至 $\phi25$mm，长 7.5mm；车 $\phi37$mm 外圆至 $\phi35$mm，长 178.5mm	$\phi48$mm、中心孔
9	精车	车工艺凸台(中心孔处)外圆尺寸至 $\phi25$mm，长 7.5mm；车 $\phi48$mm 车至 $\phi45$mm，并倒角 1×45°	$\phi37$mm 外圆
10	精车	卡环夹紧 $\phi45$mm 外圆，车连杆螺栓各部尺寸至图样尺寸要求。在 $\phi34_{-0.016}^{0}$mm 留磨削余量 0.5mm	中心孔

（续）

工序号	工序名称	工序内容	定位及夹紧
11	精车	以外圆找正，车螺纹 M30 - 6g，倒角 1×45°	ϕ34.5mm 外圆
12	磨	磨 ϕ34.5mm 至图样尺寸要求 $\phi34_{-0.016}^{0}$ mm，同时磨削 ϕ45mm 右端面，保证尺寸 15mm	中心孔
13	铣	铣螺纹一端中心孔工艺凸台到与螺纹端面平齐；铣另一端工艺凸台，与 ϕ45mm 端面平齐	ϕ34mm 外圆、端面
14	铣	铣 ϕ45mm 处的 42mm 尺寸为 42±0.1mm	ϕ34mm 外圆
15	钻	钻 2×ϕ6mm 孔	42±0.1mm、外圆
16	检验	按图样要求检查各部尺寸和精度，并进行磁力探伤	
17	入库	涂油入库	

3）工艺分析

如图 3.4 所示为连杆螺栓零件图，根据其进行工艺分析。

（1）连杆螺栓各变径的地方均以圆角过度，以减少应力集中。

（2）在螺栓头铣平面的目的是防止拧紧螺栓时转动。

（3）毛坯采用 40Cr 锻件，根据加工数目的不同可采用自由锻或模锻，锻造后要正火。

（4）调质处理应安排在粗加工之后进行，为了保证调质变形后的加工余量，粗加工时就留有 3mm 的加工余量。

（5）连杆螺栓上不允许留有中心孔，在锻造时就应留下工艺凸台余量，分别为 ϕ25mm×7.5mm，中心孔钻在工艺凸台上，中心孔为 A2.5。

（6）螺纹 M30×2 的精度为 6g，表面粗糙度为 $R_a3.2\mu m$；不宜采用板牙套螺纹的方法，需车削螺纹。

4. 调整偏心轴

1）技术要求

如图 3.5 所示为调整偏心轴的零件图，偏心轴 ϕ8mm 的轴心线相对于螺纹 M8 的基准轴心线偏心距为 2mm；调质处理：28～32HRC；材料为 45 钢。

调整偏心轴结构比较简单，外圆表面粗糙度为 $R_a1.6\mu m$，精度要求一般，M8 为普通螺纹，主要用于在调整尺寸机构的微调上使用。

2）机械加工工艺过程卡片

调整偏心轴的机械加工工艺过程见表 3 - 4。

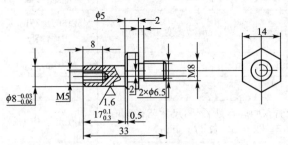

图 3.5　调整偏心轴零件图

3）工艺分析

如图 3.5 所示为调整偏心轴的零件图，根据其进行工艺分析。

表 3-4 调整偏心轴机械加工工艺过程

工序号	工序名称	工序内容	定位及夹紧
1	下料	六方钢 14mm×380mm(10 件连下)	
2	热处理	调质处理 28~32HRC	
3	车	三爪自定心卡盘夹紧方钢一端,卡盘外长度 40mm,车端面;车螺纹外径 $\phi 8_{-0.10}^{-0.05}$mm 及切槽 2×ϕ6.5mm,长 11mm,倒角 1×45°;车螺纹 M8;切断,保证总长 34mm	
4	车	车偏心部分 $\phi 8_{-0.06}^{-0.03}$mm,车端面,保证总长 33mm 及 $17_{-0.3}^{+0.1}$mm;钻 M4 螺纹底孔 ϕ3.3mm,深 12mm,攻丝 M4,深 8mm	M8 螺纹及其端面
5	检验	按图样要求检查各部尺寸和精度	
6	入库	涂油入库	

(1)零件加工的关键主要保证 2mm 的偏心距。因偏心轴各部分尺寸较小,偏心加工可在车床上装一偏心夹具来完成加工。即以 M8 螺纹及其端面为定位基准车偏心,在工装上加工一个偏心距为 2mm 的 M8 螺纹孔,将偏心夹具装夹在车床三爪自定心卡盘上,或装夹于四爪单动卡盘上,按其外径找正即可。

(2)若采用棒料,需增加一道铣六方工序。

5. 输出轴

1)技术要求

如图 3.6 所示为输出轴的零件图,两处 $\phi 60_{+0.011}^{+0.024}$ mm 的同轴度公差为 ϕ0.02mm;$\phi 54.4_{0}^{+0.05}$mm 与 $\phi 60_{+0.011}^{+0.024}$mm 同轴度公差为 ϕ0.02mm;$\phi 80_{-0.002}^{+0.021}$mm 与 $\phi 60_{+0.011}^{+0.024}$mm 同轴度公差为 ϕ0.02mm;保留两端中心孔;调质处理 28~32HRC;材料为 45 钢;未标注粗糙度表面的粗糙度值为 R_a12.5μm。

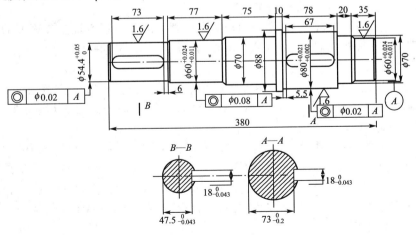

图 3.6 输出轴零件图

2)机械加工工艺过程卡片

输出轴的机械加工工艺过程见表 3-5。

表 3-5　输出轴机械加工工艺过程

工序号	工序名称	工序内容	定位及夹紧
1	下料	棒料 ϕ90mm×400mm	
2	热处理	调质处理 28～32HRC	
3	粗车	夹左端，车右端面，见平即可；钻中心孔 B2.5，粗车右端各部分，ϕ88mm 见圆即可，其余部分均留精加工余量 3mm	左端外圆
4	粗车	倒头装夹工件，车端面保证总长 380mm，钻中心孔 B2.5，粗车外圆各部分，留精加工余量 3mm，与工序 3 加工部分相接	右端外圆
5	精车	夹左端、顶右端，精车右端各部分，其中 $\phi 60^{+0.024}_{+0.011}$ mm×35mm 和 $\phi 80^{+0.021}_{+0.002}$ mm×78mm 处分别留磨削余量 0.8mm	左端外圆、中心孔
6	精车	调头，一夹一顶，车另一端各部分，其中 $\phi 54^{+0.05}_{0}$ mm×85mm 和 $\phi 60^{+0.024}_{+0.011}$ mm×77mm 处，分别留磨削余量 0.8mm	右端外圆、中心孔
7	磨	磨两处 $\phi 60^{+0.024}_{+0.011}$ mm 和 $\phi 80^{+0.021}_{+0.002}$ mm 处至图样尺寸	两中心孔
8	磨	磨削 $\phi 54.4^{+0.05}_{0}$ mm×85mm 至图样尺寸	两中心孔
9	铣	铣两处 $18^{0}_{-0.043}$ mm 键槽	两处 $\phi 60^{+0.024}_{+0.011}$ mm 及端面
10	检验	按图样要求检查各部尺寸和精度	
11	入库	涂油入库	

3）工艺分析

该轴的结构比较典型，代表一般传动轴的结构形式，其加工工艺过程具有普遍性。在加工工艺流程中，也可以采用粗车后进行调质处理。

（1）确定主要表面加工方法和加工方案。

输出轴大多是回转表面，主要是采用车削和外圆磨削。由于该轴主要表面的直径公差等级较高（IT6），表面粗糙度值较小（$R_a 0.8 \mu m$），最终加工采用磨削。

（2）划分加工阶段。

该轴加工划分为 3 个加工阶段，即粗车（粗车外圆、钻中心孔）、半精车（半精车各处外圆、台肩和修研中心孔等）、精磨（精磨各处外圆）。各加工阶段大致以热处理为界。

（3）选择定位基准。

轴类零件的定位基面，最常用的是两中心孔。因为轴类零件各外圆表面的同轴度及端面对轴线的垂直度是相互位置精度的主要项目，而这些表面的设计基准一般都是轴的中心线，采用两中心孔定位就能符合基准重合原则。而且由于多数工序都采用中心孔作为定位基面，能最大限度地加工出多个外圆和端面，这也符合基准统一原则。但下列情况不能用两中心孔作为定位基面。

粗加工外圆时，为提高工件刚度，则采用轴外圆表面为定位基面，或以外圆和中心孔同作定位基面，即一夹一顶。

当轴为通孔零件时，在加工过程中，作为定位基面的中心孔因钻出通孔而消失。为了在通孔加工后还能用中心孔作为定位基面，工艺上常采用3种方法，具体如下。

① 当中心通孔直径较小时，可直接在孔口倒出宽度不大于2mm的60°内锥面来代替中心孔。

② 当轴有圆柱孔时，可采用锥堵，取1∶500锥度；当轴孔有锥度且锥度较小时，取锥堵锥度与工件两端定位孔锥度相同。

③ 当轴通孔的锥度较大时，可采用带锥堵的心轴，简称锥堵心轴。

使用锥堵或锥堵心轴时应注意，一般加工中途不得更换或拆卸，直到精加工完各处精加工面，不再使用中心孔时方能拆卸。

（4）加工顺序安排。

除了应遵循加工顺序安排的一般原则，如先粗后精、先主后次等，还应注意以下几个方面。

外圆表面加工顺序应为，先加工大直径外圆，然后再加工小直径外圆，以免开始就降低了工件的刚度。

轴上的花键、键槽等表面的加工应在外圆精车或粗磨之后、精磨外圆之前。轴上矩形花键的加工，通常采用铣削和磨削加工，批量大时常用花键滚刀在花键铣床上加工。以外径定心的花键轴，通常只磨削外径键侧，而内径铣出后不必进行磨削，但如经过淬火而使花键扭曲变形过大时，也要对侧面进行磨削加工。以内径定心的花键，其内径和键侧均需进行磨削加工。

轴上的螺纹一般有较高的精度，如果安排在局部淬火之前进行加工，则淬火后产生的变形会影响螺纹的精度。因此，螺纹加工宜安排在工件局部淬火之后进行。

3.1.4 轴类零件加工常用夹具

1. 轴类零件加工常用定位方式

1）三爪、四爪卡盘装夹工件

这种装夹方式可以装夹形状比较复杂的非回转体零件，如方形、长方形等，而且夹紧力大。由于其装夹后不能自动定心，所以装夹效率较低，装夹时必须用画线盘或百分表找正，使工件回转中心与车床主轴中心同轴。当工件较长时，常采用外圆和中心孔配合定位，如图3.7所示。

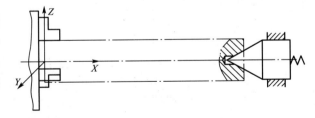

图3.7 外圆和中心孔配合定位

2）两定点定位

对同轴度要求比较高且需要调头加工的轴类工件，常用双顶尖装夹工件，如图3.8所示，其前顶尖为普通顶尖，装在主轴孔内，并随主轴一起转动，后顶尖为活顶尖装在尾架套筒内。工件利用中心孔被顶在前后顶尖之间，并通过拨盘和卡箍随主轴一起转动。

当工件长度跟直径之比大于25倍($L/d>25$)的细长轴时，由于工件本身的刚性变差，在车削时，工件受切削力、自重和旋转时离心力的作用，会产生弯曲、振动，严重影响其加工后的圆柱度和表面粗糙度。同时，在切削过程中，工件受热伸长产生弯曲变形，车削

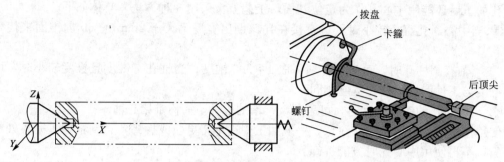

图 3.8　两中心孔定位

很难进行，严重时会使工件在顶尖间卡住。此时需要用中心架或跟刀架来支承工件，如图 3.9 和 3.10 所示。

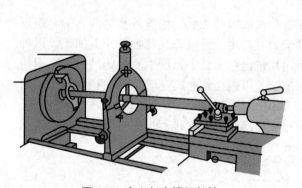

图 3.9　中心架支撑细长轴

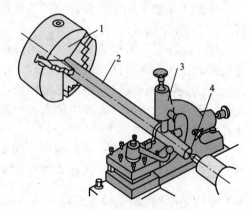

图 3.10　跟刀架

1—三爪卡盘；2—工件；3—跟刀架；4—顶尖

　　3）外圆和端面组合定位

　　长 V 形块和支承钉（小平面）组合或者短 V 形块和大平面进行定位夹紧，如图 3.11 所示。

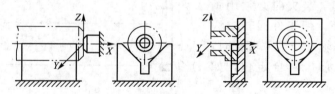

图 3.11　外圆和端面组合定位

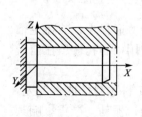
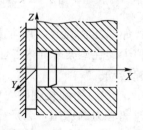

图 3.12　孔和端面组合定位

　　4）孔和端面组合定位

　　一般以长轴（长销）和小平面组合或者短轴（短销）和大平面组合的方式进行定位夹紧，如图 3.12 所示。

　　2. 轴类零件加工常用夹具

　　为使轴类零件方便地在车床、磨

床上安装，常用到一些通用夹具及工具(图3.13)，如三爪卡盘、顶尖、花盘、弯板等。各种卡盘，适用于盘类零件和短轴类零件加工的夹具，这类夹具和机床主轴相连接并带动工件一起随主轴旋转。中心孔、顶尖定心定位安装工件的夹具，适用于长度尺寸较大或加工工序较多的轴类零件。当被加工工件形状不够规则、生产批量又较大时，生产中会采用专用夹具来完成工件安装同时达到高效、稳定质量的目的。

不管是哪种情况，夹具尽可能具有较高的定位精度和刚性，结构简单、通用性强，便于在机床上安装及迅速装卸工件。

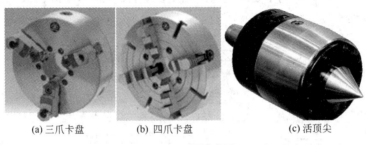

(a) 三爪卡盘　　　　(b) 四爪卡盘　　　　(c) 活顶尖

图3.13　通用夹具

形状不规则的工件，无法使用三爪或四爪卡盘装夹的工件，可用花盘装夹，如图3.14和图3.15所示。花盘是安装在车床主轴上的一个大圆盘，盘面上的许多长槽用以穿放螺栓，工件可用螺栓直接安装在花盘上，如图3.14所示。也可以把辅助支承角铁(弯板)用螺钉牢固夹持在花盘上，工件则安装在弯板上。图3.15所示为加工轴承座端面和内孔时，在花盘上装夹的情况。为了防止转动时因重心偏向一边而产生振动，在工件的另一边要加平衡铁。工件在花盘上的位置需经仔细找正。

图3.14　在花盘上安装零件

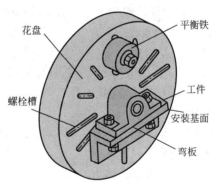

图3.15　在花盘上用弯板安装零件

3.2　套筒类零件的加工

套筒类零件是机械中常见的一种零件，它的应用范围很广。如支承旋转轴的各种形式的滑动轴承、夹具上引导刀具的导向套、内燃机气缸套、液压系统中的液压缸以及一般用途的套筒。加工工艺根据其功用、结构形状、材料和热处理以及尺寸大小的不同而异。套筒类零件虽然种类众多，形态各异，但按其结构形状来分，大体上可分为短套筒和长套筒两类。由于这两类套筒零件结构形状上的差异，其工艺过程有很大的差别。它们在加工中，其装夹方法和加工方法都有很大的差别，以下分别予以介绍。

3.2.1 概述

1. 套筒类零件的功用与结构特点

如图 3.16 所示，由于其功用不同，套筒类零件的结构和尺寸有着很大的差别，但其结构上仍有共同点，即零件的主要表面为同轴度要求较高的内外圆表面；零件壁的厚度较薄且易变形；零件长度一般大于直径等。

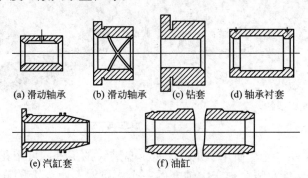

(a) 滑动轴承　　(b) 滑动轴承　　(c) 钻套　　(d) 轴承衬套

(e) 汽缸套　　　　　(f) 油缸

图 3.16　套筒类零件

套筒类零件的主要表面是孔和外圆，其主要技术要求如下。

1）孔的技术要求

孔是套筒类零件起支承或导向作用的主要表面，通常与运动的轴、刀具或活塞相配合。孔的直径尺寸公差等级一般为 IT7，精密轴套可取 IT6，气缸和液压缸由于与其配合的活塞上有密封圈，要求较低，通常取 IT9。孔的形状精度，应控制在孔径公差以内，一些精密套筒控制在孔径公差的 1/2～1/3，甚至更严。对于长的套筒，除了圆度要求以外，还应注意孔的圆柱度。为了保证零件的功用和提高其耐磨性，孔的表面粗糙度值为 $R_a 1.6 \sim 0.16\mu m$，要求高的精密套筒可达 $R_a 0.04\mu m$。

2）外圆表面的技术要求

外圆是套筒类零件的支承面，常以过盈配合或过渡配合与箱体或机架上的孔相连接。外径尺寸公差等级通常取 IT6～IT7，其形状精度控制在外径公差以内，表面粗糙度值为 $R_a 3.2 \sim 0.63\mu m$，要求高的达 $R_a 0.2\mu m$。

3）孔与外圆的同轴度要求

当孔的最终加工是将套筒装入箱体或机架后进行时，套筒内、外圆间的同轴度要求较低；若最终加工是在装配前完成的，则同轴度要求较高，一般为 $\phi 0.01 \sim \phi 0.05mm$。

4）孔轴线与端面的垂直度要求

套筒的端面（包括凸缘端面）如在使用或加工过程中承受轴向力，或在装配和加工时作为定位基准，则端面与孔轴线垂直度要求较高，一般为 0.01～0.05mm。

2. 套筒类零件的材料与毛坯

套筒类零件大多数为低碳钢或中碳钢，如 Q235、45 钢等，少数采用合金钢，如 25CrMo、30CrMnSi、18CrNiWA 等，有时也选用铸铁、青铜、黄铜等。套筒零件毛坯的选择与其材料、结构、尺寸及生产批量有关，一般有棒料、锻件、铸件、无缝钢管等。如油缸常采用 20、35、27SiMn 热扎或冷拔无缝钢管。孔径小的套筒，一般选择热轧或冷拉棒料，也可采用实心铸件；孔径较大的套筒，常选择无缝钢管或带孔的铸件、锻件。大量生产时，可采用冷挤压和粉末冶金等先进的毛坯制造工艺，既提高生产率，又节约材料。

3.2.2 套筒类零件常用加工方法

盘类零件在机器中起支撑和连接作用，主要由端面、外圆和内孔组成；而套筒类零件起支撑和导向作用，由同轴度要求较高的内、外圆表面组成，零件的壁厚较小，易产生变形。二者由于结构上的特点在加工制造方面有共同点。

套筒类零件的主要加工面为内、外圆表面，外圆表面加工前面已经叙述，这里只对内圆表面的加工进行简要讨论。内圆表面加工方法较多，常用的有钻孔、扩孔、铰孔、镗孔、拉孔、磨孔、研磨孔、珩磨孔、滚压孔等。

1. 钻孔

用钻头在工件实体部位加工孔称为钻孔。钻孔属粗加工，可达到的尺寸公差等级为 IT11～IT13，表面粗糙度值为 $R_a50～12.5\mu m$。由于麻花钻长度较长，钻芯直径小而刚性差，又有横刃的影响，故钻孔时具有钻头容易偏斜、孔径容易扩大、孔的表面质量较差、钻削时轴向力大等特点。

因此，当钻孔直径 $d>30mm$ 时，一般分两次进行钻削。第一次钻出 $(0.5～0.7)d$，第二次钻到所需的孔径。由于横刃第二次不参加切削，故可采用较大的进给量，使孔的表面质量和生产率均得到提高。

2. 扩孔

扩孔是用扩孔钻对已钻出的孔做进一步加工，以扩大孔径并提高精度和降低表面粗糙度值。扩孔可达到的尺寸公差等级为 IT10～IT11，表面粗糙度值为 $R_a12.5～6.3\mu m$，属于孔的半精加工方法，常作铰孔前的预加工，也可作为精度不高的孔的终加工。

扩孔时采用扩孔钻，扩孔钻的结构与麻花钻相比有以下特点。

（1）刚性较好。由于扩孔的背吃刀量小、切屑少、扩孔钻的容屑槽浅而窄、钻芯直径较大，增加了扩孔钻工作部分的刚性。

（2）导向性好。扩孔钻有 3～4 个刀齿，刀具周边的棱边数增多，导向作用相对增强。

（3）切屑条件较好。扩孔钻无横刃参加切削，切削轻快，可采用较大的进给量，生产率较高；又因切屑少、排屑顺利，不易刮伤已加工表面。

因此扩孔与钻孔相比，加工精度高，表面粗糙度值较低，且可在一定程度上校正钻孔的轴线误差。此外，适用于扩孔的机床与钻孔相同。

3. 铰孔

铰孔是在半精加工（扩孔或半精镗）的基础上对孔进行的一种精加工方法。铰孔的尺寸公差等级可达 IT6～IT9，表面粗糙度值可达 $R_a3.2～0.2\mu m$。铰孔的方式有机铰和手铰两种。在机床上进行铰削称为机铰，用手工进行铰削称为手铰。

铰削的余量很小，若余量过大，则切削温度高，会使铰刀直径膨胀导致孔径扩大，使切屑增多而擦伤孔的表面；若余量过小，则会留下原孔的刀痕而影响表面粗糙度。一般粗铰余量为 0.15～0.25mm，精铰余量为 0.05～0.15mm。铰削应采用低切削速度，以免产生积屑瘤和引起振动，一般粗铰 $V_c=4～10m/min$，精铰 $V_c=1.5～5m/min$。

机用铰刀与机床常用浮动连接，以防止铰削时孔径扩大或产生孔的形状误差。铰刀与机床主轴浮动连接所用的浮动夹头如图 3.17 所示。浮动夹头的锥柄 1 安装在机床的锥孔中，铰刀锥柄安装在锥套 2 中，挡钉 3 用于承受轴向力，销钉 4 可传递扭矩。由于锥套 2 的尾部与大孔、销钉 4 与小孔间均有较大间隙，所以铰刀处于浮动状态。

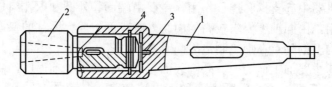

图 3.17　铰刀的浮动夹头
1—锥柄；2—锥套；3—挡钉；4—销钉

铰削的工艺特点如下。

（1）铰孔的精度和表面粗糙度不取决于机床的精度，而取决于铰刀的精度、铰刀的安装方式、加工余量、切削用量和切削液等条件。例如在相同的条件下，在钻床上铰孔和在车床上铰孔所获得的精度和表面粗糙度基本一致。

（2）铰刀为定尺寸的精加工刀具，铰孔比精镗孔容易保证尺寸精度和形状精度，生产率也较高，对于小孔和细长孔更是如此。但由于铰削余量小，铰刀常为浮动连接，故不能校正原孔的轴线偏斜，孔与其他表面的位置精度则需由前工序来保证。

（3）铰孔的适应性较差。一把铰刀只能加工一种直径和尺寸公差等级的孔，如需提高孔径的公差等级，则需对铰刀进行研磨。铰削的孔径一般小于 $\phi80mm$，常用的在 $\phi40mm$ 以下。对于阶梯孔和盲孔则铰削的工艺性较差。

4. 镗（车）孔

镗孔是用镗刀对已钻出、铸出或锻出的孔做进一步的加工。可在车床、镗床或铣床上进行。镗孔是常用的孔加工方法之一，可分为粗镗、半精镗和精镗。粗镗的尺寸公差等级为 IT13～IT12，表面粗糙度值为 $R_a12.5～6.3\mu m$；半精镗的尺寸公差等级为 IT9～IT10，表面粗糙度值为 $R_a6.3～3.2\mu m$；精镗的尺寸公差等级为 IT8～IT7，表面粗糙度值为 $R_a1.6～0.8\mu m$。

1）车床车孔

车床车孔如图 3.18 所示。车不通孔或具有直角台阶的孔（图 3.18（b）），车刀可先做纵向进给运动，切至孔的末端时车刀改做横向进给运动，再加工内端面。这样可使内端面与孔壁良好衔接。车削内孔凹槽（图 3.18（c）），将车刀伸入孔内，先做横向进刀，切至所需的深度后再做纵向进给运动。

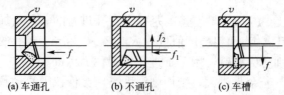

(a) 车通孔　　　(b) 不通孔　　　(c) 车槽

图 3.18　车床车孔

车床上车孔是工件旋转、车刀移动，孔径大小可由车刀的切深量和走刀次数予以控制，操作较为方便。车床车孔多用于加工盘套类和小型支架类零件的孔。

2）镗床镗孔

镗床镗孔主要有以下三种方式。

（1）镗床主轴带动刀杆和镗刀旋转，工作台带动工件做纵向进给运动，如图 3.19 所示。这种方式镗削的孔径一般小于 120mm 左右。图 3.19(a)所示为悬伸式刀杆，不宜伸出过长，以免弯曲变形过大，一般用于镗削深度较小的孔。图 3.19(b)所示的刀杆较长，用以镗削箱体两壁相距较远的同轴孔系。为了增加刀杆刚性，其刀杆另一端支承在镗床后立柱的导套座里。

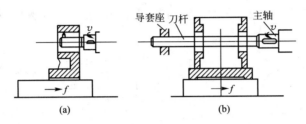

图 3.19 镗床镗孔方式之一

（2）镗床主轴带动刀杆和镗刀旋转，并做纵向进给运动。这种方式主轴悬伸的长度不断增大，刚性随之减弱，一般只用来镗削长度较短的孔。

上述两种镗削方式，孔径的尺寸和公差是由调整镗刀伸出的长度来保证，需要进行调整、试镗和测量，孔径合格后方能正式镗削，其操作技术要求较高。

（3）镗床平旋盘带动镗刀旋转，工作台带动工件做纵向进给运动。图 3.20 所示的镗床平旋盘可随主轴箱上、下移动，自身又能做旋转运动。其中部的径向刀架可做径向进给运动，也可处于所需的任一位置上。

3）铣床镗孔

在卧式铣床上镗孔，镗刀杆装在卧式铣床的主轴锥孔内做旋转运动，工件安装在工作台上做横向进给运动。

4）浮动镗削

如上所述，车床、镗床和铣床镗孔多用单刃镗刀。在成批或大量生产时，对于孔径大（>ϕ80mm）、孔深长、精度高的孔，均可用浮动镗刀进行精加工。

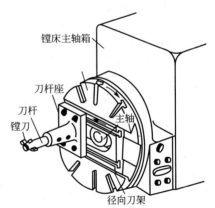

图 3.20 镗床平旋盘

浮动镗削实质上相当于铰削，其加工余量以及可达到的尺寸精度和表面粗糙度值均与铰削类似。浮动镗削的优点是易于稳定地保证加工质量，操作简单、生产率高。但不能校正原孔的位置误差，因此孔的位置精度应在前面的工序中得到保证。

5）镗削的工艺特点

单刃镗刀镗削具有以下特点。

（1）镗削的适应性强。镗削可在钻孔、铸出孔和锻出孔的基础上进行。可达的尺寸公差等级和表面粗糙度值的范围较广；除直径很小且较深的孔以外，各种直径和各种结构类型的孔几乎均可镗削。

（2）镗削可有效地校正原孔的位置误差，但由于镗杆直径受孔径的限制，一般其刚性较差，易弯曲和振动，故镗削质量的控制（特别是细长孔）不如铰削方便。

（3）镗削的生产率低。因为镗削需用较小的切深和进给量进行多次走刀以减小刀杆的弯曲变形，且在镗床和铣床上镗孔需调整镗刀在刀杆上的径向位置，故操作复杂、费时。

（4）镗削广泛应用于单件小批生产中各类零件的孔加工。在大批量生产中，镗削支架或箱体的轴承孔，需用镗模。

5. 拉孔

拉孔是一种高效率的精加工方法。除拉削圆孔外，还可拉削各种截面形状的通孔及内键槽，如图 3.21 所示。

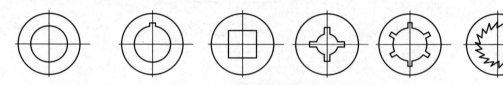

图 3.21 可拉削的各种孔的截面形状

拉削圆孔可达的尺寸公差等级为 IT9～IT7，表面粗糙度值为 $R_a 1.6～0.4\mu m$。拉削可看作按高低顺序排列的多把刨刀进行的刨削。

拉削的工艺特点如下。

（1）拉削时拉刀多齿同时工作，在一次行程中完成粗、精加工，因此生产率高。

（2）拉刀为定尺寸刀具，且有校准齿进行校准和修光；拉床采用液压系统，传动平稳、拉削速度低（$V_c = 2～8m/min$）、切削厚度薄、不会产生积屑瘤，因此拉削可获得较高的加工质量。

（3）拉刀制造复杂、成本昂贵，一把拉刀只适用于一种规格尺寸的孔或键槽，因此拉削主要用于大批大量生产或定型产品的成批生产。

（4）拉削不能加工台阶孔和盲孔。由于拉床的工作特点，某些复杂零件的孔也不宜进行拉削，例如箱体上的孔。

6. 磨孔

磨孔是孔的精加工方法之一，可达到的尺寸公差等级为 IT8～IT6，表面粗糙度值为 $R_a 0.8～0.4\mu m$。磨孔可在内圆磨床或万能外圆磨床上进行。使用端部具有内凹锥面的砂轮可在一次装夹中磨削孔和孔内台肩面。磨孔和磨外圆相比有以下不利的方面。

（1）磨孔的表面粗糙度值一般比外圆磨削略大，因为常用的内圆磨头其转速一般不超过 20000r/min，而砂轮的直径小，其圆周速度很难达到外圆磨削的 35～50m/s。

（2）磨削精度的控制不如外圆磨削方便。因为砂轮与工件的接触面积大，发热量大，冷却条件差，工件易烧伤；特别是砂轮轴细长、刚性差，容易产生弯曲变形而造成内圆锥形误差。因此，需要减小磨削深度，增加光磨（无进给磨削）行程次数。

（3）生产率较低。因为砂轮直径小、磨损快，且冷却液不容易冲走屑末，砂轮容易堵塞，需要经常修整或更换，使辅助时间增加。此外磨削深度减少和光磨次数的增加，也必然影响生产率。因此磨孔主要用于不宜或无法进行镗削、铰削和拉削的高精度孔以及淬硬孔的精加工。

7. 孔的精密加工

1）精细镗孔

精细镗与镗孔方法基本相同，由于最初是使用金刚石作镗刀，所以又称金刚镗。这种方法常用于材料为有色金属合金和铸铁的套筒零件孔的终加工，或作为珩磨和滚压前的预加工。精细镗孔可获得精度高和表面质量好的孔，其加工的经济精度为 IT7～IT6，表面粗糙度值为 $R_a 0.4～0.05\mu m$。

目前普遍采用硬质合金 YT30、YT15、YG3X 或人工合成金刚石和立方氮化硼作为精细镗刀具的材料。为了达到高精度与较小的表面粗糙度值，减少切削变形对加工质量的影响，采用回转精度高、刚度大的金刚镗床，并选择切削速度较高（切钢为 200m/min；切铸铁为 100m/min；切铝合金为 300m/min）、加工余量较小（0.2～0.3mm）、进给量较小（0.03～0.08mm/r），以保证其加工质量。精细镗孔的尺寸控制采用微调镗刀头。

2）珩磨

珩磨是用油石条进行孔加工的一种高效率的光整加工方法，需要在磨削或精镗的基础上进行。珩磨的加工精度高，珩磨后尺寸公差等级为 IT7～IT6，表面粗糙度值为 $R_a 0.2～0.05\mu m$。珩磨的应用范围很广，可加工铸铁件、淬硬和不淬硬的钢件以及青铜等，但不宜加工易堵塞油石的塑性金属。珩磨加工的孔径为 $\phi 5～\phi 500mm$，也可加工 $L/D>10$ 的深孔，因此广泛应用于加工发动机的汽缸、液压装置的油缸以及各种炮筒的孔。

珩磨是低速大面积接触的磨削加工，与磨削原理基本相同。珩磨所用的磨具是由几根粒度很细的油石条组成的珩磨头。珩磨时，珩磨头的油石有三种运动，旋转运动、往复直线运动和施加压力的径向运动。旋转和往复直线运动是珩磨的主要运动，径向加压运动是油石的进给运动，施加压力越大，进给量就越大。

在珩磨时，油石与孔壁的接触面积较大，参加切削的磨粒很多，因而加在每颗磨粒上的切削力很小（磨粒的垂直载荷仅为磨削的 1/50～1/100），珩磨的切削速度较低（一般在 100m/min 以下，仅为普通磨削的 1/30～1/100），在珩磨过程中又施加大量的冷却液，所以在珩磨过程中发热少，孔的表面不易烧伤，而且加工变形层极薄，从而被加工孔可获得很高的尺寸精度、形状精度和表面质量。为使油石能与孔表面均匀地接触，能切去小而均匀的加工余量，珩磨头相对工件有小量的浮动，珩磨头与机床主轴是浮动连接，因此珩磨不能修正孔的位置精度和孔的直线度，孔的位置精度和孔的直线度应在珩磨前的工序给予保证。

3）研磨

研磨也是孔常用的一种光整加工方法，需在精镗、精铰或精磨后进行。研磨后孔的尺寸公差等级可提高到 IT6～IT5，表面粗糙度值为 $R_a 0.1～0.008\mu m$，孔的圆度和圆柱度亦相应提高。

研磨孔所用的研具材料、研磨剂、研磨余量等均与研磨外圆类似。

4）滚压

孔的滚压加工原理与滚压外圆相同。由于滚压加工效率高，近年来多采用滚压工艺来代替珩磨工艺，效果较好。孔径滚压后尺寸精度在 0.01mm 以内，表面粗糙度值为

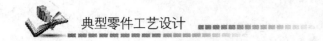
$R_a0.16\mu m$ 或更小，表面硬化耐磨，生产效率比珩磨提高数倍。

滚压对铸件的质量有很大的敏感性，如铸件的硬度不均匀、表面疏松、含气孔和砂眼等缺陷，对滚压有很大影响。因此，对铸件油缸不可采用滚压工艺而是选用珩磨。对于淬硬套筒的孔精加工，也不宜采用滚压。图 3.22 所示为一加工液压缸的滚压头，滚压头表面的圆锥形滚柱 3 支承在锥套 5 上，滚压时圆锥形滚柱与工件有 0.5°~1°的斜角，使工件能逐渐弹性恢复，避免工件孔壁的表面变粗糙。

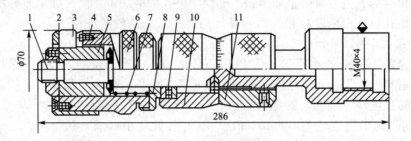

图 3.22 油缸滚压头

1—心轴；2—盖板；3—圆锥形滚柱；4—销子；5—锥套；6—套圈；7—压缩弹簧；
8—衬套；9—止推轴承；10—过渡套；11—调节螺母

孔滚压前，通过调节螺母 11 调整滚压头的径向尺寸，旋转调节螺母可使其相对心轴 1 沿轴向移动，向左移动时，推动过渡套 10、推力轴承 9、衬套 8 及套圈 6 经销子 4，使圆锥形滚柱 3 沿锥套 5 的表面向左移，结果使滚压头的径向尺寸缩小。当调节螺母向右移动时，由压缩弹簧 7 使衬套 8 移动，经推力轴承 9 使过渡套 10 始终紧贴在调节螺母的左端面，当衬套右移时，带动套圈 6，经盖板 2 使圆锥形滚柱也沿轴向右移，使滚压头的径向尺寸增大。滚压头径向尺寸应根据孔滚压过盈量确定，通常钢材的滚压过盈量为 0.1~0.12mm，滚压后孔径增大 0.02~0.03mm。

径向尺寸调整好的滚压头，在滚压加工过程中圆锥形滚柱所受的轴向力经销子、套圈、衬套作用在推力轴承上，最终经过渡套、调节螺母及心轴传至与滚压头右端 M40×4 螺纹相连的刀杆上。滚压完毕后，滚压头从孔反向退出时，圆锥形滚柱受一向左的轴向力，此力传给盖板 2 经套圈、衬套将压缩弹簧压缩，实现向左移动，使滚压头直径缩小，保证滚压头从孔中退出时不碰坏已滚压好的孔壁。滚压头从孔退出后，在弹簧力作用下复位，使径向尺寸又恢复到原调数值。

滚压用量：通常选用滚压速度 $V=60\sim80m/min$；进给量 $f=0.25\sim0.35mm/r$；切削液采用 50%硫化油加 50%柴油或煤油。

3.2.3 套筒类零件加工工艺分析

1. 长套筒零件的加工

液压系统中的油缸体如图 3.23 所示，是比较典型的长套筒零件，一般结构简单、薄壁容易变形、加工面比较少、加工方法变化不多。

1）技术要求

主要的加工表面为内孔及两端口内外表面，内孔作为油缸零件导向表面，要求有较高的尺寸精度及较低的表面粗糙度，对形状精度要求更严。内孔 $\phi70$ 作为活塞运动的导向元件，

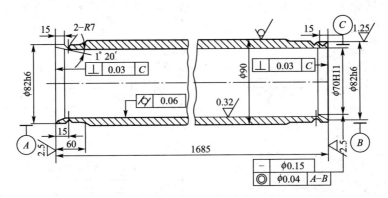

图 3.23　液压缸筒零件图

尺寸精度为 IT11，不算太高，但表面粗糙度为 $R_a0.32\mu m$，要求较严，圆柱度要求在 1685mm 内为 0.06mm，有较大的加工难度，直线度要求为 $\phi0.15$mm，相对于两端 $\phi82h6$ 外圆的同轴度为 $\phi0.04$mm；两端口处通常与支承件相配合有较高的位置精度要求，两孔口端面对内孔 $\phi70H11$ 轴线的垂直度为 $\phi0.03$mm。材料为中碳钢无缝钢管，生产批量为小批。

2）机械加工工艺过程

液压缸筒为一个薄壁深孔零件，为防止夹紧力过大或不均匀而引起缸孔径向变形，影响加工精度，一般以轴线部位的孔或外圆作为精基准。其加工工艺过程见表 3‑6。

表 3‑6　液压缸筒机械加工工艺过程

工序号	工序名称	工序内容	定位及夹紧
1	备料	无缝钢管切断 $\phi90$mm×1700mm	
2	热处理	调质处理 241～285HB，全长弯曲度小于 2.5mm	
3	粗、精车	软卡爪夹一端，大头顶尖顶另一端，车 $\phi82h6$mm 外圆到 $\phi88$mm 及 $\phi88$mm×1.5 工艺螺纹（工艺用）；搭中心架托 $\phi88$mm 处，车端面及倒角；三爪卡盘夹一端，大头顶尖顶另一端，调头车 $\phi82h6$ 外圆到 $\phi88$mm；搭中心架托 $\phi88$mm 处，车另一端面及倒角取总长 1686mm	外圆及顶尖（堵头）
4	镗深孔	一端用 M88×1.5mm 螺纹固定在夹具中，另一端搭中心架，半精推镗孔到 $\phi68$mm；精推镗孔到 $\phi69.85$mm；浮动镗刀镗孔到 $\phi70\pm0.02$mm，R_a 为 0.32μm	$\phi82h6$ 外圆
5	滚压	用深孔滚压头滚压孔，保证粗糙度为 $R_a0.32\mu m$	
6	车	软卡爪夹一端，中心架托另一端，镗内锥孔 1°30′ 及车端面；调头，软卡爪夹一端，顶尖顶另一端，车 $\phi82h6$ 到尺寸；软卡爪夹一端，中心架托另一端，切 R7 槽，镗内锥孔 1°30′ 及车端面，保证总长 1685mm	
7	检验	按图检验	

3）工艺分析

（1）液压缸筒内孔 $\phi70H7$ 加工属深孔加工，采用半精镗—精镗—浮动镗—滚压加工，符合粗精分开的原则，及时发现和排除废品次品，刀具简单，易于调整，能保证加工质量, 生产率低, 适用于毛坯精度高的场合。一般深孔加工在机床上的安装方式有以下几种, 如图 3.24 所示。

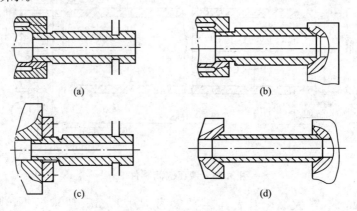

(a)   (b)

(c)   (d)

图 3.24 机床安装方式

图 3.24(a)所示为缸筒以一端止口定位, 用弹性夹头夹紧, 另一端以架窝支承在中心架上。这种方法装卸工件比较麻烦, 定位精度低, 但不需要专用设备, 适用于单件小批生产。

图 3.24(b)所示为缸筒以一端止口定位, 用弹性夹头夹紧, 另一端以 30°～60°外圆锥面与压力头上的专用内锥套定位和夹紧。这种方法装卸工件比较方便, 定位精度高, 须有压力头, 适用于中、小批生产。

图 3.24(c)所示为缸筒以一端止口定位, 用螺纹与连接盘连接在机床主轴上, 另一端以架窝支承在中心架上。这种方法用螺纹传递扭矩, 缸体基本不受径向夹紧力作用, 能保证加工精度, 但加工完毕后, 须切除螺纹部分, 增加了工序材料的浪费, 适用于无专用设备、小批量试制新产品时采用。

图 3.24(d)所示为缸筒两端均采用加工出的 30°～60°的外锥面定位, 一端锥面与专用卡盘的内锥面配合定位, 另一端与压力头的内锥面配合定位, 并轴向夹紧。这种方法工件装卸方便、定位精度高, 在大批大量生产中应用广泛。

本例则采用(c)方案定位装夹, 液缸体的主要表面为内孔、孔口端面和外圆, 且为深孔, 须在深孔车床上加工, 因此, 加工内孔的定位精基准应为一端孔口处的外圆面与在另一端制出连接螺纹。为获得准确的定位精基准, 应以毛坯的一端的外圆与另一端的内孔为粗基准, 采用"一夹一顶"的方法加工孔口处的外圆与连接螺纹; 再以加工过的外圆与连接螺纹为基准加工内孔。

(2) 由于液缸体为薄壁深孔套, 钢材的淬透性好, 调质可安排在下料后, 并对全长弯曲度提出限制, 弯曲度允差小于 2.5mm。

(3) 滚压加工前安排低温回火, 以改善工件材料的加工性能, 保证加工精度。为防腐耐磨, 缸体内孔加工完毕后, 表面镀铬并抛光。

(4) 深孔加工完毕后, 作为重要工序应安排一次检验, 最后安排终检。由于液压缸体为小批量生产, 应采用工序集中的原则安排加工顺序。

2. 短套筒零件的加工

短套, 如轴承套、钻套、各类导向套等, 这类短套一般孔与端面、孔与外圆之间均具有较高的位置精度, 结构上有光套也有台阶套, 由于长度较短, 最常用的加工方法是车削，表面淬火或精度高的采用磨削。如图 3.25 所示是最常见的一种短套。

1）技术要求

主要位置精度是内、外圆表面的同轴度为 $\phi0.02mm$，端面与内孔轴线之间的垂直度为 0.05mm。材料为 45 钢，小批量生产，全部倒角 1×45°，淬火处理 45～50HRC。

2）机械加工工艺过程

套筒主要表面的加工可以在一次装夹过程中完成内外表面及端面的全部加工，这种加工方法消除了工件的装夹误差，可获得很高的相互位置精度。但是，这种加工方法的工序比较集中，对于尺寸较大的套筒零件也不便于装夹。

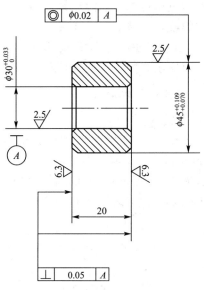

图 3.25 短套筒零件图

也可以在几次装夹中完成，先加工孔，然后再以孔为精基准，最终加工外圆及端面。这种方法需采用心轴为夹具，但夹具的结构简单、定心精度高，能保证各表面间的位置精度。还可以先加工外圆，然后以外圆为精基准最后加工孔，采用这种方法加工时，工件装夹迅速可靠，其夹具较复杂，加工精度略差。欲获得较高的同轴度，则须采用定心精度高的夹具，如弹性膜片卡盘、液性塑料夹具及经修磨过的三爪卡盘和软爪等夹具。

图 3.25 所示短套筒零件的机械加工工艺过程见表 3-7。

表 3-7 短套筒机械加工工艺过程

工序号	工序名称	工序内容	定位及夹紧
1	下料	$\phi48\times130mm$（五件合一）	
2	车	车端面，$R_a10\mu m$，钻、镗孔 $\phi30^{+0.033}_{0}$ mm，留磨余量 0.3mm，车外圆 $\phi45^{+0.109}_{+0.070}$ mm，留磨余量 0.3mm，倒角，切断；调头，车端面，保证总长尺寸 20mm，$R_a10\mu m$，倒角	外圆及端面
3	热处理	淬火，45～50HRC	
4	磨	磨 $\phi30^{+0.033}_{0}$ mm 孔至图样要求	$\phi45^{+0.109}_{+0.070}$ mm 外圆
5	磨	磨 $\phi45^{+0.109}_{+0.070}$ mm 外圆至图样要求	$\phi30^{+0.033}_{0}$ mm 内孔
6	检	按图样检验入库	

3）工艺分析

（1）套筒零件孔壁较薄，加工中常因夹紧力、切削力、残余应力和切削热等因素的影响而产生变形。为了减少切削力与切削热的影响，粗、精加工应分开进行，使粗加工产生的变形在精加工过程中得以纠正。

（2）为减少夹紧力的影响，工艺上可采取以下措施：改变夹紧力的方向，即把径向夹紧改为轴向夹紧。对于精度要求较高的精密套筒（如孔的圆度要求为 0.0015mm），必须找正外圆或孔后，在端面或外圆台阶上加轴向夹紧力；对于普通精度的套筒，如果需径向夹紧时，也尽可能使径向夹紧力均匀，使用过渡套或弹簧套夹紧工件。或者作出工艺凸台及工艺螺纹，以减少夹紧变形。

（3）减少热处理变形的影响，将热处理安排在粗、精加工阶段之间或安排在下料之后、机加工之前，使热处理产生的变形在后续的加工中逐步予以消除。

3. 偏心套加工

1）技术要求

如图 3.26 所示偏心套零件图，该零件 180° 方向对称偏心，偏心距为 8 ± 0.05mm；两处 $\phi120^{+0.043}_{+0.02}$mm 偏心圆中心线相对于 $\phi60^{0}_{+0.043}$mm 中心孔轴线的平行度公差为 0.01mm；两处 $\phi120^{+0.043}_{+0.02}$mm 外圆的圆柱度公差为 0.01mm；未注倒角为 $0.5\times45°$。该偏心套的材料为 GCr15，热处理 58～64HRC，生产类型为单件生产。

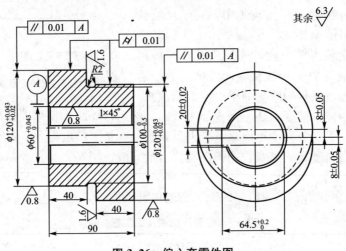

图 3.26　偏心套零件图

2）机械加工工艺过程

偏心套机械加工工艺过程见表 3－8。

表 3－8　偏心套机械加工工艺过程

工序号	工序名称	工序内容	定位及夹紧
1	下料	棒料 $\phi120$mm×165mm	
2	铸造	锻造尺寸 $\phi155$mm×$\phi45$mm×104mm	
3	热处理	正火	
4	粗车	粗车内孔至尺寸 $\phi55\pm0.05$mm，粗车端面至平。车外圆至 $\phi145$mm，长 45mm	毛坯外圆
5	粗车	掉头装夹，粗车外圆至 $\phi145$mm，与上工序接刀，车端面保证总长 95mm。在距端面 46mm 车 $\phi100$mm 至 $\phi102$mm，槽宽 6mm，使槽靠外的端面距离外端面 43mm	$\phi145$mm 外圆
6	精车	掉头装夹找正。车内孔至尺寸 $\phi59^{0}_{-0.05}$mm，精车另一端面，保证总长 92mm 并作为定位基准，精车 $\phi100$mm 圆与两内侧面，使槽宽为 8mm，保证槽靠外的端面距离外端面为 42mm	$\phi145$mm 外圆

（续）

工序号	工序名称	工序内容	定位及夹紧
7	钳	画键槽线	
8	插	按线找正，插键槽，保证尺寸 20 ± 0.02 mm 及 $64.5^{+0.15}_{0}$ mm	$\phi145$ mm 外圆及端面
9	钳	修锉键槽毛刺	
10	精车	用专用偏心夹具装夹工件，车偏心 $\phi120^{+0.043}_{+0.02}$ 尺寸至 $\phi121.5$ mm，长 $42^{-0.3}_{-0.5}$ mm	$\phi59^{0}_{-0.05}$ mm 内孔及键槽
11	热处理	淬火 58～64HRC	
12	热处理	水冷处理，回火	
13	磨	用专用偏心工装装夹工件，按 $\phi59^{0}_{-0.05}$ mm 内孔找正，磨内孔至图样尺寸 $\phi60^{+0.043}_{0}$ mm	$\phi121.5$ mm 外圆
14	钳	修锉键槽中氧化皮	
15	磨	磨 $\phi120^{+0.043}_{+0.02}$ 至图样尺寸并磨外端面，保证偏心盘厚度 40mm 为 41mm，并保证总长 91mm	$\phi60^{+0.043}_{0}$ mm 内孔、键槽和端面
16	磨	掉头，磨另一端 $\phi120^{+0.043}_{+0.02}$ 至图样尺寸并磨右端面，保证总长 90mm	$\phi60^{+0.043}_{0}$ mm 内孔、键槽和端面
17	磨	磨 $\phi100^{0}_{-0.5}$ mm 至图样尺寸，磨两侧面，保证尺寸 40mm 及 $R2$	$\phi60^{+0.043}_{0}$ mm 内孔、键槽和端面
18	检验	按图样要求检查各部尺寸和精度	
19	入库	入库	

3）工艺分析

（1）该零件硬度较高，采用 GCr15 轴承钢材料，在进行热处理时，即淬火和回火之间，增加一道水冷处理工序，这样可以更好地保证工件尺寸的稳定性，以减少工件变形。

（2）为保证工件偏心距的精度，可采取以下加工方法。

当加工零件数量较多，精度要求较高时，一般应采用专用工装装夹工件进行加工。因该零件的两处偏心完全一样，因此，在加工时可用同一方法，分别两次装夹即可。

当加工零件数量较少，精度要求又不高时，可采用四爪单动卡盘装夹工件进行加工。加工前应先划线，然后按线找正装夹，在保证偏心距的基础上，使偏心部分轴线与车床主轴轴线重合，要保证侧母线与车床主轴轴线平行，否则加工出零件的偏心距前后不一致。

（3）在加工偏心工件时，由于离心作用，会影响工件的圆度、圆柱度等公差，会造成零件壁厚不均匀等，因此在加工时除保证夹具总体平衡外，还要注意合理选择切削用量及有效的冷却润滑。

（4）当零件上键槽精度要求不高时，可采用插削方法加工。若键槽精度要求较高且数量又多，应采用拉削方法加工。

4. 铜套

1) 技术要求

如图 3.27 所示铜套零件图，外圆直径尺寸为 $\phi39^{+0.076}_{+0.060}$ mm，内孔直径尺寸为 $\phi35^{+0.041}_{+0.025}$ mm，套筒长度为 $34^{-0.45}_{-0.65}$ mm；外圆相对内孔的同轴度公差为 $\phi0.025$mm，内孔的圆柱度公差为 0.015mm，两端面相对内孔的垂直度公差为 0.05mm；未标注圆角为 $R0.5$；零件材料为 ZCuSn10Zn。

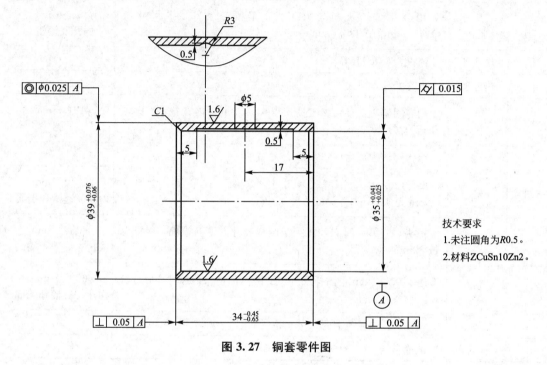

技术要求
1. 未注圆角为 $R0.5$。
2. 材料 ZCuSn10Zn2。

图 3.27 铜套零件图

2) 机械加工工艺过程

铜套零件的机械加工工艺过程见表 3-9。

表 3-9 铜套机械加工工艺过程

工序号	工序名称	工序内容	定位及夹紧
1	下料	$\phi45$mm×40mm（棒料）	
2	车	夹一端外圆，粗车外圆至 $\phi42$mm，长 20mm，粗车端面见平即可，钻孔 $\phi30$mm，粗车内孔至 $\phi33$mm	毛坯外圆
3	车	调头夹 $\phi42$mm 外圆，车外圆至 $\phi42$mm，接上工序 $\phi42$mm，车端面保证总长 36mm	$\phi42$mm 外圆
4	精车	用专用夹具装夹工件，精车铜套内孔至图样尺寸 $\phi35^{+0.041}_{+0.025}$ mm；精车端面，保证总长 35mm，倒角。拉深 0.5mm，长 24mm 润滑油槽	$\phi42$mm 外圆
5	精车	用专用夹具，精车铜套外圆至图样尺寸 $\phi39^{+0.076}_{+0.060}$ mm，精车另一端面并倒角，保证总长 $34^{-0.45}_{-0.65}$ mm	$\phi35^{+0.041}_{+0.025}$ mm 内孔

(续)

工序号	工序名称	工序内容	定位及夹紧
6	钳	钻 $\phi5$ 油孔，保证孔轴线距右端面 17mm，保证油孔与润滑油槽的相对位置；去毛刺	$\phi35^{+0.041}_{+0.025}$ mm 内孔
7	检验	按图样要求检查各部尺寸和精度	
8	入库	入库	

3) 工艺分析

(1) 当批量生产铜套时，可采用铸造成型，并多件连铸，这样可节约材料。

(2) 套类零件加工时，粗基准应选择加工余量小的表面。若采用铸造毛坯时，应根据材料的具体情况考虑加工工序的安排。

(3) 对精度要求较高的铜套，当铜套压入与之相配套的零件后，采用过冲挤压方法保证最终装配尺寸及精度要求。

5. 十字头滑套

1) 技术要求

如图 3.28 所示为十字头滑套零件图。该零件有 $\phi180^{+0.15}_{+0.06}$ mm 的内孔，左端 $\phi335$mm、右端 $\phi320$mm 的法兰，且左端有 $\phi190^{+0.1}_{+0.02}$ mm、深 5mm 的止口，右端有 $\phi190^{0}_{-0.1}$ mm、高 5mm 的凸台。主要的位置精度要求有止口相对内孔的同轴度公差为 $\phi0.05$mm，凸台相对内孔的同轴度公差为 $\phi0.05$mm。

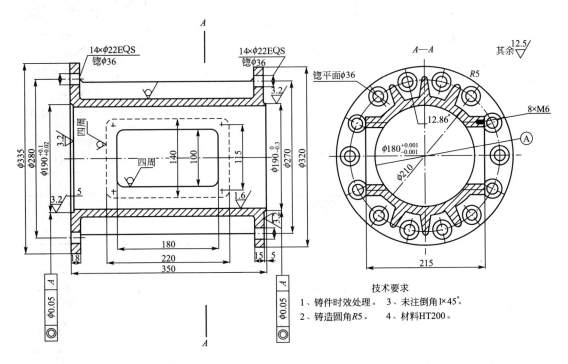

图 3.28 十字头滑套零件图

2）机械加工工艺过程

十字头滑套的机械加工工艺过程见表 3-10。

表 3-10　十字头滑套机械加工工艺过程

工序号	工序名称	工序内容	定位及夹紧
1	铸	铸造	
2	清砂	清砂	
3	热处理	人工时效处理	
4	画线	画十字线，画 $\phi 180^{+0.15}_{+0.06}$ 孔线，照顾壁厚均匀，画 350mm 总长加工线	
5	车	夹 $\phi 335$mm 毛坯外圆，按线找正，车右端 $\phi 320$mm 至图样尺寸，车右端面及 $\phi 190^{0}_{-0.1}$mm 凸台，留加工余量 5mm，粗车内孔至 $\phi 175$mm	$\phi 335$mm 毛坯外圆
6	车	掉头，夹 $\phi 320$mm 外圆，按内孔 $\phi 175$mm 找正，车 $\phi 335$mm 至图样尺寸，车左端面及 $\phi 190^{+0.10}_{+0.02}$mm 止口，各留加工余量 5mm	$\phi 320$mm 外圆
7	精车	夹 $\phi 320$ 外圆，按内孔 $\phi 175$mm 找正，车左端面及 $\phi 190^{+0.10}_{+0.02}$mm 止口至图样尺寸，倒角 $1 \times 45°$	$\phi 320$mm 外圆
8	精车	掉头，以 $\phi 190^{+0.10}_{+0.02}$mm 止口和左端面定位压紧，精车右端面及 $\phi 190^{0}_{-0.1}$mm 凸台至图样尺寸，保证总长 350mm；精车内孔 $\phi 180^{+0.15}_{+0.06}$mm 至图样尺寸	$\phi 190^{+0.10}_{+0.02}$mm 止口及左端面
9	铣	铣法兰盘两侧平面，保证尺寸 215mm	$\phi 190^{+0.10}_{+0.02}$mm 止口及左端面
10	钻	钻右端法兰盘 $14 \times \phi 22$mm 各孔，锪 $\phi 36$mm 平面	$\phi 190^{+0.10}_{+0.02}$mm 止口及左端面
11	钻	钻左端法兰盘 $14 \times \phi 22$mm 各孔，锪 $\phi 36$mm 平面	$\phi 190^{0}_{-0.1}$mm 凸台及右端面
12	钻	采用钻模，钻、攻 $8 \times M6$、深 10mm 螺纹	
13	检验	按图样要求检查各部尺寸和精度	
14	入库	入库	

3）工艺分析

（1）画线工序（工序 4）主要是为了照顾铸件的壁厚均匀，兼顾各部分的加工余量，减少铸件的废品率。

（2）$\phi 180^{+0.15}_{+0.06}$mm 内孔，中间部分由两端圆弧组成（因为有两个方形法兰），而表面粗糙度要求又高（$R_a 1.6\mu m$），在加工过程中会出现很长一段断续切削，所以在加工时，应注意切削用量的选择及合理地选用刀具的几何角度。

（3）工序 8，以 $\phi 190^{+0.10}_{+0.02}$mm 止口和左端面定位压紧，精车内孔 $\phi 180^{+0.15}_{+0.06}$mm，可以先

在车床花盘上装夹一块较厚的铸铁板(此时铸铁板两平面已加工,并钻、攻 M16 螺纹孔,作为夹紧工件时压板用),车铸铁板端面,并车削出直径 $\phi190^{0}_{-0.1}$ mm、高度 4mm 的凸台,作为定位元件。这样就可以很好地保证定位凸台及端面与车床回转中心线的同轴度及垂直度。

(4) $\phi190^{+0.10}_{+0.02}$ mm 止口和 $\phi190^{0}_{-0.1}$ mm 凸台与内孔 $\phi180^{+0.15}_{+0.06}$ mm 的同轴度,主要由设备保证,所以加工机床的精度在很大程度上决定了零件的加工精度。

(5) 同轴度的检查,可采用心轴、百分表及偏摆仪配合进行测量。

3.2.4 典型夹具及定位

套筒类零件的特征有外圆面、端面及孔,当加工外圆时,选用外圆轴线为定位基准,外圆面和中心孔为定位基面,和加工轴的装夹方式相同;外圆和端面精加工时,以内孔为定位基面,采用心轴装夹方式,从而保证外圆轴线和内孔轴线的同轴度要求。工件以圆柱孔定位常用圆柱心轴和小锥度心轴;对于带有锥孔、螺纹孔、花键孔的工件定位,常用相应的锥体心轴、螺纹心轴和花键心轴。常见心轴如图 3.29 所示。

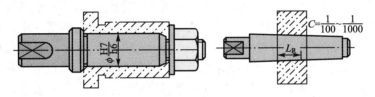

图 3.29　常见心轴

3.3　箱体类零件的加工

3.3.1　箱体类零件的功用及结构特点

箱体类是机器或部件的基础零件,它将机器或部件中的轴、套、齿轮等有关零件组装成一个整体,使它们之间保持正确的相互位置,并按照一定的传动关系协调地传递运动或动力。机床箱体还要以其底面和导向面装配到机床上去,与其他部件保持一定的相互位置要求,满足机床的运动要求。因此,箱体的加工质量将直接影响机器或部件的精度、性能和寿命。

常见的箱体类零件有机床主轴箱、机床进给箱、变速箱体、减速箱体、发动机缸体和机座等。根据箱体零件的结构形式不同,可分为整体式和分离式箱体。前者是整体铸造、整体加工,加工较困难,但装配精度高;后者可分别制造,便于加工和装配,但增加了装配工作量。

箱体的结构形式虽然多种多样,但仍有共同特点:形状复杂、壁薄且不均匀、内部呈腔形、加工部位多、加工难度大,既有精度要求较高的孔系和平面,也有许多精度要求较低的紧固孔。因此,一般中型机床制造厂用于箱体类零件的机械加工劳动量占整个产品加工量的 15%～20%。

3.3.2 箱体类零件的技术要求、材料、毛坯

1. 箱体类零件的技术要求

箱体类零件结构复杂、较薄、加工面多。在箱体类零件中以机床主轴箱的精度要求最高。以某车床主轴箱为例，箱体类零件的技术要求主要可归纳为下述几个方面。

(1) 主要平面的形状精度和表面粗糙度。箱体的主要平面是装配基准，并且往往是加工时的定位基准，所以，应有较高的平面度和较小的表面粗糙度值，否则，直接影响箱体加工时的定位精度，影响箱体与机座总装时的接触刚度和相互位置精度。一般箱体主要平面的平面度在 $0.1 \sim 0.03 \text{mm}$，表面粗糙度 $R_a 2.5 \sim 0.63 \mu\text{m}$。

(2) 孔的尺寸精度、几何形状精度和表面粗糙度。箱体上的轴承支承孔的尺寸精度、形状精度和表面粗糙度都要求较高，否则，将影响轴承与箱体孔的配合精度，使轴的回转精度下降，也易使传动件(如齿轮)产生振动和噪声。一般机床主轴箱的主轴支承孔的尺寸精度为 IT6，圆度、圆柱度公差不超过孔径公差的一半，表面粗糙度值为 $R_a 0.63 \sim 0.32 \mu\text{m}$。其余支承孔尺寸精度为 IT6～IT7，表面粗糙度值为 $R_a 2.5 \sim 0.63 \mu\text{m}$。

(3) 主要孔和平面相互位置精度。同一轴线的孔有一定的同轴度要求，各支承孔之间也有一定的孔距尺寸精度及平行度要求，否则，不仅装配有困难，而且使轴的运转情况恶化，温度升高，轴承磨损加剧，齿轮啮合精度下降，引起振动和噪声，影响齿轮寿命。一般支承孔之间的孔距公差为 $0.12 \sim 0.05 \text{mm}$，平行度公差应小于孔距公差，一般在全长上为 $0.1 \sim 0.04 \text{mm}$。同一轴线上孔的同轴度公差一般为 $0.04 \sim 0.01 \text{mm}$。支承孔与主要平面的平行度公差为 $0.1 \sim 0.05 \text{mm}$。主要平面间及主要平面对支承孔之间垂直度公差为 $0.1 \sim 0.04 \text{mm}$。各主要平面对装配基准面垂直度为 $0.1/300$。

2. 箱体类零件的材料及毛坯

箱体的材料一般选用 HT200～400 的各种牌号的灰口铸铁，而最常用的为 HT200。灰铸铁不仅成本低，而且具有较好的耐磨性、可铸性、可切削性和阻尼特性。在单件生产或某些简易机床的箱体，为了缩短生产周期和降低成本，可采用钢材焊接结构。此外，精度要求较高的坐标镗床主轴箱则选用耐磨铸铁。负荷大的主轴箱也可采用铸钢件。

箱体类零件的毛坯一般为铸件，毛坯的加工余量与生产类型、毛坯尺寸、结构、精度和铸造方法等因素有关。有关数据可查有关资料及根据具体情况决定。为了减少毛坯制造时产生残余应力，应使箱体壁厚尽量均匀，箱体铸件毛坯清砂后应安排时效或退火工序。

3.3.3 平面的加工

箱体的主要加工表面是平面和孔，平面加工一般较为容易，但平面精加工的精度和粗糙度要求较高。孔加工时由于刀具和辅助刀具的尺寸受到孔径的限制，刚性差、容易变形，影响孔加工精度和效率。

平面的加工方法有刨、铣、拉、磨等，刨削和铣削常用作平面的粗加工和半精加工，而磨削则用作平面的精加工。此外还有刮研、研磨、超精加工、抛光等光整加工方法。采用哪种加工方法较合理，需根据零件的形状、尺寸、材料、技术要求、生产类型及工厂现有设备来决定。

1. 刨削

刨削是单件小批量生产的平面加工最常用的加工方法，加工精度一般可达 IT7～IT9 级，表面粗糙值为 $R_a12.5～1.6\mu m$。刨削可以在牛头刨床或龙门刨床上进行，可以刨削平面，也可以刨削沟槽。刨削的主运动是刨刀变速往复直线运动，进给运动是工作台带动工件的横向间歇直线运动。因为在变速时有惯性，限制了切削速度的提高，并且在回程时不切削，所以刨削加工生产效率低。但刨削所需的机床、刀具结构简单，制造安装方便，调整容易，通用性强。因此在单件、小批生产中特别是加工狭长平面时被广泛应用。

刨削加工的特点是刀具结构简单、机床调整方便、通用性好。在龙门刨床上可以用几个刀架，在工件一次安装中完成多个表面的加工，能经济地保证这些表面间的相互位置要求。

2. 铣削

铣削是平面加工中应用最普遍的一种方法，生产率高于刨削，在大批大量生产中常用铣削。可以完成平面、沟槽、弧形面、螺旋槽、齿轮、凸轮和特形面等加工。一般经粗铣、精铣后，尺寸精度可达 lT7～1T9，表面粗糙度可达 $R_a12.5～1.6\mu m$。铣削的主运动是铣刀的旋转运动，进给运动是工件的直线运动。

1）铣削的工艺特征及应用范围

铣刀由多个刀齿组成，各刀齿依次切削，没有空行程，而且铣刀高速回转，因此与刨削相比，铣削生产率高于刨削，在中批以上生产中多用铣削加工平面。当加工尺寸较大的平面时，可在龙门铣床上，用几把铣刀同时加工各有关平面，这样，既可保证平面之间的相互位置精度，也可获得较高的生产率。

2）铣削工艺特点

（1）生产效率高但不稳定。由于铣削属于多刃切削，且可选用较大的切削速度，所以铣削效率较高。但刀齿负荷不均匀、磨损不一致，从而引起机床的振动，造成切削不稳，直接影响工件的表面粗糙度。

（2）断续切削。铣刀刀齿切入或切出时产生冲击，一方面使刀具的寿命下降，另一方面引起周期性的冲击和振动。但由于刀齿间断切削，工作时间短，在空气中冷却时间长，故散热条件好，有利于提高铣刀的耐用度。

（3）半封闭切削。由于铣刀是多齿刀具，刀齿之间的空间有限，若切屑不能顺利排出或没有足够的容屑槽，则会影响铣削质量或造成铣刀的破损，所以选择铣刀时要把容屑槽当做一个重要因素来考虑。

3）铣削方式及其合理选用

铣削方式是指铣削时铣刀相对于工件的运动关系。

（1）周铣法（圆周铣削方式）。周铣法铣削工件时有两种方式，即逆铣与顺铣。铣削时若铣刀旋转切入工件的切削速度方向与工件的进给方向相反称为逆铣，反之则称为顺铣。

逆铣时切削厚度从零开始逐渐增大，当实际前角出现负值时，刀齿在加工表面上挤压、滑行，不能切除切屑，既增大了后刀面的磨损，又使工件表面产生较严重的冷硬层。当下一个刀齿切入时，又在冷硬层表面上挤压、滑行，更加剧了铣刀的磨损，同时工件加工后的表面粗糙度值也较大。

顺铣时刀齿的切削厚度从最大开始，避免了挤压、滑行现象，切削平稳，使铣刀耐用度和加工表面质量提高。但是，若铣床进给机构中没有丝杠和螺母消除间隙机构，则不能采用顺铣。

（2）端铣法。端铣有对称端铣、不对称逆铣和不对称顺铣 3 种方式。

对称铣削时铣刀轴线始终位于工件的对称面内，它切入、切出时切削厚度相同，有较大的平均切削厚度。一般端铣多用此种铣削方式，尤其适用于铣削淬硬钢。

不对称逆铣时铣刀偏置于工件对称面的一侧，它切入时切削厚度最小，切出时切削厚度最大。这种加工方法，切入冲击较小、切削力变化小、切削过程平稳，适用于铣削普通碳钢和高强度低合金钢，并且加工表面粗糙度值小，刀具耐用度较高。

不对称顺铣时铣刀偏置于工件对称面的一侧，它切出时切削厚度最小，这种铣削方法适用于加工不锈钢等中等强度和高塑性的材料。

4）铣削用量的选择

铣削用量的选择原则是："在保证加工质量的前提下，充分发挥机床工作效能和刀具切削性能。"在工艺系统刚性所允许的条件下，首先应尽可能选择较大的铣削深度 a_p 和铣削宽度 a_c，其次选择较大的每齿进给量 f_z，最后根据所选定的耐用度计算铣削速度 v_c。

（1）铣削深度 a_p 和铣削宽度 a_c 的选择。

对于端铣刀，选择吃刀量的原则是：当加工余量不大于 8mm，且工艺系统刚度大、机床功率足够时，留出半精铣余量 0.5～2mm 以后，应尽可能一次去除多余余量；当余量大于 8mm 时，可分两次或多次走刀。铣削宽度和端铣刀直径应保持 $d_0 = (1.1～1.6)ac$（mm）。

对于圆柱铣刀，铣削深度 a_p 应小于铣刀长度，铣削宽度 a_c 的选择原则与端铣刀铣削深度的选择原则相同。

（2）进给量的选择。每齿进给量 f_z 是衡量铣削加工效率水平的重要指标。粗铣时 f_z 主要受切削力的限制，半精铣和精铣时，f_z 主要受表面粗糙度限制，具体选择时查阅相关手册。

3. 磨削

平面磨削与其他表面磨削一样，具有切削速度高、进给量小、尺寸精度易于控制且能获得较小的表面粗糙度值等特点，加工精度一般可达 IT5～IT7 级，表面粗糙度值可达 $R_a 1.6～0.2\mu m$。平面磨削的加工质量比刨和铣都高，而且还可以加工淬硬零件，因而多用于零件的半精加工和精加工。生产批量较大时，箱体的平面常用磨削来精加工。

在工艺系统刚度较大的平面磨削时，可采用强力磨削，不仅能对高硬度材料和淬火表面进行精加工，而且还能对带硬皮、余量较均匀的毛坯平面进行粗加工。同时平面磨削可在电磁工作平台上同时安装多个零件，进行连续加工，因此，在精加工中对需保持一定尺寸精度和相互位置精度的中小型零件的表面来说，不仅加工质量高，而且能获得较高的生产率。

平面磨削方式有周磨和端磨两种。

1）周磨

周磨时砂轮的工作面是圆周表面，磨削时砂轮与工件接触面积小、发热小、散热快、排屑与冷却条件好，因此可获得较高的加工精度和表面质量，通常适用于加工精度要求较高的零件。但由于周磨采用间断的横向进给，因而生产率较低。

2）端磨

端磨时砂轮工作面是端面。磨削时磨头轴伸出长度短、刚性好，磨头又主要承受轴向力，弯曲变形小，因此可采用较大的磨削用量。砂轮与工件接触面积大，同时参加磨削的磨粒多，故生产率高，但散热和冷却条件差，且砂轮端面沿径向各点圆周速度不等而产生磨损不均匀，故磨削精度较低。一般适用于大批生产中精度要求不太高的零件表面加工，或直接对毛坯进行粗磨。为减小砂轮与工件接触面积，将砂轮端面修成内锥面形，或使磨头倾斜一微小的角度，这样可改善散热条件，提高加工效率，磨出的平面中间略成凹形，但由于倾斜角度很小，下凹量极微。

4. 研磨

研磨加工是应用较广的一种光整加工。加工后精度可达 IT5 级，表面粗糙度可达 $R_a0.1\sim0.006\mu m$。既可加工金属材料，也可以加工非金属材料。

研磨加工时，在研具和工件表面间存在分散的细粒度砂粒（磨料和研磨剂），在两者之间施加一定的压力，并使其产生复杂的相对运动，这样经过砂粒的磨削和研磨剂的化学、物理作用，在工件表面上去掉极薄的一层，获得很高的精度和较小的表面粗糙度。

研磨的方法按研磨剂的使用条件分以下 3 类。

（1）干研磨。研磨时只需在研具表面涂以少量的润滑附加剂。砂粒在研磨过程中基本固定在研具上，它的磨削作用以滑动磨削为主。这种方法生产率不高，但可达到很高的加工精度和较小的表面粗糙度值（$R_a0.02\sim0.01\mu m$）。

（2）湿研磨。在研磨过程中将研磨剂涂在研具上，用分散的砂粒进行研磨。研磨剂中除砂粒外还有煤油、机油、油酸、硬脂酸等物质。在研磨过程中，部分砂粒存在于研具与工件之间。此时砂粒以滚动磨削为主，生产率高，表面粗糙度 $R_a0.04\sim0.02\mu m$，加工表面一般无光泽。

（3）软磨粒研磨。在研磨过程中，用氧化铬作磨料的研磨剂涂在研具的工作表面，由于磨料比研具和工件软，因此研磨过程中磨料悬浮于工件与研具之间，主要利用研磨剂与工件表面的化学作用，产生很软的一层氧化膜，凸点处的薄膜很容易被磨料磨去。此种方法能得到极细的表面粗糙度（$R_a0.02\sim0.01\mu m$）。

5. 刮研

刮研平面用于未淬火的工件，它可使两个平面之间达到紧密接触，能获得较高的形状和位置精度，加工精度可达 IT7 级以上，表面粗糙度值 $R_a0.8\sim0.1\mu m$。刮研后的平面能形成具有润滑油膜的滑动面，因此能减少相对运动表面间的磨损和增强零件接合面间的接触刚度。刮研表面质量是用单位面积上接触点的数目来评定的，粗刮为 $1\sim2$ 点/cm^2，半精刮为 $2\sim3$ 点/cm^2，精刮为 $3\sim4$ 点/cm^2。

刮研劳动强度大、生产率低，但刮研所需设备简单、生产准备时间短、刮研力小、发热小、变形小、加工精度和表面质量高。此法常用于单件小批生产及维修工作中。

3.3.4 孔系的加工

箱体上一系列有相互位置精度要求的孔的组合，称为孔系。孔系可分为平行孔系、同轴孔系和交叉孔系。孔系的相互位置精度有：各平行孔中心线之间及孔中心线与基面之间的平行度和距离精度，各同轴孔的同轴度及各交叉孔的垂直度等。保证孔系加工精度是箱体加工的关键。孔系的加工方法根据生产类型不同和孔系精度要求不同采用不同的加工方法。

1. 平行孔系的加工

平行孔系的主要技术要求是各平行孔中心线之间及中心线与基准面之间的距离尺寸精度和相互位置精度。生产中常采用以下几种方法。

1）找正法

找正法是在通用机床上，借助辅助工具来找正要加工孔的正确位置的加工方法。这种方法加工效率低，一般只适用于单件小批生产。找正法可分为画线找正法、样板找正法、心轴块规找正法和定位套找正法等。

画线找正是加工前先在毛坯上画出各轴孔的加工线，未铸出的孔应先钻出通孔，然后在铣床或镗床上按画线进行找正加工。画线和找正时间较长，要求较高的操作水平，生产率低，而且加工出来的孔距精度也低。若改用试切法找正或样板找正，孔距精度可达±0.5mm 左右。

2）镗模法

镗模法即利用镗模夹具加工孔系。镗孔时，工件装夹在镗模上，镗杆被支承在镗模的导套里，增加了系统刚性。这样，镗刀便通过镗模板上的孔将工件上相应的孔加工出来，机床精度对孔系加工精度影响很小，孔距精度主要取决于镗模的制造精度，因而可以在精度较低的机床上加工出精度较高的孔系。当用两个或两个以上的支承来引导镗杆时，镗杆与机床主轴必须浮动连接。

镗模法加工孔系时镗杆刚度大大提高，定位夹紧迅速，节省了调整、找正的辅助时间，生产效率高，是中批生产、大批大量生产中广泛采用的加工方法。但由于镗模自身存在的制造误差，导套与镗杆之间存在间隙与磨损，所以孔距的精度一般可达±0.05 mm，同轴度和平行度从一端加工时可达 0.02～0.03mm；当分别从两端加工时可达 0.04～0.05mm。此外，镗模的制造要求高、周期长、成本高，镗孔的切削速度受到一定的限制，对于大型箱体较少采用镗模法。

3）坐标法

坐标法是按照孔系的坐标尺寸，在普通镗床、坐标镗床或数控镗铣床等设备上，借助于测量装置，调整机床主轴与工件间在水平和垂直方向的相对位置，来保证孔距精度的一种镗孔方法。因此孔距精度决定于坐标移动精度。它不需专用夹具而适应各种箱体加工，通用性好。

在箱体的设计图样上，因孔与孔间有齿轮啮合关系，对孔距尺寸有严格的公差要求，采用坐标法镗孔之前，必须把各孔距尺寸及公差借助三角几何关系及工艺尺寸链换算成以主轴孔中心为原点的相互垂直的坐标尺寸及公差。目前许多工厂编制了主轴箱传动轴坐标计算程序，用微机很快即可完成该项工作。

为保证按坐标法加工孔系时的孔距精度，在选择原始孔和考虑镗孔顺序时，要把有孔距精度要求的两孔的加工顺序紧紧地编写在一起，以减少坐标尺寸累积误差对孔距精度的影响；同时应尽量避免因主轴箱和工作台的多次往返移动而产生间隙造成对定精度的影响。此外，选择的原始孔应有较高的加工精度和较低的表面粗糙度值，以保证加工过程中检验镗床主轴相对于坐标原点位置的准确性。

坐标法镗孔的孔距精度取决于坐标的移动精度，实际上就是坐标测量装置的精度。坐标测量装置的主要形式有以下几种。

(1) 普通刻线尺与游标尺加放大镜测量装置，其位置精度为 $\pm 0.1 \sim \pm 0.3\text{mm}$。

(2) 百分表与块规测量装置。一般与普通刻线尺测量配合使用，在普通镗床用百分表和块规来调整主轴垂直和水平位置，百分表装在镗床头架和横向工作台上。位置精度可达 $\pm 0.02 \sim \pm 0.04\text{mm}$。这种装置调整费时、效率低。

(3) 经济刻度尺与光学读数头测量装置，这是用得最多的一种测量装置。该装置操作方便、精度较高，经济刻度尺任意二刻线间误差不超过 $5\mu\text{m}$，光学读数头的读数精度为 0.01mm。

(4) 光栅数字显示装置和感应同步器测量装置，其读数精度高，为 $0.0025 \sim 0.01\text{mm}$。

2. 同轴孔系的加工

成批生产中，一般采用镗模加工孔系，其同轴度由镗模保证。单件小批生产，其同轴度用以下几种方法来保证。

(1) 利用已加工孔作支承导向。当一面上的孔加工好后，在孔内装一导向套，支承和引导镗杆加工另一面的孔，以保证两孔的同轴度要求。此法适于加工箱壁较近的孔。

(2) 利用镗床后立柱上的导向套支承镗杆。这种方法其镗杆系两端支承，刚性好，但此法调整麻烦，镗杆较长，很笨重，故只适于大型箱体的加工。

(3) 采用调头镗。当箱体箱壁相距铰远时，可采用调头镗。工件在一次装夹后，镗好一端孔后，将镗床工作台回转 $180°$，调整工作台位置，使已加工孔与镗床主轴同轴，然后再加工孔。

3. 交叉孔系的加工

交叉孔系的主要技术要求是控制有关孔的垂直度误差。在普通镗床上主要靠机床工作台上的 $90°$ 对准装置。因为它是挡块装置，结构简单，但对准精度低。当有些镗床工作台 $90°$ 对准装置精度很低时，可用心棒与百分表找正来提高其定位精度，即在加工好的孔中插入心棒，工作台转位 $90°$，摇工作台用百分表找正。

4. 箱体孔系加工精度分析

1) 镗杆受力变形的影响

镗杆受力变形是影响镗孔加工质量的主要原因之一。尤其当镗杆与主轴刚性连接采用悬臂镗孔时，镗杆的受力变形最为严重。悬臂镗杆在镗孔过程中，受到切削力矩 M、切削力 F_r 及镗杆自重 G 的作用，如图 3.30、3.31 所示，切削力矩 M 使镗杆产生弹性扭曲，

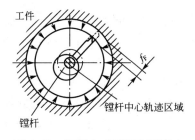

图 3.30 切削力对镗杆变形影响

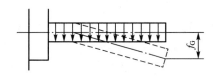

图 3.31 自重对镗杆变形影响

主要影响工件的表面精糙度和刀具的寿命；切削力 F_r 和自重 G 使镗杆产生弹性弯曲（挠曲变形），对孔系加工精度的影响严重，下面分析 F_r 和 G 的影响。

（1）由切削力 F_r 所产生的挠曲变形。

作用在镗杆上的切削力 F_r，随着镗杆的旋转不断地改变方向，由此而引起的镗杆的挠曲变形也不断地改变方向，如图 3.30 所示，使镗杆的中心偏离了原来的理想中心。由图可见，当切削力大小不变时刀尖的运动轨迹仍然呈正圆，只不过所镗出孔的直径比刀具调整尺减少了 $2f_F$，f_F 的大小与切削力 F_r 和镗杆的伸出长度有关，F_r 愈大或镗杆伸出愈长，则 f_F 就愈大。但应该指出，在实际生产中由于实际加工余量的变化和材质的不匀，切削力 F_r 是变化的，因此刀尖运动轨迹不可能是正圆。同理，在被加工孔的轴线方向上，由于加工余量和材质的不匀，或者采用镗杆进给时，镗杆的挠曲变形也是变化的。

（2）镗杆自重 G 所产生的挠曲变形。

镗杆自重 G 在镗孔过程中，其大小和方向不变。因此，由它所产生的镗杆挠曲变形 f_G 的方向也不变。高速镗削时，由于陀螺效应，自重所产生的挠曲变形很小；低速精镗时，自重对镗杆的作用相当于均布载荷作用在悬臂梁上，使镗杆实际回转中心始终低于理想回转中心一个 f_G 值。G 越大或镗杆悬伸越长，则 f_G 越大，如图 3.31 所示。

（3）镗杆在自重 G 和切削力 F_r 共同作用下的挠曲变形。

事实上，镗杆在每一瞬间所产生的挠曲变形，是切削力 F_r 和自重 G 所产生的挠曲变形的合成。可见，在 F_r 和 G 的综合作用下，镗杆的实际回转中心偏离了理想回转中心。由于材质不匀、加工余量的变化、切削用量的不一，以及镗杆伸出长度的变化，使镗杆的实际回转中心在镗孔过程中做无规律的变化，从而引起了孔系加工的各种误差。对同一孔的加工，引起圆柱度误差；对同轴孔系引起同轴度误差；对平行孔系引起孔距误差和平行度误差。粗加工时，切削力大，这种影响比较显著；精加工时，切削力小，这种影响也就比较小。

从以上分析可知，镗杆在自重和切削力作用下的挠曲变形，对孔的几何形状精度和相互位置精度都有显著的影响。因此，在镗孔中必须十分注意提高镗杆的刚度。一般可采取下列措施：第一，尽可能加粗镗杆直径和减少悬伸长度；第二，采用导向装置，使镗杆的挠曲变形得以约束。此外，也可通过减小镗杆自重和减小切削力对挠曲变形的影响来提高孔系加工精度。对镗杆直径较大时（$\phi 80 \text{mm}$ 以上），应加工成空心，以减轻重量；合理选择定位基准，使加工余量均匀；精加工时采用较小的切削用量，并使加工各孔所用的切削用量基本一致，以减小切削力影响。

2）镗杆与导向套的精度及配合间隙的影响

采用导向装置或镗模镗孔时，镗杆由导套支承，镗杆的刚度较悬臂镗时大大提高。此时，与导套的几何形状精度及其相互的配合间隙，将成为影响孔系加工精度的主要因素之一，现分析如下。

由于镗杆与导套之间存在着一定的配合间隙，在镗孔过程中，当切削力 $F_r > G$ 时，刀具不管处在什么切削位置，切削力都可以推动镗杆紧靠在与切削位置相反的导套内表面，这样，随着镗杆的旋转，镗杆表面以一固定部位沿导套的整个内圆表面滑动。因此，导套的圆度误差将引起被加工孔的圆度误差，而镗杆的圆度误差对被加工孔的圆度没有影响。

精镗时，切削力很小，通常 $F_r < G$，切削力 F_r 不能抬起镗杆。随着镗杆的旋转，镗杆轴颈以不同部位沿导套内孔的下方摆动。显然，刀尖运动轨迹为一个圆心低于导套中心的非正圆，直接造成了被加工孔的圆度误差；此时，镗杆与导套的圆度误差也将反映到被加工孔上而引起圆度误差。当加工余量与材质不匀或切削用量选取不一样时，使切削力发生变化，引起镗杆在导套内孔下方的摆幅也不断变化。这种变化对同一孔的加工，可能引起圆柱度误差，对不同孔的加工，可能引起相互位置的误差和孔距误差。所引起的这些误差的大小与导套和镗杆的配合间隙有关；配合间隙愈大，在切削力作用下，镗杆的摆动范围越大所引起的误差也就越大。

综上所述，在有导向装置的镗孔中，为了保证孔系加工质量，除了要保证镗杆与导套本身必须具有较高的几何形状精度外，尤其要注意合理地选择导向方式和保持镗杆与导套合理的配合间隙，在采用前后双导向支承时，应使前后导向的配合间隙一致。此外，由于这种影响还与切削力的大小和变化有关，因此在工艺上应如前所述，注意合理选择定位基准和切削用量，精加工时，应适当增加走刀次数，以保持切削力的稳定和尽量减少切削力的影响。

3）机床进给运动方式的影响

镗孔时常有两种进给方式，分别是镗杆直接进给和工作台进给两种。进给方式对孔系加工精度的影响与镗孔方式有关，当镗杆与机床主轴浮动连接采用镗模镗孔时，进给方式对孔系加工精度无明显的影响；当采用镗杆与主轴刚性连接悬臂镗孔时，进给方式对孔系加工精度有较大的影响。

悬臂镗孔时，若以镗杆直接进给，在镗孔过程中随着镗杆的不断伸长，刀尖处的挠曲变形量越来越大，使被加工孔越来越小，造成圆柱度误差；同理，若用镗杆直接进给加工同轴线上的各孔，则造成同轴度误差。反之，若镗杆伸出长度不变，而以工作台进给，在镗孔过程中，刀尖处的挠度值不变（假定切削力不变）。因此，镗杆的挠曲变形对被加工孔的几何形状精度和孔系的相互位置精度均无影响。

比较以上两种进给方式，在悬臂镗孔中，镗杆的挠曲变形较难控制，而机床的工作台进给，并采用合理的操作方式，比镗杆进给较易保证孔系的加工质量。因此，在一般的悬臂镗孔中，特别是当孔深大于 200mm 时，大都采用工作台进给；但当加工大型箱体时，镗杆的刚度好，而用工作台进给十分沉重，易产生爬行，反而不如镗杆直接进给较快，此时宜用镗杆进给；另外，当孔深小于 200mm 时，镗杆悬伸短，也可直接采用镗杆进给。

3.3.5 箱体类零件加工工艺分析

1. 车床主轴箱

1）技术要求

如图 3.32 所示为某车床主轴箱的零件简图，其主要技术要求为以下几方面。

（1）B 面粗糙度为 $R_a 0.8 \mu m$，A、C、D、E 面粗糙度为 $R_a 3.2 \mu m$，A 面的平面度为 0.05mm。

（2）轴承孔尺寸精度最高为 IT6（主轴孔），表面粗糙度为 $R_a 0.8 \mu m$。

（3）平行孔系的平行度公差为 0.01/100mm；同轴孔系的同轴度为 0.02mm；轴承孔

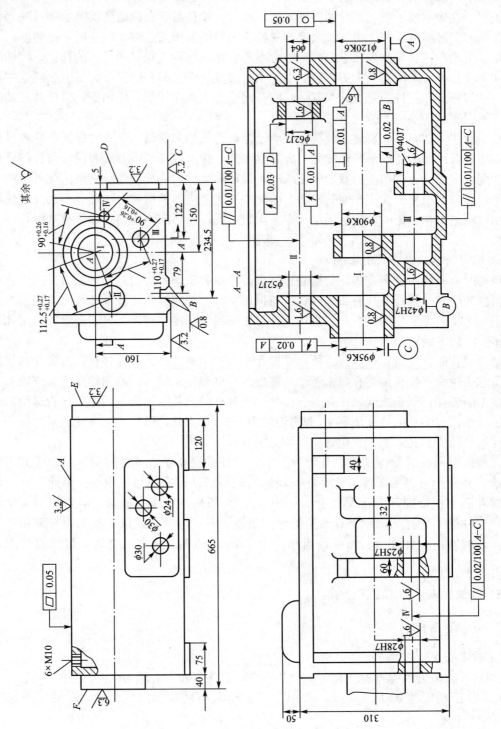

图 3.32 车床主轴箱零件简图

端面相对轴承孔都有垂直度或端面跳动公差要求。

（4）非加工表面涂漆；铸件人工时效处理；材料为 HT200。

2）主轴箱机械加工工艺过程

车床主轴箱的小批量生产机械加工工艺过程见表 3-11，车床主轴箱的大批量生产机械加工工艺过程见表 3-12。

表 3-11　车床主轴箱小批量生产机械加工工艺过程

工序号	工序名称	工序内容	定位及夹紧
1	铸造		
2	清砂		
3	热处理	人工时效处理	
4	画线	主要考虑主轴孔的加工余量足够、均匀，画 C、A、E、D 面加工线	
5	刨	按线找正，夹紧工件，粗、精刨 A 面	B、C 面
6	刨	粗、精刨 B、C 面，留磨削余量 0.6～0.8mm	A 面
7	铣	粗精铣 D、E、F 面	B、C 面
8	磨	磨 B、C 面，保证总高尺寸	A 面
9	镗	粗、精镗各轴承孔至图样尺寸	B、C 面
10	钻	钻各横向孔或螺纹底孔，螺纹孔攻丝	B、C 面
11	清洗		
12	检验	检查各部尺寸及精度	

表 3-12　车床主轴箱大批量生产机械加工工艺过程

工序号	工序名称	工序内容	定位及夹紧
1	铸造		
2	清砂		
3	油漆		
4	热处理	人工时效处理	
5	铣	铣顶面 A	Ⅰ、Ⅱ 孔
6	钻	在 A 面上钻、扩、铰 2×ϕ8H7 工艺孔	A 面及外形
7	铣	铣两端面 E、F 及前面 D	A 面及两工艺孔
8	铣	铣导轨面 B、C	A 面及两工艺孔
9	磨	磨顶面 A	B、C 面
10	镗	粗镗各轴承孔（Ⅰ、Ⅱ、Ⅲ、Ⅳ）	A 面及两工艺孔

（续）

工序号	工序名称	工序内容	定位及夹紧
11	镗	精镗各轴承孔（Ⅰ、Ⅱ、Ⅲ、Ⅳ）至图样尺寸	A面及两工艺孔
12	镗	精镗主轴孔Ⅰ至图样尺寸	A面及两工艺孔
13	钻	钻横向各孔及螺纹底孔、攻丝	A面及两工艺孔
14	磨	磨导轨面B、C及前面D	A面及两工艺孔
15	钻	扩两工艺孔至$\phi6.5$mm，攻丝	
16	清洗		
17	检验		

3）工艺分析

（1）主要表面加工方法的选择。

箱体的主要表面有平面和轴承孔。主要平面的加工，对于中、小件，一般在牛头刨床或普通铣床上进行；对于大件，一般在龙门刨床或龙门铣床上进行。刨削的刀具结构简单，机床成本低、调整方便，但生产率低。在大批大量生产时，多采用铣削。当生产批量大且精度要求又较高时可采用磨削。单件小批生产精度较高的平面时，除一些高精度的箱体仍需手工刮研外，一般采用宽刀精刨。当生产批量较大或为保证平面间的相互位置精度，可采用组合铣削和组合磨削。

箱体轴承孔的加工，对于直径小于$\phi50$mm的孔，一般不铸出，可采用"钻—扩（或半精镗）—铰（或精镗）"的方案；对于已铸出的孔，可采用"粗镗—半精镗—精镗（或浮动镗）"的方案。

（2）拟定工艺过程的原则。

① 先面后孔的加工顺序。箱体主要是由平面和孔组成，这也是它的主要表面。先加工平面，后加工孔，是箱体加工的一般规律。因为主要平面是箱体往机器上装配的基准，先加工主要平面后加工支承孔，使定位基准与设计基准和装配基准重合，从而消除因基准不重合而引起的误差。另外，先以孔为粗基准加工平面，再以平面为精基准加工孔，这样，可为孔的加工提供稳定可靠的定位基准，并且加工平面时切去了铸件的硬皮和凹凸不平，对后续孔的加工有利，可减少钻头引偏和崩刃现象，对刀调整也比较方便。

② 粗、精加工分阶段进行。粗、精加工分开的原则：对于刚性差、批量较大、要求精度较高的箱体，一般要粗、精加工分开进行，即在主要平面和各支承孔的粗加工之后再进行主要平面和各支承孔的精加工。这样，可以消除由粗加工所造成的内应力、切削力、切削热、夹紧力对加工精度的影响，并且有利于合理地选用设备等。粗、精加工分开进行，会使机床、夹具的数量及工件安装次数增加，而使成本提高，所以对单件小批生产、精度要求不高的箱体，常常将粗、精加工合并在一道工序中进行，但必须采取相应措施，以减少加工过程中的变形。例如：粗加工后松开工件，让工件充分冷却，然后用较小的夹紧力、以极小的切削用量，多次走刀进行精加工。

③ 合理地安排热处理工序。为了消除铸造后铸件中的内应力，在毛坯铸造后安排人

工时效处理，有时甚至在半精加工之后还要安排一次时效处理，以便消除残留的铸造内应力和切削加工时产生的内应力。对于特别精密的箱体，在机械加工过程中还应安排较长时间的自然时效(如坐标镗床主轴箱箱体)。箱体人工时效的方法，除加热保温外，也可采用振动时效。

(3) 定位基准的选择。

① 粗基准的选择。根据粗基准的选择原则，通常选用箱体重要孔的毛坯孔作粗基准。由于铸造箱体毛坯时，形成主轴孔、其他支承孔及箱体内壁的型芯是装成一整体放入的，它们之间有较高的相互位置精度，因此不仅可以较好地保证轴孔和其他支承孔的加工余量均匀，而且还能较好地保证各孔的轴线与箱体不加工内壁的相互位置，避免装入箱体内的齿轮、轴套等回转零件在运转时与箱体内壁相碰。

根据生产类型不同，实现以主轴孔为粗基准的工件安装方式也不一样。大批量生产时，由于毛坯精度高，可以直接用箱体上的重要孔在专用夹具上定位，工件安装迅速，生产率高。在单件、小批及中批生产时，一般毛坯精度较低，按上述办法选择粗基准，往往会造成箱体外形偏斜，甚至局部加工余量不够，因此通常采用划线找正的办法进行第一道工序的加工，即以主轴孔及其中心线为粗基准时毛坯进行画线和检查，必要时予以纠正，纠正后孔的余量应足够，但不一定均匀。

② 精基准的选择。为了保证箱体孔与孔、孔与平面、平面与平面之间的相互位置和距离尺寸精度，箱体类零件精基准选择常用两种原则，即基准统一原则、基准重合原则。

一面两孔(基准统一原则)。在多数工序中，箱体利用底面(或顶面)及其上的两孔作定位基准，加工其他的平面和孔系，以避免由于基准转换而带来的累积误差。

三面定位(基准重合原则)。箱体上的装配基准一般为平面，而它们又往往是箱体上其他要素的设计基准，因此以这些装配基准平面作为定位基准，避免了基准不重合误差，有利于提高箱体各主要素间的相互位置精度。

一般情况下，在中、小批量生产时，尽可能使定位基准与设计基准重合，以设计基准作为统一的定位基准。而大批量生产时，优先考虑的是如何稳定加工质量和提高生产率，由此而产生的基准不重合误差通过工艺措施解决，如提高工件定位面精度和夹具精度等。

2. 轴承座

1) 技术要求

如图 3.33 所示为轴承座零件简图，其主要技术要求为以下几方面。

(1) 轴承孔尺寸为 $\phi 30^{+0.021}_{0}$ mm，表面粗糙度 $R_a 1.6 \mu m$。

(2) 左视图右侧面相对 $\phi 30^{+0.021}_{0}$ mm 孔中心线的垂直度公差为 0.03mm。

(3) A—A 剖面图上平面的平面度为 0.008mm，只允许凹陷，不允许凸起，且相对 $\phi 30^{+0.021}_{0}$ mm 孔中心线的平行度公差为 0.03mm。

(4) 未注明倒角 $1 \times 45°$；铸造后毛坯要进行时效处理；材料 HT200。

2) 机械加工工艺过程

轴承座的机械加工工艺过程见表 3-13。

3) 工艺分析

(1) $\phi 30^{+0.021}_{0}$ mm 轴承孔可以用车床加工，也可以用铣床镗孔。

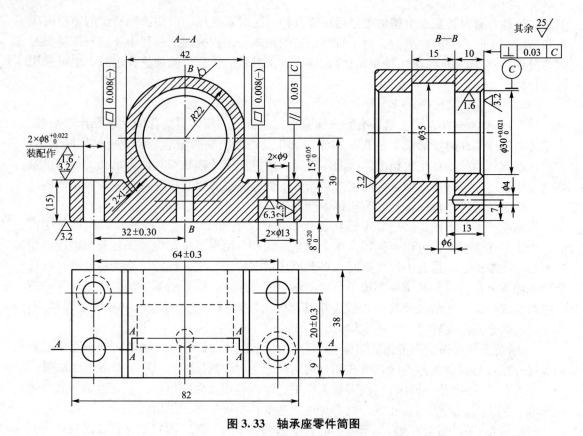

图 3.33　轴承座零件简图

表 3-13　轴承座机械加工工艺过程

工序号	工序名称	工序内容	定位及夹紧
1	铸造		
2	清砂		
3	热处理	时效处理	
4	画线	画外形及轴承孔加工线	
5	铣	以轴承孔两侧毛坯，按线找正，铣轴承座底面，照顾尺寸 30mm	
6	刨	刨 A—A 剖面的上平面及轴承孔左、右侧面，保证 42mm。刨 2mm×1mm 槽，照顾底面厚度 15mm	底面定位，轴承孔上部夹紧
7	铣	铣轴承座 4 个侧面，保证 38mm 和 82mm	底面
8	车	车 $\phi30^{+0.021}_{0}$mm 孔、车 $\phi35$mm 孔、倒角 1×45° 至图样尺寸，保证 $\phi30^{+0.021}_{0}$mm 孔至上平面距离 $15^{+0.05}_{0}$mm	底面及侧面
9	钻	钻 $\phi6$mm、$\phi4$mm；钻 2-$\phi9$mm 孔、锪 2-$\phi13$mm 孔，深 $8^{+0.20}_{0}$mm；钻 2-$\phi8$mm 孔至 $\phi7$mm	轴承孔、A—A 剖面上平面
10	钳	去毛刺	
11	检验	检查各部尺寸及精度	
12	入库	入库	

（2）轴承孔两侧面用刨床加工，以便加工 2mm×1mm 槽。

（3）两个定位销孔 $\phi 8^{+0.022}_{0}$ mm，先钻 2 - $\phi 7$mm 工艺底孔，待装配时与装配件合钻。

（4）左视图右侧面对 $\phi 30^{+0.021}_{0}$ mm 孔轴线的垂直度检查，可将工件用 $\phi 30$mm 心轴装在偏摆仪上，再用百分表测工件右侧面，这时转动心轴，百分表最大与最小值为垂直度偏差值。

（5）A—A 剖面的上平面对 $\phi 30^{+0.021}_{0}$ mm 孔轴线的平行度检查，可将轴承座 $\phi 30^{+0.021}_{0}$ mm 孔装入心轴，并用两块等高垫铁支承该上平面，这是用百分表分别测心轴两端的最高点，其差值即为平行度误差值。

3.3.6　箱体加工典型夹具

箱体零件的主要加工表面是平面及孔系。一般来说，平面的加工精度要比孔系的加工精度容易实现。因此，箱体加工时，遵循先面后孔的原则，并将孔与平面的加工划分加工阶段，以保证孔系加工精度。

箱体零件加工过程一般选用组合机床或加工中心。夹具选用专用夹具，夹紧方式多选用气动夹紧，夹紧可靠、生产效率较高。

在加工箱体、支架、连杆和机体类工件时，常以平面和垂直于此平面的两个孔为定位基准组合起来定位，称为一面两孔定位，体现基准统一原则。通常要求平面为第一定位基准，限制工件的 3 个自由度，定位元件是支承板或支承钉；第一孔的中心线为第二定位基准，限制工件的 2 个自由度，定位元件是短圆柱销；第二孔的中心线为第三定位基准，限制工件的 1 个自由度，定位元件是短菱形销，实现六点定位，此时，工件上的孔可以是专为工艺的定位需要而加工的工艺孔，也

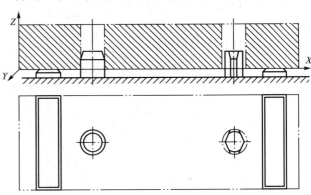

图 3.34　一面两孔定位方式

可以是工件上原有的孔。一面两孔定位方式如图 3.34 所示。

另外，在加工箱体、支架、连杆和机体类工件时，采用三面定位，体现基准重合原则。如图 3.35 所示某支架壳体镗孔工序图，图 3.36 为该工序夹具总图。该镗模在前、后

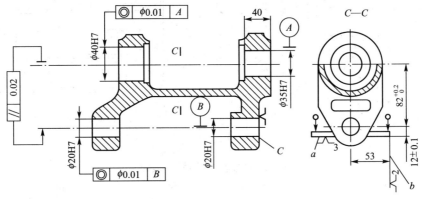

图 3.35　某支架壳体镗孔工序图

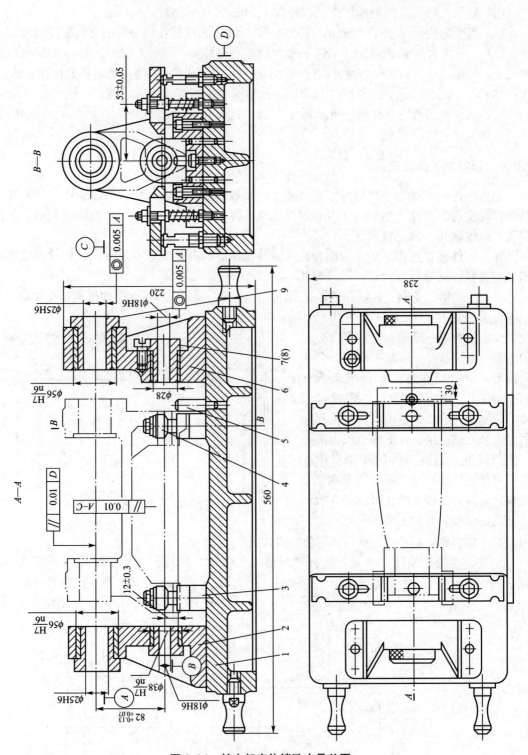

图 3.36　某支架壳体镗孔夹具总图

1—夹具体；2、6—支架；3—定位支承板；4—压板；5—挡销；7、8—钻套；9—镗套

两端分别设置了导向支架，在导向支架上安装有镗套，用以支承和引导镗杆。工件以 a 、b 、c 面作为定位基准，其中 a 面为主定位基准，b 面为第二定位基准，定位元件选用两块带有侧立面的定位支承板 3，限制工件 5 个自由度，c 面为第三定位基准，定位元件采用挡销 5，限制工件 1 个自由度。为安装方便，镗模底座上加工出了找正基准面 D。

镗模上导向装置的布置方式采用了双支承导向方式。该导向方式的优点是易获得较高的孔径和孔距精度，采用该种引导方式加工时，镗杆与机床主轴采用浮动连接，因此所镗孔的位置精度主要取决于镗模支架上镗套的位置精度，而不受机床主轴精度的影响。

复习与思考题

3.1　试述轴类零件的主要功用，其结构特点和技术要求有哪些。

3.2　试比较外圆磨削时纵磨法、横磨法的特点及应用。

3.3　中心孔在轴类零件加工中起什么作用？什么情况下要对中心孔进行修磨？若精加工后中心孔有圆度误差，对轴颈的加工精度有何影响？

3.4　试编制如图 3.37 所示花键轴的工艺规程。材料为 40Cr，大批生产。

3.5　套筒类零件的毛坯常选用哪些材料？毛坯的选择有什么特点？

3.6　保证套筒类零件位置精度的方法有哪几种？试举例说明各种方法的特点及运用条件。

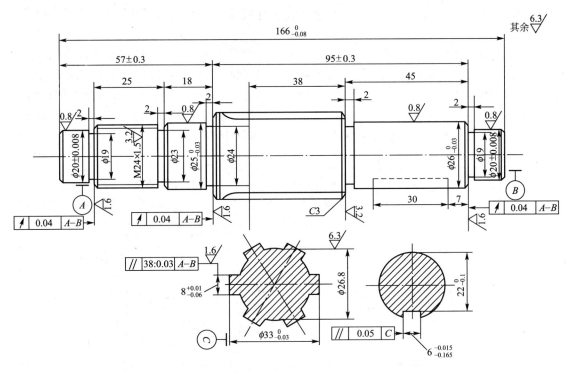

图 3.37　题 3.4 图

3.7　图 3.38(a)所示为零件的钻孔工序简图，(b)图为钻夹具简图，试分析影响钻孔精度的因素，并标注在钻夹具总图上。

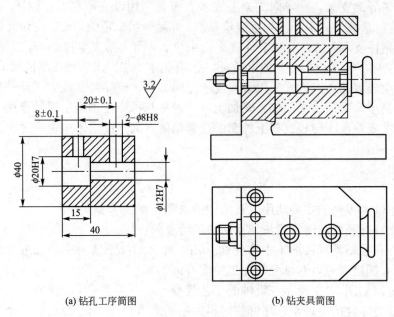

(a) 钻孔工序简图　　　　　　　　(b) 钻夹具简图

图 3.38　题 3.7 图

3.8　箱体类零件的结构特点、主要技术要求有哪些？

3.9　箱体类零件的主要技术要求对保证零件在机器中的作用和机器的性能有哪些影响？

3.10　何谓孔系？孔系加工方法有哪几种？并说明各种加工方法的特点和适用范围。

3.11　镗模导向装置的布置方式有哪些？各有何特点？在卧式镗床上加工箱体上的孔，可采用图 3.39 所示的几种方案：(a)为工件进给；(b)为镗杆进给；(c)为工件进给、镗杆加后支承；(d)为镗杆进给并加后支承；(e)为采用镗模夹具、工件进给。若只考虑镗杆受切削力变形的影响，试分析各种方案加工后箱体孔的加工误差。

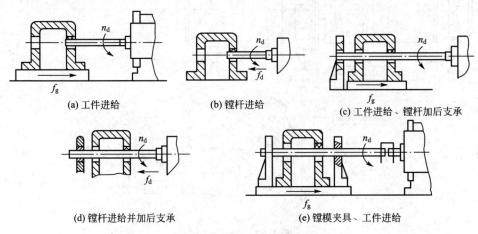

(a) 工件进给　　　　　(b) 镗杆进给　　　　　(c) 工件进给、镗杆加后支承

(d) 镗杆进给并加后支承　　　　　(e) 镗模夹具、工件进给

图 3.39　题 3.11 图

3.12　箱体加工顺序安排中应遵循哪些基本原则？为什么？

3.13　箱体加工的粗基准选择主要考虑哪些问题？生产批量不同时，工件的安装方式有何不同？

3.14 试举例比较在选择精基准时采用"一面两孔"或"三面定位"两种方案定位的优、缺点和适用场合。

3.15 试编制如图 3.40 所示箱体零件的工艺规程。材料为 HT200，铸件人工时效处理，成批生产。

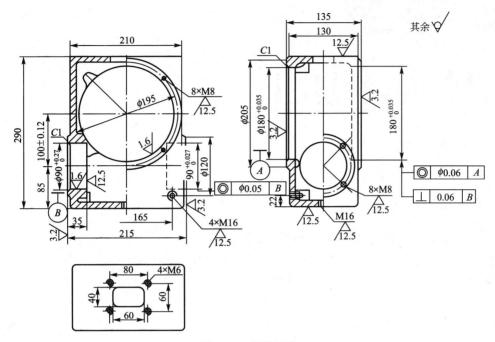

图 3.40 箱体零件

第**4**章

圆柱齿轮加工

本章学习目标

★ 了解圆柱齿轮的结构特点、材料及技术要求；

★ 掌握圆柱齿轮的齿形加工方法，圆柱齿轮的加工工艺规程制订；

★ 理解圆柱齿轮的精度等级及其检验方法。

本章教学要点

知识要点	能力要求	相关知识
圆柱齿轮结构特点	了解圆柱齿轮的结构特点、材料及技术要求	圆柱齿轮的工艺、结构特点，圆柱齿轮的技术要求、材料、毛坯及热处理
圆柱齿轮工艺分析	掌握圆柱齿轮的齿形加工方法，圆柱齿轮的加工工艺规程制订	齿坯加工，齿形的成形法和展成法加工，滚齿及其加工质量分析、插齿、磨齿等，齿轮加工工艺规程制订
齿轮精度及其检验	理解圆柱齿轮的精度等级及其检验方法	齿轮精度等级及其表示方法，齿轮公差检验方法

导入案例

齿轮传动广泛应用于机床、汽车、飞机、船舶及精密仪器等行业中。因此，生产上所用齿轮数量极大，品种也繁多。渐开线圆柱齿轮是机械传动中应用极为广泛的一种零件，按照一定的速比传递运动和动力。齿轮的结构由于使用要求的不同而具有不同的形状和尺寸，但总可以看成是由齿形和轮体两部分构成。在机械制造中，齿轮生产占有极重要的地位。近年来，在提高齿轮生产率方面得到很大的发展。例如采用精密铸造、精密锻造、粉末冶金、热轧、冷挤等成形新工艺，减少了切削加工量，大大地节约了材料，提高了劳动生产率，降低了生产成本。在制造精密齿轮方面也有突破。例如采用成形磨齿法可制造出4级或3级精度齿轮，甚至已经制造出GB/T 10095—2008标准中的1级精度超精密齿轮。

4.1 概　　述

4.1.1　圆柱齿轮的功用及结构特点

齿轮传动是现代机械中应用最广泛的一种机械传动形式。在工程机械、矿山机械、冶金机械、各种机床及仪器、仪表工业中被广泛地用来传递运动和动力。齿轮传动按规定的速比传递运动和动力，除传递回转运动外，齿轮齿条还可以把回转运动转变为直线往复运动。

齿轮因其在机器中的功用不同而结构各异，有锻造结构、铸造结构以及焊接结构，但总是由齿圈和轮体组成。按照齿圈上轮齿的分布形式，可分为直齿、斜齿、人字齿等；按照轮体的结构特点，齿轮大致分为盘形齿轮、套筒齿轮、轴齿轮、扇形齿轮和齿条等，如图4.1所示。

图4.1　常见齿轮结构

在上述各种齿轮中，以盘形齿轮应用最广。盘形齿轮以基圆柱为基体，齿廓分布在圆周上形成，可以分为外齿轮和内齿轮以及齿环。将齿布置在外圆周的齿轮称为外齿轮，齿布置在内表面的齿轮称为内齿轮，齿环的齿可以布置在外圆周，也可以布置在内圆周，但厚度较小。

齿轮的结构形式直接影响齿轮的加工工艺过程。盘形齿轮的内孔多为精度较高的圆柱孔和花键孔。其轮缘具有一个或几个齿圈。单齿圈盘类齿轮的结构工艺性最好，可采用任何一种齿形加工方法加工轮齿；双联或三联等多齿圈齿轮的小齿圈当其轮缘间的轴向距离较小时，加工受齿圈间轴向距离的限制，其齿形加工方法的选择就受到限制，加工工艺性差，通常只能选用插齿。如果小齿圈精度要求高，需要精滚或磨齿加工，而轴向距离在设计上又不允许加大时，可将此多齿圈齿轮做成单齿圈齿轮的组合结构，以改善加工的工艺性。

4.1.2 圆柱齿轮的技术要求、材料、毛坯及热处理

1. 技术要求

齿轮本身的制造精度，对整个机器的工作性能、承载能力及使用寿命都有很大的影响。根据其使用条件，齿轮传动应满足以下几个方面的要求。

（1）传递运动准确性。要求齿轮较准确地传递运动，传动比恒定。即要求齿轮在一转中的转角误差不超过一定范围。

（2）传递运动平稳性。要求齿轮传递运动平稳，以减小冲击、振动和噪声。即要求限制齿轮转动时瞬时速比的变化。

（3）载荷分布均匀性。要求齿轮工作时，齿面接触要均匀，以使齿轮在传递动力时不致因载荷分布不匀而使接触应力过大，引起齿面过早磨损。接触精度除了包括齿面接触均匀性以外，还包括接触面积和接触位置。

（4）传动侧隙的合理性。要求齿轮工作时，非工作齿面间留有一定的间隙，以储存润滑油，补偿因温度、弹性变形所引起的尺寸变化和加工、装配时的一些误差。

齿轮的制造精度和齿侧间隙主要根据齿轮的用途和工作条件而定。对于分度传动用的齿轮，主要要求齿轮的运动精度较高；对于高速动力传动用齿轮，为了减少冲击和噪声，对工作平稳性精度有较高要求；对于重载低速传动用的齿轮，则要求齿面有较高的接触精度，以保证齿轮不致过早磨损；对于换向传动和读数机构用的齿轮，则应严格控制齿侧间隙，必要时，须消除间隙。

2. 材料与热处理

1）齿轮的材料

齿轮材料是按照使用时的工作条件选用的，齿轮材料直接影响齿轮的加工性能和使用寿命。

一般来说，对于低速重载的传力齿轮，齿面受压产生塑性变形和磨损，且轮齿易折断，选用机械强度、硬度等综合力学性能较好的材料，如 18CrMnTi。线速度高的传力齿轮，齿面容易产生疲劳点蚀，所以齿面要有较高的硬度，可用 38CrMoAlA 氮化钢。承受冲击载荷的传力齿轮，选用韧性好的材料，如低碳合金钢 18CrMnTi。非传力齿轮可以采用不淬火钢，铸铁、夹布胶木、尼龙等非金属材料。一般用途的齿轮均用 45 钢等中碳结构钢和低碳合金钢如 20Cr、40Cr、20CrMnTi 等制成。

2）齿轮的热处理

齿轮加工中根据不同的目的，安排两类热处理工序。

一类是毛坯热处理，在齿坯加工前后安排预备热处理——正火或调质。其主要目的是消除锻造及粗加工所引起的残余应力，改善材料的切削性能和提高材料的综合力学性能。

另一类齿面热处理是在齿形加工完毕后，为提高齿面的硬度和耐磨性，常进行渗碳淬火、高频淬火、碳氮共渗和氮化处理等热处理工序。

3. 齿轮毛坯

齿轮毛坯形式主要有棒料、锻件和铸件。棒料用于小尺寸、结构简单且对强度要求不太高的齿轮。当齿轮强度要求高，并要求耐磨损、耐冲击时，多用锻件毛坯。当齿轮的直径大于 $\phi400\sim\phi600mm$ 时，常用铸造齿坯。为了减少机械加工量，对大尺寸、低精度的齿轮，可以直接铸出轮齿；对于小尺寸、形状复杂的齿轮，可以采用精密铸造、压力铸造、精密锻造、粉末冶金、热轧和冷挤等新工艺制造出具有轮齿的齿坯，以提高劳动生产率，节约原材料。

4.2 圆柱齿轮常用加工方法

齿形加工方法很多，按加工中有无切削，可分为无切削加工和有切削加工两大类。

无切削加工包括热轧齿轮、冷轧齿轮、精锻、粉末冶金等新工艺。无切削加工具有生产率高、材料消耗少、成本低等一系列的优点，目前已推广使用。但因其加工精度较低、工艺不够稳定，特别是生产批量小时难以采用，这些缺点限制了它的使用。

齿形的有切削加工，具有良好的加工精度，目前仍是齿形的主要加工方法。按其加工原理可分为成形法和范成法两种。

1）成形法

成形法的特点是所用刀具的切削刃形状与被切工件的形状相同。

用成形原理加工齿形时，所用刀具的切削刃形状与被切齿轮齿槽的形状相同，如图4.2所示，方法有用齿轮铣刀在铣床上铣齿、用成形砂轮磨齿、用齿轮拉刀拉齿等方法。这些方法由于存在分度误差及刀具的安装误差，所以加工精度较低，一般只能加工出9～10级精度的齿轮。此外，加工过程中需做多次不连续分齿，生产率也很低。因此，主要用于单件小批量生产和修配工作中加工精度不高的齿轮。

图4.2 成形法加工齿形

2）范成法

范成法是应用齿轮啮合的原理来进行加工的，用这种方法加工出来的齿形轮廓是刀具切削刃运动轨迹的包络线。齿数不同的齿轮，只要模数和齿形角相同，都可以用同一把刀具来加工。用范成原理加工齿形的方法有滚齿、插齿、剃齿、珩齿和磨齿等方法。其中剃齿、珩齿和磨齿属于齿形的精加工方法。范成法的加工精度和生产率都较高，刀具通用性好，所以在生产中应用十分广泛。在实际加工时，可根据被加工齿轮所要求的加工精度选用不同的加工方法，见表4-1。常见机械采用的齿轮精度等级见表4-2。

表4-1 齿轮加工方法及加工精度

加工方法	加工精度	表面粗糙度 $R_a/\mu m$
滚齿加工	6～9级	1.25～5
插齿加工	6～8级	1.25～5
剃齿加工	6～7级	0.32～1.25
磨齿加工	4～7级	0.16～0.63

表 4-2 常见机械采用的齿轮精度等级

应用范围	精度等级	应用范围	精度等级
测量齿轮	3~5	拖拉机	6~10
汽轮机减速器	3~6	一般用途减速器	6~9
金属切削机床	3~8	轧钢设备小齿轮	6~10
内燃机与电气机车	6~7	矿用绞车	8~10
轻型汽车	5~8	起重机机构	7~10
重型汽车	6~9	农业机械	8~11
航空发动机	4~7	—	—

4.2.1 滚齿及其质量分析

1. 滚齿的原理及工艺特点

滚齿就是指在滚齿机上用齿轮滚刀加工齿轮。它是齿形加工方法中生产率较高、应用最广的一种加工方法。其原理相当于一对螺旋齿轮做无侧隙强制性的啮合，如图 4.3(a) 所示。

齿轮滚刀和被加工齿轮的展成运动如图 4.3(b) 所示，当滚刀在旋转时，相当于一个齿条在移动，这个移动就构成了假想齿条与被加工齿轮之间的啮合运动。除展成运动外，滚刀还需要有沿工件轴向的走刀运动如图 4.3(c)，这 3 个运动构成了滚齿的基本运动。

滚齿加工的通用性较好，既可加工直齿、斜齿圆柱齿轮，又能加工蜗轮、花键轴；既可加工渐开线齿形，又可加工圆弧、摆线等齿形；还可加工大模数、大直径齿轮，但一般不能加工内齿轮、扇形齿轮和相距很近的双联齿轮。滚齿适用于单件小批量生产和大批大量生产。

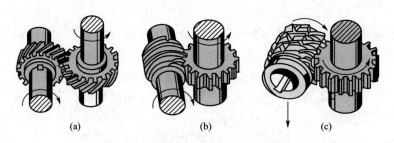

(a)   (b)   (c)

图 4.3 滚切齿形的演化过程及原理

滚齿是一种常用的齿轮加工方法，滚齿可直接加工 8~9 级精度齿轮，也可用作 7 级以上齿轮的粗加工及半精加工。在精度很高的滚齿机上，采用精密滚刀，可以加工出 4~5 级精度的轮齿。

滚齿加工属于连续切削，无辅助时间损失，生产率一般比铣齿、插齿高。一把滚刀可加工模数和压力角与滚刀相同而齿数不同的圆柱齿轮。

2. 滚齿质量分析

在滚齿加工中，由于机床、刀具、夹具和齿坯在制造、安装和调整中不可避免地存在一些误差，因此被加工齿轮在尺寸、形状和位置等方面也会产生一些误差。这些误差将影响齿轮传动的准确性、平稳性、载荷分布的均匀性和齿侧间隙。

1) 齿坯加工精度

齿形加工之前的齿轮加工称为齿坯加工，齿坯的内孔（或轴颈）、端面或外圆经常是齿轮加工、测量和装配的基准，齿坯的精度对齿轮的加工精度有着重要的影响。因此，齿坯加工在整个齿轮加工中占有重要的地位。在齿轮精度标准 GB/Z 18620—2008 中，对齿坯精度有具体的要求，包括尺寸、形位公差。

滚齿加工时，主要是以基准孔（或两中心孔）和端面作定位基准，齿坯加工中，主要要求保证的是基准孔（或轴颈）的尺寸精度和形状精度、基准端面相对于基准孔（或轴颈）的位置精度。不同精度齿轮的孔（或轴颈）的齿坯公差以及表面粗糙度等要求分别列于表 4-3、表 4-4 和表 4-5 中。

表 4-3 齿坯公差

齿轮精度等级	5	6	7	8	9	10	11	12
孔尺寸公差、形状公差	IT5	IT6	IT7		IT8			
轴尺寸公差、形状公差	IT5		IT6		IT7		IT8	
顶圆直径	IT7		IT8		IT9		IT11	

表 4-4 齿轮基准面径向和端面圆跳动公差　　　　　　μm

分度圆直径/mm		精度等级				
大于	到	1 和 2	3 和 4	5 和 6	7 和 8	9 和 12
0	125	2.8	7	11	18	28
125	400	3.6	9	14	22	36
400	800	5.0	12	20	32	50
800	1600	7.0	18	28	45	71
1600	2500	10.0	25	40	63	100
2500	4000	16.0	40	63	100	160

表 4-5 齿坯基准面的表面粗糙度参数 R_a　　　　　　μm

精度等级	3	4	5	6	7	8	9	10
孔颈端端面顶圆	≤0.2 ≤0.1 0.2~0.1	≤0.2 0.2~0.1 0.2~0.4	0.2~0.4 ≤0.2 0.4~0.6	≤0.8 ≤0.4 0.3~0.6	0.8~1.6 ≤0.8 0.8~1.6	≤1.6 ≤1.6 1.6~3.2	≤3.2 ≤1.6 ≤3.2	≤3.2 ≤1.6 ≤3.2

2) 滚齿加工精度

(1) 滚齿加工产生误差的主要原因。

如图 4.4 所示滚齿加工示意图，分析滚齿加工产生误差的主要原因。

① 几何偏心 e_j。加工时，齿坯基准孔轴线 O_1O_1 与滚齿机工作台回转轴线 OO 不重合而发生偏心，其偏心量为 e_j。几何偏心的存在使得齿轮在加工工程中，齿坯相对于滚刀的距离发生变化，切出的齿一边短而肥、一边瘦而长。当以齿轮基准孔定位进行测量时，在齿轮一转内产生周期性的齿圈径向跳动误差，同时齿距和齿厚也产生周期性变化。

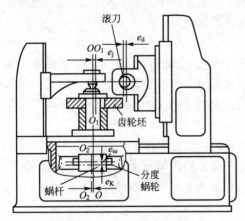

图 4.4　滚齿加工示意图

产生几何偏心的主要原因有：心轴和机床工作台回转中心不重合；齿坯基准孔与心轴间有间隙，装夹时偏向一边；基准端面定位不好，夹紧后内孔相对工作台回转中心产生偏心。

有几何偏心的齿轮装在传动机构中之后，就会引起每转为周期的速比变化，产生时快时慢的现象。对于齿坯基准孔较大的齿轮，为了消除此偏心带来的加工误差，工艺上有时采用液性塑料可胀心轴安装齿坯。设计上，为了避免由于几何偏心带来的径向误差，齿轮基准孔和轴的配合一般采用过渡配合或过盈量不大的过盈配合。

② 运动偏心 e_y。运动偏心是由于滚齿机分度蜗轮加工误差和分度蜗轮轴线 O_2O_2 与工作台。转轴线 OO 有安装偏心 e_k 引起的。运动偏心的存在使齿坯相对于滚刀的转速不均匀，忽快忽慢，破坏了齿坯与刀具之间的正常滚切运动，而使被加工齿轮的齿廓在切线方向上产生了位置误差。这时，齿廓在径向位置上没有变化。这种偏心，一般称为运动偏心，又称为切向偏心。

③ 机床传动链的高频误差。加工直齿轮时，受分度传动链的传动误差（主要是分度蜗杆的径向跳动 e_w 和轴向窜动）的影响，使蜗轮（齿坯）在一周范围内转速发生多次变化，加工出的齿轮产生齿距偏差、齿形误差。加工斜齿轮时，除了分度传动链误差外，还受差动传动链的传动误差的影响。

④ 滚刀的安装误差和加工误差。滚刀的安装偏心 e_d 使被加工齿轮产生径向误差。滚刀刀架导轨或齿坯轴线相对于工作台旋转轴线的倾斜及轴向窜动，使滚刀的进刀方向与轮齿的理论方向不一致，直接造成齿面沿轴向方向歪斜，产生齿向误差。滚刀的加工误差主要指滚刀的径向跳动、轴向窜动和齿形角误差等，它们将使加工出来的齿轮产生基节偏差和齿形误差。

（2）影响传动精度的加工误差分析。影响齿轮传动精度的主要原因是在加工中的几何偏心和运动偏心。几何偏心产生齿轮的径向误差，以径向跳动 F_r 来评定；运动偏心产生齿轮的切向误差，以公法线长度变动 ΔF_w 来评定。

影响传动误差的另一重要因素是分齿挂轮的制造和安装误差，这些误差也以较大的比例传递到工作台上。

（3）影响齿轮工作平稳性的加工误差分析。影响齿轮传动工作平稳性的主要因素是齿轮的齿廓形状偏差 f_{fa} 和基圆齿距偏差 f_{pb}。齿廓形状偏差会引起每对齿轮啮合过程中传动比的瞬时变化；基圆齿距偏差会引起一对齿过渡到另一对齿啮合时传动比的突变。齿轮传动由于传动比瞬时变化和突变而产生噪声和振动，从而影响工作平稳性精度。滚齿时，产生齿轮的基圆齿距偏差较小，而齿廓形状偏差通常较大。

齿廓形状偏差主要是由于齿轮滚刀在制造、刃磨及滚刀的安装过程中存在的误差造成的，其次是机床分度蜗轮副中分度蜗杆的制造、安装误差而引起的。因此在滚刀的每一转中都会反映到齿面上。常见的齿形误差有如图 4.5 所示的各种形式。图(a)为齿面出棱、图(b)为齿形不对称、图(c)为齿形角误差、图(d)为齿面上的周期性误差、图(e)为齿轮根切。由于齿轮的齿面偏离了正确的渐开线，使齿轮传动中瞬时传动比不稳定，影响齿轮的工作平稳性。

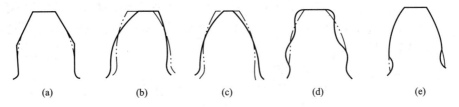

(a)　　　　　(b)　　　　　(c)　　　　　(d)　　　　　(e)

图 4.5　常见的齿形误差

——实际廓形；—·—理论廓形

为减少齿廓形状偏差，要正确选择滚刀精度和保证滚刀刃磨精度，保证滚刀安装精度。

造成基圆齿距偏差的基本原因是滚刀的基节误差。为减少基圆齿距偏差，滚刀制造时应严格控制轴向齿距及齿形角误差，同时对影响齿形角误差和轴向齿距误差的刀齿前刀面的非径向性误差也要加以控制。

（4）影响齿轮接触精度的加工误差分析。齿轮齿面的接触状况直接影响齿轮传动中载荷分布的均匀性。滚齿时，影响齿宽方向的接触精度的主要原因是螺旋总偏差 F_β、螺旋线形状偏差 $f_{f\beta}$ 和螺旋线倾斜偏差 $f_{H\beta}$。产生此误差的主要原因有以下 3 方面。

① 滚齿机刀架导轨相对于工作台回转轴线存在平行度误差，如图 4.6 所示。

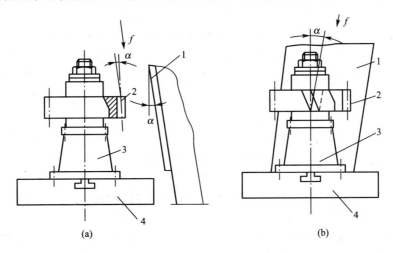

(a)　　　　　　　　　　　　(b)

图 4.6　刀架导轨误差对齿向误差影响

1—刀架导轨；2—齿坯；3—底座；4—工作台

② 齿坯装夹歪斜。由于心轴、齿坯基准端面跳动及垫圈两端面不平行等引起的齿坯在机床上安装时歪斜，齿坯基准轴线与工作台回转轴线不重合形成的偏心，会产生螺旋总偏差。

③ 滚切斜齿轮时，除上述影响因素外，机床差动挂轮计算的误差，也会影响齿轮的齿向误差。

3. 提高滚齿生产率的途径

(1) 近年来，我国已开始设计和制造高速滚齿机，同时生产出铝高速钢（Mo5Al）滚刀。滚齿速度由一般的 $v=30\text{m/min}$ 提高到 $v=100\text{m/min}$ 以上，轴向进给量为 $f=1.38\sim2.6\text{mm/r}$，使生产率提高 25%。

(2) 采用多头滚刀可明显提高生产率，但加工精度较低、齿面粗糙，因而多用于粗加工中。当齿轮加工精度要求较高时，可采用大直径滚刀，使参加展成运动的刀齿数增加，加工后齿面粗糙度值较低。

(3) 改进滚齿加工方法有以下几种。

① 多件加工。将几个齿坯串装在心轴上加工，可以减少滚刀对每个齿坯的切入切出时间及装卸时间。

② 采用径向切入。滚齿时滚刀切入齿坯的方法有两种：径向切入和轴向切入。径向切入比轴向切入行程短，可节省切入时间，对大直径滚刀滚齿时尤为突出。

③ 用轴向窜刀和对角滚齿。滚刀参与切削的刀齿负荷不等、磨损不均，当负荷最重的刀齿磨损到一定程度时，应将滚刀沿其轴向移动一段距离（轴向窜刀）后继续切削，以提高刀具的使用寿命。

对角滚齿是滚刀在沿齿坯轴向进给的同时，还沿滚刀刀杆轴向连续移动，两种运动的合成，使齿面形成对角线刀痕，不仅降低了齿面粗糙度值，而且使刀齿磨损均匀，提高了刀具的耐用度和使用寿命。

4.2.2 插齿及其与滚齿的比较

1. 插齿原理及运动

1) 插齿原理

插齿和滚齿一样，都是利用展成法来加工齿形的。从插齿过程和原理上分析，如图 4.7 所示，插齿刀相当于一对轴线相互平行的圆柱齿轮相啮合。插齿刀（如图 4.8）实质上就是一个磨有前、后角并具有切削刃的齿轮或齿条。

2) 插齿的主要运动

(1) 主运动：插齿刀的上下往复运动。

(2) 分齿范成运动：插齿刀与工件之间应保持正确的啮合关系。插齿刀往复一次，工件相对刀具在分度圆上转过的弧长为加工时的圆周进给量，故刀具与工件的啮合过程也就是圆周进给过程。

(3) 径向进给运动：插齿时，为逐步切至全齿高，插齿刀应有径向进给量。径向进给运动一般由凸轮控制。

(4) 让刀运动：插齿刀做上下往复运动时，向下是切削行程，向上是空行程。为了避免空行程时刀具擦伤已加工的齿面并减少刀齿的磨损，在插齿刀向上运动时，工作台带动工件退出切削区一段距离（沿径向）。插齿刀在工作行程时，工作台重新恢复原位。

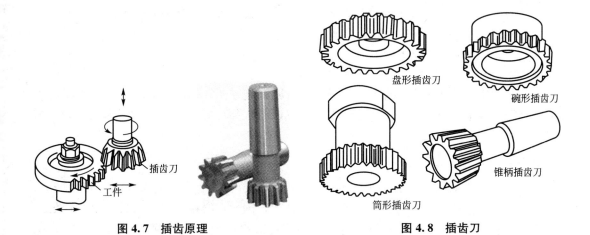

图 4.7　插齿原理　　　　　　　　　　图 4.8　插齿刀

2. 插齿的工艺特点

插齿和滚齿相比，在加工质量、生产率和应用范围等方面都有其特点。

1) 插齿的加工质量

(1) 插齿的齿形精度比滚齿高。滚齿时，形成齿形包络线的切线数量只与滚刀容屑槽的数目和基本蜗杆(滚刀)的头数有关，它不能通过改变加工条件而增减；但插齿时，形成齿形包络线的切线数量由圆周进给量的大小决定，并可以选择。此外，制造齿轮滚刀时是近似造型的蜗杆来替代渐开线基本蜗杆，这就有原始误差。而插齿刀的齿形比较简单，可通过高精度磨齿获得精确的渐开线齿形。所以插齿可以得到较高的齿形精度。

(2) 插齿后齿面的粗糙度比滚齿小。这是因为滚齿时，滚刀在齿向方向上做间断切削，形成鱼鳞状波纹；而插齿时插齿刀沿齿向方向的切削是连续的。

(3) 插齿的运动精度比滚齿差。这是因为插齿机的传动链比滚齿机多了一个刀具蜗轮副，即多了一部分传动误差。另外，插齿刀的一个刀齿相应切削工件的一个齿槽，因此，插齿刀本身的周节累积误差必然会反映到工件上。而滚齿时，因为工件的每一个齿槽都是由滚刀相同的 2～3 圈刀齿加工出来，故滚刀的齿距累积误差不影响被加工齿轮的齿距精度，所以滚齿的运动精度比插齿高。

(4) 插齿的齿向误差比滚齿大。插齿时的齿向误差主要决定于插齿机主轴回转轴线与工作台回转轴线的平行度误差。由于插齿刀工作时往复运动的频率高，使得主轴与套筒之间的磨损大，因此插齿的齿向误差比滚齿大。

所以就加工精度来说，对运动精度要求不高的齿轮，可直接用插齿来进行齿形精加工，而对于运动精度要求较高的齿轮和剃前齿轮(剃齿不能提高运动精度)，则用滚齿较为有利。

2) 插齿的生产率

切制模数较大的齿轮时，插齿速度要受到插齿刀主轴往复运动惯性和机床刚性的制约；切削过程又有空程的时间损失，故生产率不如滚齿高。只有在加工小模数、多齿数并且齿宽较窄的齿轮时，插齿的生产率才比滚齿高。

3) 插齿的应用范围

(1) 加工带有台肩的齿轮以及空刀槽很窄的双联或多联齿轮，只能用插齿。这是因为插齿刀"切出"时只需要很小的空间，而滚齿时滚刀会与大直径部位发生干涉。

（2）加工无空刀槽的人字齿轮，只能用插齿。

（3）加工内齿轮，只能用插齿。

（4）加工蜗轮，只能用滚齿。

（5）加工斜齿圆柱齿轮，两者都可用。但滚齿比较方便。插制斜齿轮时，插齿机的刀具主轴上须设有螺旋导轨，来提供插齿刀的螺旋运动，并且要使用专门的斜齿插齿刀，所以很不方便。

3. 提高插齿生产率的途径

（1）提高圆周进给量可减少机动时间，但齿面粗糙度值变大，插齿回程让刀量增大，引起振动。圆周进给量和空行程时的让刀量成正比，因此，必须解决好刀具的让刀问题。

（2）采用高速插齿，提高插齿刀每分钟的往返次数进行高速插齿，可缩短机动时间。有的插齿机每分钟往复行程次数可达 1200～1500 次，最高的可达到 2500 次/min。比常用的提高了 3～4 倍，使切削速度大大提高，同时也能减少插齿所需的机动时间。

（3）改进刀具几何参数，提高插齿刀的耐用度，充分发挥插齿刀的切削性能。如采用 W18Cr4V 插齿刀，切削速度可达到 60m/min；加大前角至 15°、后角至 9°，可提高耐用度 3 倍；在前刀面磨出 1～1.5 mm 宽的平台，也可提高耐用度 30％左右。

4.2.3 齿轮其他加工方法

1. 剃齿

1）剃齿原理

剃齿刀实质上是一个高精度的螺旋齿轮，只是在齿面上沿渐开线方向开有许多小槽，以形成切削刃。剃齿加工是根据一对螺旋角不等的螺旋齿轮啮合的原理，剃齿刀与被切齿轮的轴线空间交叉一个角度，如图 4.9 所示，剃齿刀为主动轮，被切齿轮为从动轮，它们的啮合为无侧隙双面啮合的自由展成运动。

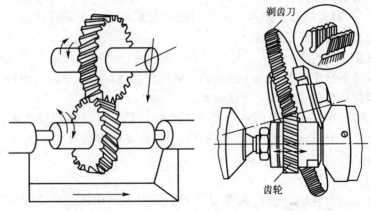

图 4.9 剃齿原理

在啮合传动中，由于轴线交叉角"φ"的存在，齿面间沿齿向产生相对滑移，此滑移速度 $v_{切} = (v_{t2} - v_{t1})$，即为剃齿加工的切削速度。剃齿刀的齿面开槽而形成刀刃，通过滑移速度将齿轮齿面上的加工余量切除。由于是双面啮合，剃齿刀的两侧面都能进行切削加工，但由于两侧面的切削角度不同，一侧为锐角，切削能力强，另一侧为钝角，切削能力弱，以挤压擦光为主，故对剃齿质量有较大影响。为使齿轮两侧获得同样的剃削条件，则在剃削过程中，剃齿刀做交替正反转运动。

由于剃齿刀与被加工齿轮是点接触，工件转过一齿后，齿面上只切去一条线。为了剃出轮齿的全齿宽，工件必须做纵向往复运动，且往复一次后，剃齿刀向工件径向进给一段距离，以便逐步切除全部余量，并保持剃齿刀和工件间的一定压力。因此，剃齿时需要有以下3个基本运动。

（1）剃齿刀带动工件的高速正反转运动。

（2）工件沿轴向往复运动，使齿轮全齿宽均能剃出。

（3）工件每往复一次，剃齿刀做径向进给运动，以切除全部余量。

剃齿刀的齿数和被加工齿轮的齿数一般互为质数，这样刀具误差不致在工件上重复。

综上所述，剃齿加工的过程是剃齿刀与被切齿轮在轮齿双面紧密啮合的自由展成运动中，实现微细切削过程，而实现剃齿的基本条件是轴线存在一个交叉角，当交叉角为零时，切削速度为零，剃齿刀对工件没有切削作用。

2）剃齿特点

（1）剃齿加工精度一般为IT6～IT7级，表面粗糙度为 $R_a 0.8 \sim 0.4 \mu m$，用于未淬火齿轮的精加工。

（2）剃齿加工的生产率高，加工一个中等尺寸的齿轮一般只需 2～4min，与磨齿相比较，可提高生产率10倍以上。

（3）由于剃齿加工是自由啮合，机床无展成运动传动链，故机床结构简单，机床调整容易。

3）保证剃齿质量应注意的几个问题

（1）对剃前齿轮的加工要求。要求材料密度均匀、无局部缺陷、韧性不得过大，以免出现滑刀和啃切现象，影响表面粗糙度。剃前齿轮硬度在 22 ～32HRC 范围内较合适。

由于剃齿是"自由啮合"，无强制的分齿运动，故分齿均匀性无法控制。由于剃前齿圈有径向误差，在开始剃齿时，剃齿刀只能与工件上距旋转中心较远的齿廓做无侧隙啮合的剃削，而与其他齿则变成有齿侧间隙，但此时无剃削作用。连续径向进给，其他齿逐渐与刀齿做无侧隙啮合，结果齿圈原有的径向跳动减少了，但齿廓的位置沿切向发生了新的变化，公法线长度变动量增加。故剃齿加工不能修正公法线长度变动量。

剃齿余量的大小，对加工质量及生产率均有一定影响。余量不足，剃前误差和齿面缺陷不能全部除去；余量过大，刀具磨损快，剃齿质量反而变坏。表4-6可供选择余量时参考。

表 4-6　剃齿余量　　　　　　　　　　　mm

模数	1～1.75	2～3	3.25～4	4～5	5.5～6
剃齿余量	0.07	0.08	0.09	0.10	0.11

（2）剃齿刀的选用。剃齿刀的精度分 A、B、C 三级，分别加工6、7、8级精度的齿

轮。剃齿刀分度圆直径随模数大小有 3 种：85mm、180mm、240mm，其中 240 mm 应用最普遍。分度圆螺旋角有 5°、10°、15°三种，其中 5°和 10°两种应用最广。15°多用于加工直齿圆柱齿轮；5°多用于加工斜齿轮和多联齿轮中的小齿轮。在剃削斜齿轮时，轴交叉 ϕ 不宜超过 10°~20°，否则剃削效果不好。

（3）剃后的齿形误差与剃齿刀齿廓修形。剃齿后的齿轮齿形有时出现节圆附近凹入，一般在 0.03 mm 左右。被剃齿轮齿数越少，中凹现象越严重。为消除剃后齿面中凹现象，可将剃齿刀齿廓修形，需要通过大量实验才能最后确定。也可采用专门的剃前滚刀滚齿后，再进行剃齿。

2. 珩齿

珩齿是热处理后的一种光整加工方法。珩齿的运动关系和所用机床与剃齿相似。珩轮与工件是一对斜齿轮副无侧隙的自由紧密啮合。切削是在珩轮与被加工齿轮的"自由啮合"过程中，靠齿面间的压力和相对滑动来进行的。

珩齿时的运动和剃齿相同。即珩轮带动工件高速正反向转动，工件沿轴向往复运动及工件沿径向进给运动。与剃齿不同的是开车后一次径向进给到预定位置，故开始时齿面压力较大，随后逐渐减小，直到压力消失时珩齿便结束。

珩磨轮由磨料和环氧树脂等原料混合后在铁芯上浇铸而成。珩齿是齿轮热处理后的一种精加工方法。因为珩齿修正误差能力差，因而珩齿主要用于去除热处理后齿面上的氧化皮及毛刺，可使表面粗糙度 R_a 值从 1.6μm 左右降到 0.4μm 以下，为了保证齿轮的精度要求，必须提高珩前的加工精度和减少热处理变形。因此，珩前加工多采用剃齿。如磨齿后需要进一步降低表面粗糙度值，也可以采用珩齿使齿面的表面粗糙度值 R_a 值达到 0.1μm。

与剃齿相比较，珩齿具有以下工艺特点。

（1）珩轮结构和磨轮相似，但珩齿速度甚低（通常为 1~3m/s），加之磨粒粒度较细，珩轮弹性较大，故珩齿过程实际上是一种低速磨削、研磨和抛光的综合过程。

（2）珩齿时，齿面间隙除沿齿向有相对滑动外，沿齿形方向也存在滑动，因而齿面形成复杂的网纹，提高了齿面质量，其粗糙度可从 R_a1.6μm 降到 R_a0.8~0.4μm。

（3）珩轮弹性较大，对珩前齿轮的各项误差修正作用不强。因此，对珩轮本身的精度要求不高，珩轮误差一般不会反映到被珩齿轮上。

（4）珩轮主要用于去除热处理后齿面上的氧化皮和毛刺。珩齿余量一般不超过 0.025mm，珩轮转速达到 1000r/min 以上，纵向进给量为 0.05~0.065mm/r。

（5）珩轮生产率甚高，一般一分钟珩一个，通过 3~5 次往复即可完成。

3. 磨齿

磨齿是目前齿形加工中精度最高的一种方法。它既可磨削未淬硬齿轮，也可磨削淬硬的齿轮。磨齿精度 4~6 级，齿面粗糙度为 R_a0.8~0.2μm。对齿轮误差及热处理变形有较强的修正能力。多用于硬齿面高精度齿轮及插齿刀、剃齿刀等齿轮刀具的精加工。

1）磨齿原理及方法

根据齿面渐开线的形成原理，磨齿方法分为成形法和展成法两类。成形法磨齿是用成形砂轮直接磨出渐开线齿形，目前应用甚少；展成法磨齿是将砂轮工作面制成假想齿条的两侧面，通过与工件的啮合运动包络出齿轮的渐开线齿面。所采用砂轮的形式有锥形砂轮、蝶形砂轮、大平面砂轮和蜗杆形砂轮。

（1）锥面砂轮磨齿。用一个双锥面砂轮磨齿的方法，如图4.10所示。砂轮截面修整成齿条齿形，磨齿时，砂轮一面高速旋转，一面沿工件轴向做往复运动，这就构成假想齿条的一个齿。工件一边旋转一边移动实现展成运动，在工件的一个往复运动过程中，先后磨出齿槽的两个侧面，然后工件与砂轮快速离开进行分度，磨削下一个齿槽。

（2）双片蝶形砂轮磨齿。如图4.11所示，两片蝶形砂轮倾斜一定的角度，利用砂轮侧面的窄边构成假想齿条的一个齿。磨齿时砂轮只在原位高速回转；工件做相应的正反转动和往复移动，形成展成运动。为了磨出工件全齿宽，工件还必须沿其轴线方向做慢速进给运动。当一个齿槽的两侧面磨完后，工件快速退出砂轮，经分度后再进入下一个齿槽位置的齿面进行磨削。

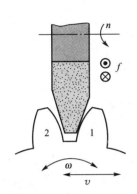

图4.10　双锥面砂轮磨齿

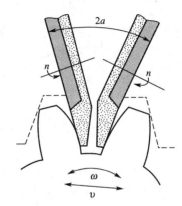

图4.11　双片蝶形砂轮磨齿

这种磨齿方法由于产生展成运动的传动环节少、传动链误差小（砂轮磨损后有自动补偿装置予以补偿）和分齿精度高，故加工精度可达4级。但由于蝶形砂轮刚性差、磨削深度较小、生产率低，故加工成本较高，适用于单件小批生产中外啮合直齿和斜齿轮的高精度加工。

（3）蜗杆形砂轮磨齿。蜗杆形砂轮相当于一个渐开线蜗杆。磨齿时，蜗杆形砂轮和被磨齿轮相对转动啮合，如图4.12所示。类似于滚齿，其传动速比决定于蜗杆头数和被磨齿轮齿数。磨齿的过程中，蜗杆还需沿被磨齿轮的轴线做进给运动，使被磨齿轮的全齿宽都能磨到。在磨斜齿轮时，还须通过差动装置，使工件得到附加转动，从而得到要求的螺旋角。蜗杆形砂轮磨齿是不间断地进行连续分度，因而生产率高，分齿精度也高。

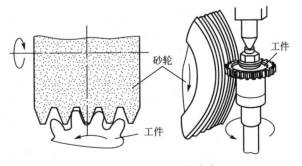

图4.12　蜗杆形砂轮磨齿

2）提高磨齿精度和磨齿效率的措施

（1）提高磨齿精度的措施有以下几种。

① 合理选择砂轮。砂轮材料选用白刚玉（WA），硬度以软、中软为宜。粒度则根据所用砂轮外形和表面粗糙度要求而定，一般在46#～80#的范围内选取。对蜗杆形砂轮，粒

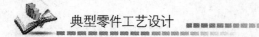

度应选得细一些。因为其展成速度较快，为保证齿面较低的粗糙度值，粒度不宜较粗。此外，为保证磨齿精度，砂轮必须经过精确平衡。

② 提高机床精度。主要是提高工件主轴的回转精度，如采用高精度轴承、提高分度盘的齿距精度，并减少其安装误差等。

③ 采用合理的工艺措施。主要有：按工艺规程进行操作；齿轮进行反复的定性处理和回火处理，以消除因残余应力和机械加工而产生的内应力；提高工艺基准的精度，减少孔和轴的配合间隙对工件的偏心影响；隔离振动源，防止外来干扰；磨齿时室温保持稳定，每磨一批齿轮，其温差不大于1℃；精细修整砂轮，所用的金刚石必须锋利。

（2）磨齿效率的提高主要是减少走刀次数、缩短行程长度及提高磨削用量等。常用措施如下。

① 磨齿余量要均匀，以便有效地减少走刀次数。

② 缩短展成长度，以便缩短磨齿时间。粗加工时可用无展成磨削。

③ 采用大气孔砂轮，以增大磨削用量。

4.3 圆柱齿轮加工工艺分析

圆柱齿轮加工工艺程一般应包括以下内容：齿轮毛坯加工、齿面加工、热处理工艺及齿面的精加工。在编制工艺过程时，常因齿轮结构、精度等级、生产批量和生产环境的不同，而采取各种不同的工艺方案。

4.3.1 齿轮加工方案的选择

由于齿轮加工方案的选择，主要取决于齿轮的精度等级、生产批量和热处理方法等。选择齿轮加工方案时一般遵循以下几条原则。

（1）对于8级及8级以下精度的不淬硬齿轮，可用铣齿、滚齿或插齿直接达到加工精度要求。

（2）对于8级及8级以下精度的淬硬齿轮，需在淬火前将精度提高一级，其加工方案可采用：滚（插）齿－齿端加工－齿面淬硬－修正内孔。

（3）对于6～7级精度的不淬硬齿轮，其齿轮加工方案：滚齿－剃齿。

（4）对于6～7级精度的淬硬齿轮，其齿形加工一般有两种方案：一种是剃－珩磨方案，即滚（插）齿－齿端加工－剃齿－齿面淬硬－修正内孔－珩齿；另一种是磨齿方案，即滚（插）齿－齿端加工－齿面淬硬－修正内孔－磨齿。剃－珩磨方案生产率高，广泛用于7级精度齿轮的成批生产中。磨齿方案生产率低，一般用于6级精度以上的齿轮。

（5）对于5级及5级精度以上的齿轮，一般采用磨齿。

各种齿形加工方法的加工工艺比较见表4-7。

表4-7 各种齿形加工工艺比较

加工方法	加工精度	生产率	齿面粗糙度	适用范围
成形铣齿	加工9级精度齿轮	高	2.5～10μm	单件小批量生产和修配工作中加工精度不高的齿轮

(续)

加工方法	加工精度	生产率	齿面粗糙度	适用范围
滚齿	通常加工 6～10 级，最高能达到 4 级	较高	1.25～5μm	通用性大，常用于加工直齿、斜齿的外啮合圆柱齿轮和蜗杆
插齿	通常能加工 7～9 级，最高能达到 6 级	较高	1.25～5μm	通用性大，适于加工内外啮合齿轮（包括多联齿轮）、扇形齿轮、齿条等
剃齿	能加工 5～7 级精度齿轮	高	0.32～1.25μm	主要用于齿轮滚插预加工后、淬火前的精加工
珩齿	一般用于加工 6～8 级精度齿轮	低	0.4～1.25μm	多用于经过剃齿和高频淬火后，齿形的加工
磨齿	一般情况下能达到 3～7 级精度	较低	0.16～0.63μm	加工成本较高，多用于齿形淬硬后的精密加工

4.3.2 圆柱齿轮加工工艺分析

1. 基准的选择

对于齿轮加工基准的选择常因齿轮的结构形状不同而有所差异。齿轮轴主要采用中心孔定位；对于空心轴，则在中间孔钻出后，用两端孔口的斜面定位；孔径大时则采用锥堵。顶点定位的精度高，且能做到基准重合和统一。对带孔齿轮在齿面加工时常采用以下两种定位、夹紧方式。

(1) 以内孔和端面定位。这种定位方式是以齿坯与专用心轴配合来决定中心位置，以端面作为轴向定位基准，并对端面夹紧。这样可使定位基准、设计基准、装配基准和测量基准重合，定位精度高，定位时不需要找正，适合于批量生产。但对于夹具的制造精度要求较高。

(2) 以外圆和端面定位。当齿坯内孔与心轴间隙较大时，采用千分表校正外圆以确定中心的位置，并以端面作为轴向定位基准，从另一端面夹紧。这种定位方式因每个工件都要校正，故生产率低；同时对齿坯的内、外圆同轴度要求高，而对夹具精度要求不高，无须专用心轴，故适用于单件小批生产。

2. 齿轮毛坯的加工

齿形加工前的齿轮毛坯加工，在整个齿轮加工过程中占有很重要的地位。因为齿形加工和检测所用的基准如齿轮内孔、外圆以及端面必须在此阶段加工出来，同时齿坯加工所占工时的比例较大，无论从提高生产率，还是从保证齿轮的加工质量，都必须重视齿轮毛坯的加工。

3. 齿形及齿端加工

齿形加工是齿轮加工的关键，其方案的选择取决于多方面的因素，如设备条件、齿轮精度等级、表面粗糙度、硬度等。齿轮端面在齿形加工时常作为轴向定位基准，故对基准孔应保持垂直。为了保证上述要求，应尽可能采用一次安装中同时加工内孔和端面。齿轮的齿端加工包括倒圆、倒尖、倒棱和去毛刺等。经倒圆、倒尖后的齿轮在换挡时容易进入啮合状态，减少撞击现象。倒棱可除去齿端尖角和毛刺。齿端加工必须在淬火之前进行，通常都在滚（插）齿之后、剃齿之前安排齿端加工。

4. 加工过程中的热处理要求

在齿轮加工工艺过程中，热处理工序的位置安排十分重要，它直接影响齿轮的力学性能及切削加工性。一般在齿轮加工中进行两种热处理工序，即毛坯热处理和齿面热处理。毛坯热处理在齿坯加工前后安排预先热处理（如正火或调质），其主要目的是消除锻造及粗加工引起的残余应力、改善材料的可切削性和提高综合力学性能。齿面热处理是齿形加工后，为提高齿面的硬度和耐磨性，常进行渗碳淬火、高频感应加热淬火、碳氮共渗和渗氮等热处理工序。

4.3.3　圆柱齿轮加工实例

1. 圆柱齿轮

1）零件图样分析

如图 4.13 所示圆柱齿轮简图，齿轮材料为 HT200，模数 $m=5\mathrm{mm}$，齿数 $z=63$，压力角 $\alpha=20°$。热处理 190～217HBS，精度等级 7 级，未注倒角 $1\times45°$。

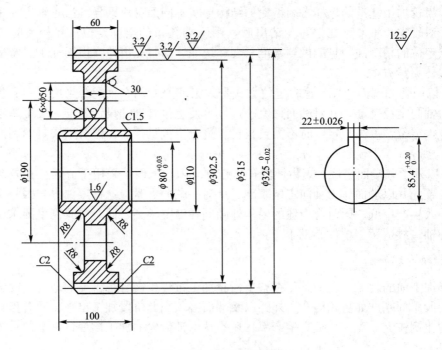

图 4.13　圆柱齿轮简图

2）圆柱齿轮机械加工工艺过程

圆柱齿轮的机械加工工艺过程见表 4-8。

3）工艺分析

表4-8 圆柱齿轮机械加工工艺过程

工序号	工序名称	工序内容	定位及夹紧
1	毛坯	铸造	
2	清砂	清砂	
3	热处理	人工时效处理	
4	粗车	夹持工件一端外圆，按毛坯找正。车内径至 $\phi75\pm0.1$mm，车端面，保证距轮辐侧面尺寸38mm，齿部侧面至轮辐侧面18mm，齿轮外圆车至 $\phi330$mm	毛坯外圆
5	粗车	掉头，夹持 $\phi330$mm处，找正 $\phi75\pm0.1$mm内径，车端面，$\phi110$mm端面距轮辐侧面为38mm，齿轮部分侧面至轮辐侧面17mm，车齿轮外圆至 $\phi330$mm接刀	$\phi330$mm外圆及内孔
6	画线	参考轮辐厚度，画各部加工线	
7	精车	夹持 $\phi330$mm外圆（参考画线）加工齿轮一端面各部至图样尺寸，内径加工至尺寸 $\phi80^{+0.03}_{0}$mm，外圆加工至 $\phi325^{0}_{-0.2}$mm	$\phi330$mm外圆
8	精车	掉头，以 $\phi325^{0}_{-0.2}$mm定位装夹工件，内径找正。车工件另一端各部至图样尺寸，保证工件总厚度尺寸100mm和60mm，外圆加工至尺寸 $\phi325^{0}_{-0.2}$mm接刀。	$\phi325^{0}_{-0.2}$mm外圆及内孔
9	画线	画 22 ± 0.026mm键槽加工线	
10	插	以 $\phi325^{0}_{-0.2}$mm外圆及一端定位装夹工件，插键槽 22 ± 0.026mm。	$\phi325^{0}_{-0.2}$mm外圆及其端面
11	滚齿	以 $\phi80$mm$^{+0.03}_{0}$ 及一端面定位滚齿，$m=2.5$mm，$z=63$，$\alpha=20°$	$\phi80$mm$^{+0.03}_{0}$内孔及端面
12	检验	按图样检验工件各部尺寸及精度	
13	入库	涂油入库	

（1）齿轮材料（HT200）为铸铁件，应进行人工时效处理。对于精密齿轮，应进行二次时效处理，以保证加工精度；若铸件尺寸、铸造精度较差时，在粗加工前就应该画线，以保证均匀的加工余量。

（2）齿坯精度直接影响齿轮齿形的加工精度，齿坯精加工后基面尺寸、形位公差可按表4-3和表4-4的数值选取。

2. 双联滑移齿轮

1）零件图样分析

双联滑移齿轮零件如图4.14所示，材料是40Cr；模数 $m=3$mm，小齿轮齿数为60，大齿轮齿数为80，压力角 $\alpha=20°$；齿面热处理 G52（高频淬火 50～55HRC）；精度等级小齿轮6级、大齿轮6级；未注倒角 $2\times45°$。齿轮左右端面相对内孔的跳动量分别为0.022mm和0.014mm。

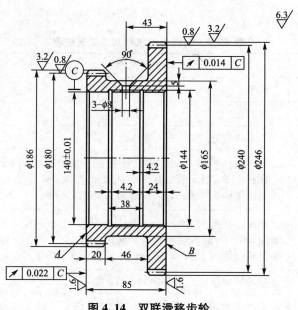

图 4.14　双联滑移齿轮

2）双联滑移齿轮机械加工工艺过程

双联滑移齿轮的机械加工工艺过程见表 4-9。

表 4-9　双联滑移齿轮机械加工工艺过程

工序号	工序名称	工序内容	定位与夹紧
1	锻造		
2	车	粗车内外圆、A 面	
3	热处理	正火	
4	车	精车 $\phi246_{-0.3}^{0}$ mm、$\phi186_{-0.3}^{0}$ mm、$\phi165$mm 至图样尺寸；精车内孔 $\phi140\pm0.01$mm 至 $\phi138_{0}^{+0.04}$mm；精车 A、B 面	外圆和端面
6	磨	磨 B 面，保证 85 ± 0.15mm	A 面及内孔
7	钻	钻油孔 3-$\phi8$mm	
8	滚齿	滚齿 $z=80$	B 面及内孔
9	插齿	插齿 $z=60$	
10	倒角	齿端倒角，去齿部毛刺	
11	剃齿	剃齿 $z=60$	内孔
12	热处理	齿面高频淬火 50～55HRC	
13	车	精车内孔至图样尺寸，切槽	B 面和分度圆
14	珩齿	珩齿 $z=60$	B 面和内孔
15	磨齿	磨齿 $z=80$	B 面和内孔
16	检验	按图样检验工件各部尺寸及精度	
17	入库	涂油入库	

3）工艺分析

（1）齿轮根据其结构、精度等级及生产批量的不同，机械加工工艺过程也不相同，但基本工艺路线大致相同，即毛坯制造及热处理—齿坯加工—齿形加工—齿部热处理—精基准修正—齿形精加工。

（2）该齿轮精度要求较高，小齿轮6级、大齿轮6级，工序安排滚（插）齿后应留有剃齿或磨齿的加工余量，再进行最后的精加工。

（3）对于双联或多联齿轮，因退刀槽较小，滚齿或磨齿无法进行，小齿轮一般用"插齿—剃齿—珩齿"加工。

3. 齿轮轴

1）零件图样分析

如图 4.15 所示为齿轮轴零件图，$\phi60k6(^{+0.021}_{+0.002})$mm、$\phi141.78^{0}_{-0.063}$mm、$\phi60k6(^{+0.021}_{+0.002})$mm 3 处轴径外圆对公共轴心线 A-B 的圆跳动公差为 0.025mm；$18N9(^{0}_{-0.043})$mm 键槽对 $\phi65r6(^{+0.060}_{+0.041})$mm 轴线的对称度公差为 0.02mm；齿轮材料为 40Cr；热处理：调质处理 28～32HRC。

齿轮模数为 4mm，齿数 $z=33$、压力角为 20°、螺旋角为 9°22′、精度等级为 7 级。

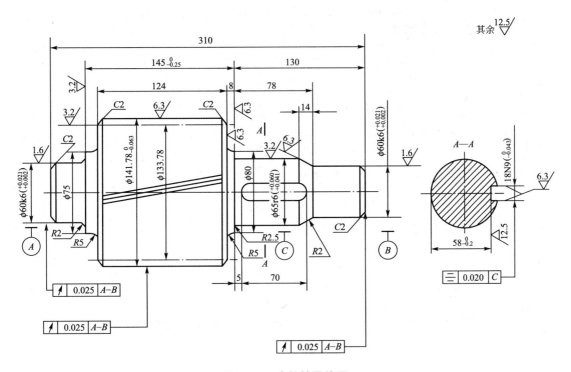

图 4.15　齿轮轴零件图

2）齿轮轴机械加工工艺过程

齿轮轴机械加工工艺过程见表 4-10。

3）工艺分析

（1）工序安排时，热处理调整后，再进行精车及磨削，保证加工质量稳定。

（2）精车及粗、精磨均以两中心孔定位，实现基准统一，可以更好地保证加工质量。

（3）以工件两中心孔为定位基准，在偏摆仪上检查，$\phi 60k6(^{+0.021}_{+0.002})$mm、$\phi 141.78^{0}_{-0.063}$mm、$\phi 60k6(^{+0.021}_{+0.002})$mm 3 处轴径外圆对公共轴心线 A-B 的圆跳动公差 0.025mm。

表 4-10　齿轮轴机械加工工艺过程

工序号	工序名称	工序内容	定位及夹紧
1	下料	棒料尺寸 ϕ120mm×300mm	
2	锻造	ϕ85mm×55mm、ϕ150mm×135mm、ϕ87mm×135mm	
3	热处理	正火处理	
4	粗车	夹持一端，车另一端外圆及端面，直径和长度留 5mm 余量	
5	粗车	掉头安装，车另一端端面及余下各部轴颈，直径和长度留 5mm 余量，保证总长度尺寸为 315mm	
6	热处理	调质处理 28～32HRC	
7	精车	夹一端，车端面，保证总长尺寸 312.5mm，钻中心孔 B6.3	外圆及端面
8	精车	掉头装夹，车端面，保证总长尺寸 310mm，钻中心孔 B6.3	
9	精车	掉头，精车余下各部尺寸，直径方向留磨削量 0.6mm，倒角 2×45°	中心孔
10	磨	粗、精磨各部及圆角 R2 至图样尺寸	中心孔
11	磨	掉头，粗、精磨余下外圆及圆角 R5 至图样尺寸	
12	铣	铣键槽至图样尺寸	ϕ65r6$(^{+0.060}_{+0.041})$mm 外圆及轴肩面
13	滚齿	滚齿至尺寸	中心孔
14	剃齿	剃齿	中心孔
15	检验	按图样检验工件各部尺寸及精度	
16	入库	涂油入库	

4. 齿条

1）技术要求

如图 4.16 所示齿条零件图，齿条顶面（齿顶平面）和齿条底面的平面度公差都为 0.05mm；齿条齿数为 48，模数为 1mm，压力角 20°，齿条精度等级为 8 级；材料为 H68（普通黄铜）。

2）齿条机械加工工艺过程

齿条的机械加工工艺过程见表 4-11。

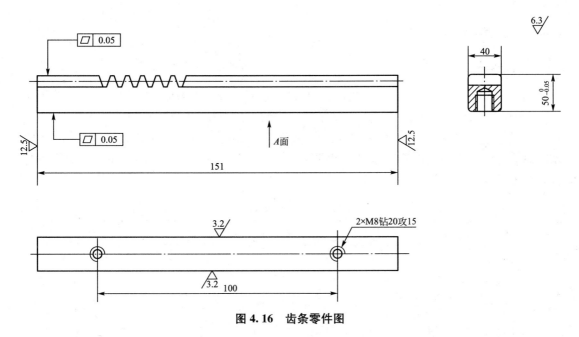

图 4.16 齿条零件图

表 4－11 齿条机械加工工艺过程

工序号	工序名称	工序内容	定位及夹紧
1	下料	棒料尺寸 ϕ70mm×155mm	
2	铣	虎钳装夹工件,粗铣四面,保证尺寸 43mm×53mm	
3	铣	端铣齿条两端面,保证总长 151mm	
4	铣	精铣齿条四面至图样尺寸	
5	检验	检验齿坯尺寸、平面度及垂直度要求	
6	铣齿	以底面定位,平口虎钳装夹工件,一侧面找正,铣齿条	齿条底面
7	画线	画 2×M8 中心线	
8	钻	以齿面定位,平口虎钳装夹工件,钻、攻 2×M8 螺纹	齿面
9	钳	去毛刺	
10	检验	按图样检验工件各部尺寸及精度	
11	入库	涂油入库	

4.4　齿轮的检验

齿轮是机器和仪器中使用较多的传动元件,用来传递运动和载荷。渐开线圆柱齿轮是应用最为广泛的一类齿轮。齿轮在使用过程中,要求传递运动准确、平稳并且载荷分布均匀。不同的工况,其要求不同,因此对各种工况下使用的齿轮要进行误差检验和测量,以保证合理使用。

4.4.1 齿轮精度等级

1. 齿轮精度

GB/T 10095—2008 中对齿轮及齿轮副规定了 13 个精度等级（对于 F_i' 和 f_i'，规定了 4～12 共 9 个精度等级），从 0～12 级精度依次降低。其中 0～2 级是有待发展的精度等级；3～5 级为高精度等级；6～8 级为中等精度等级，使用最多；9 级以下为低精度等级。5 级精度是确定齿轮各项允许值计算式的基础级。每个精度等级都有相应公差组，分别规定出各项公差和偏差项目，见表 4 - 12。

表 4 - 12　齿轮公差

公差及偏差项目	误差特性	精度要求
切向综合总偏差 F_i'	齿轮一转为周期误差	传递运动准确性
齿距累积总偏差 $F_p(F_{pk})$		
径向跳动 F_r		
径向综合总偏差 F_i''		
公法线长度变动 $\Delta F_w''$		
一齿切向综合偏差 f_i'	齿轮一转内周期地重复出现的误差	传动平稳性
一齿径向综合偏差 f_i''		
齿廓形状偏差 f_{fa}		
基圆齿距偏差 f_{pb}		
单个齿距偏差 f_{pt}		
螺旋线总偏差 F_β	齿向线误差	承载均匀性
螺旋线形状偏差 $f_{f\beta}$		
螺旋线倾斜偏差 $f_{H\beta}$		
齿厚偏差 f_{sn}	轮齿厚度误差	齿轮啮合侧隙
法线长度偏差		

国家标准 GB/T 10095—2008 规定：在技术文件需叙述齿轮精度要求时，应注明 GB/T 10095.1 或 GB/T 10095.2。关于齿轮精度等级标注建议如下。

若齿轮的检验项目同为某一精度等级时，可标注精度等级和标准号。如齿轮检验项目同为 7 级，则标注为 7 GB/T l0095.1 或 7 GB/T 10095.2。

若齿轮检验项目的精度等级不同时，如齿廓总偏差 F_a 为 6 级，而齿距累积总偏差 F_p 和螺旋线总偏差 F_β 均为 7 级时，则标注为 6(F_a)、7(F_p、F_β)GB/T 10095.1。

2. 齿轮精度等级选择

齿轮的精度等级选择的主要依据是齿轮传动的用途、使用条件及对它的技术要求，即要考虑传递运动的精度、齿轮的圆周速度、传递的功率、工作持续时间、振动与噪声、润滑条件、使用寿命及生产成本等的要求，同时还要考虑工艺的可能性和经济性。

齿轮精度等级的选择方法主要有计算法和类比法两种。一般实际工作中，多采用类比法。

计算法是根据运动精度要求，按误差传递规律，计算出齿轮一转中允许的最大转角误差，然后再根据工作条件或根据圆周速度或噪声强度要求确定齿轮的精度等级。

类比法是根据以往产品设计、性能试验以及使用过程中所累积的成熟经验，以及长期使用中已证实其可靠性的各种齿轮精度等级选择的技术资料，经过与所设计的齿轮在用途、工作条件及技术性能上作对比后，选定其精度等级。

部分机械采用的齿轮精度等级表4-13，齿轮精度等级与速度的应用情况如表4-14所列，供选择齿轮精度等级时参考。

表4-13　部分机械采用的齿轮精度等级

应用范围	精度等级	应用范围	精度等级
测量齿轮	2～5	拖拉机	6～9
汽轮机减速器	3～6	一般用途的减速器	6～9
精密切削机床	3～7	轧钢设备	6～10
一般金属切削机床	5～8	起重机械	7～10
航空发动机	4～8	矿用绞车	8～10
轻型汽车	5～8	农用机械	8～11
重型汽车	6～9		

表4-14　齿轮精度等级与速度的应用

工作条件	圆周速度/(m/s)		应用情况	精度等级
	直齿	斜齿		
机床	>30	>50	高精度和精密的分度传动链端的齿轮	4
	>15～30	>30～50	一般精度分度传动链末端齿轮、高精度和精密的中间齿轮	5
	>10～15	>15～30	Ⅴ级机床主传动的齿轮，一般精度齿轮的中间齿轮，Ⅲ级和Ⅲ级以上精度机床的进给齿轮、油泵齿轮	6
	>6～10	>8～15	Ⅳ级和Ⅳ级以上精度机床的进给齿轮	7
	<6	<8	一般精度机床齿轮	8
			没有传动要求的手动齿轮	9
动力传动		>70	用于很高速度的透平传动齿轮	4
		>30	用于很高速度的透平传动齿轮、重型机械进给机构、高速重载齿轮	5
		≤30	高速传动齿轮、有高可靠性要求的工业齿轮、重型机械的功率传动齿轮、作业率很高的起重运输机械齿轮	6

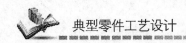

（续）

工作条件	圆周速度/(m/s)		应用情况	精度等级
	直齿	斜齿		
动力传动	＜15	＜25	高速和适度功率或大功率和适度速度条件下的齿轮，冶金、矿山、林业、石油、轻工、工程机械和小型工业齿轮箱（通用减速器）有可靠性要求的齿轮	7
	＜10	＜15	中等速度较平稳传动的齿轮，冶金、矿山、林业、石油、轻工、工程机械和小型工业齿轮箱（通用减速器）的齿轮	8
	≤4	≤6	一般性工作和噪声要求不高的齿轮、受载低于计算载荷的齿轮、速度大于1m/s的开式齿轮传动和转盘的齿轮	9
航空船舶和车辆	＞35	＞70	需要很高的平稳性、低噪声的航空和船用齿轮	4
	＞20	＞35	需要高的平稳性、低噪声的航空和船用齿轮	5
	≤20	≤35	用于高速传动有平稳性、低噪声要求的机车、航空、船舶和轿车的齿轮	6
	≤15	≤25	用于有平稳性和噪声要求的航空、船舶和轿车的齿轮	7
	≤10	≤15	用于中等速度较平稳传动的载重汽车和拖拉机的齿轮	8
	≤4	≤6	用于较低速和噪声要求不高的载重汽车第一挡与倒挡，拖拉机和联合收割机的齿轮	9

3. 齿轮检验项目及其评定参数的确定

根据我国企业齿轮生产的技术和质量控制水平，建议供货方依据齿轮的使用要求和生产批量，在下述 5 个检验组中选取一个用于评定齿轮质量。经需方同意后，也可用于验收。在检验中，没有必要测量全部轮齿要素的偏差，因为有些要素对于特定齿轮的功能并没有明显的影响。另外，有些测量项目可以代替另一些项目，如切向综合总偏差检验能代替齿距累积总偏差检验，径向综合总偏差检验能代替径向跳动检验等。

(1) f_{pt}、F_P、F_α、F_β、F_r。

(2) f_{pt}、F_{pk}、F_P、F_α、F_β、F_r。

(3) F_i''、f_i''。

(4) f_{pt}、F_r（10～12 级）。

(5) F_i'、f_i'（协议有要求时）。

各级精度齿轮及齿轮副所规定的各项公差或极限偏差可查阅标准手册，其表中的数值是用"齿轮精度的结构"中对 5 级精度规定的公式乘以级间公比计算出来的。

4.4.2 齿轮检验方法

齿轮误差的存在会使齿轮的各设计参数发生变化，影响传动质量。为此，国家出台和实施了新标准：GB/T 10095.1—2008《圆柱齿轮精度制第 1 部分：轮齿同侧齿面偏差的定义和允许值》、GB/T 10095.2—2008《圆柱齿轮精度制第 2 部分：径向综合偏差与径向跳动的定义和允许值》、GB/Z 18620.1—2008《圆柱齿轮检验实施规范第 1 部分轮齿同侧齿面的检验》、GB/Z 18620.2—2008《圆柱齿轮检验实施规范第 2 部分径向综合偏差、径向跳动、齿厚和侧隙的检验》和 GB/T 13924—2008《渐开线圆柱齿轮精度检验细则》。并把有关齿轮检验方法的说明和建议以指导性技术文件的形式，组成了一个标准和指导性技术文件的体系。

齿轮检测通常分两种，一种是分析性检测，一种是功能性检测。分析性检测也称单项检测，一般包括齿形齿向、公法线及变动量、径向跳动、基节偏差、周节累积误差等。此种检测方法需要专门的测量工具和检测仪器，所以有的小型加工企业不能够检测。功能性检测也叫综合检测，这个需要一个测量仪器，相对齿形齿向检测仪要廉价得多，比较适合精度要求不是太高的大批量检测。用已知较高精度的标准齿轮（一般精度在 4、5 级）来检测被测齿轮，因为标准齿轮的精度相对被测齿轮来说精度较高，所以把检测出来的偏差认为是被测零件的加工误差。

1. 齿距偏差的检验

齿距偏差的检验包括单个齿距偏差 f_{pt}、齿距累积偏差 F_{pk} 和齿距累积总偏差 F_p 的检验。

齿距累积偏差 F_{pk} 是指在端平面上，在接近齿高中部的与齿轮轴线同心的圆上，任意 K 个齿距的实际弧长与理论弧长的代数差；齿距累积总偏差 F_p 是指齿轮同侧齿面任意弧段（$K=1\sim z$）内的最大齿距累积偏差。它表现为齿距累积偏差曲线的总幅值。

齿距累积总偏差能反映齿轮一转中偏心误差引起的转角误差，故齿距累积总误差可代替切向综合总偏差 F_i' 作为评定齿轮传递运动准确性的项目。

齿距累积总偏差和齿距累积偏差的测量可分为绝对测量和相对测量。其中，以相对测量应用最广，中等模数的齿轮多采用这种方法。相对测量法的原理是：如图 4.17 所示，以被测齿轮回转轴线为基准，A、B 两个测头，在接近齿高中部，分别与相邻同侧齿面（或相邻的几个齿面）接触，并处于齿轮轴线同心圆及同一端截面上。测量时，以任一齿距（或 K 个齿距）作为相对标准，A、B 测头依次测量每个齿距（或 K 个齿距）的相对差值。然后将相对齿距偏差逐个累加，计算出最终累加值的平均值，并将平均值的相反数与各相对齿距偏差相加，获得绝对齿距偏差（实际齿距相对于理论齿距之差）。最后再将绝对齿距偏差累加，累加值中的最大值与最小值之差即为被测齿轮的齿距累积总偏差。K 个绝对齿距偏差的代数和则是 K 个齿距的齿距累积。

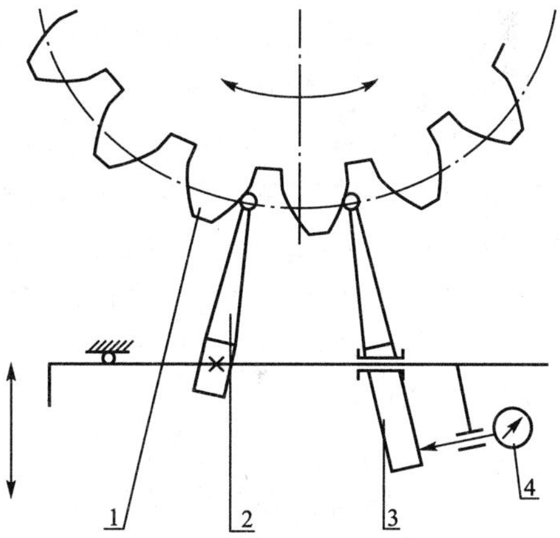

图 4.17 齿距偏差相对法测量原理图
1—被测齿轮；2—定位测头 A；
3—活动测头 B；4—传感器

测量仪器有齿距仪、万能测齿仪等。

2. 齿廓偏差检验

齿廓总偏差包括齿廓形状偏差 f_{fa} 和齿廓倾斜偏差 $f_{H\alpha}$。

齿廓形状偏差是指在计值范围内，包容实际齿廓迹线的两条与平均齿廓迹线完全相同的曲线间的距离，且两条曲线与平均齿廓迹线的距离为常数；齿廓倾斜偏差是指在计值范围内，两端与平均齿廓迹线相交的两条设计齿廓迹线间的距离。

齿廓偏差的存在，使两齿面啮合时产生传动比的瞬时变动。

渐开线齿轮的齿廓总误差，可在专用的单圆盘渐开线检查仪上进行测量。其工作原理

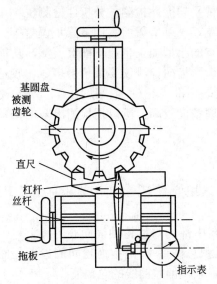

如图 4.18 所示。被测齿轮与一直径等于该齿轮基圆直径的基圆盘同轴安装，当用手轮移动纵拖板时，直尺与由弹簧力紧压其上的基圆盘互做纯滚动，位于直尺边缘上的量头与被测齿廓接触点相对于基圆盘的运动轨迹是理想渐开线。若被测齿廓不是理想渐开线，测量头摆动经杠杆在指示表上读出其齿廓总偏差。

单圆盘渐开线检查仪结构简单、传动链短，若装调适当，可获得较高的测量精度。但测量不同基圆直径的齿轮时，必须配换与其直径相等的基圆盘。所以，这种单圆盘渐开线检查仪适用于产品比较固定的场合。对于批量生产的不同基圆半径的齿轮，可在通用基圆盘式渐开线检查仪上测量，而不需要更换基圆盘。

图 4.18　单圆盘渐开线检查仪的工作原理

3. 螺旋线偏差检验

螺旋线偏差是指在端面基圆切线方向上测得的实际螺旋线偏离设计螺旋线的量，包括螺旋线形状偏差 $f_{f\beta}$ 和螺旋线倾斜偏差 $f_{H\beta}$。

螺旋线形状偏差是指在计值范围内，包容实际螺旋线迹线的两条与平均螺旋线迹线完全相同的曲线间的距离，且两条曲线与平均螺旋线迹线的距离为常数；螺旋线倾斜偏差是指在计值范围的两端与平均螺旋线迹线相交的设计螺旋线迹线间的距离。

由于实际齿线存在形状误差和位置误差，使两齿轮啮合时的接触线只占理论长度的一部分，从而导致载荷分布不均匀。螺旋线总偏差是齿轮的轴向误差，是评定载荷分布均匀性的单项性指标。

螺旋线总偏差的测量方法有展成法和坐标法。展成法的测量仪器有单盘式渐开线螺旋检查仪、分级圆盘式渐开线螺旋检查仪、杠杆圆盘式通用渐开线螺旋检查仪以及导程仪等。坐标法的测量仪器有螺旋线样板检查仪、齿轮测量中心以及三坐标测量机等。而直齿圆柱齿轮的螺旋线总偏差的测量较为简单，图 4.19 即为用小圆柱测量螺旋线总偏差的原理图。被测齿轮装在心轴上，心轴装在两顶针座或等高的 V

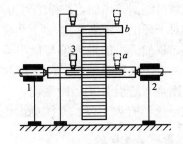

图 4.19　用小圆柱测量螺旋线总偏差原理图
1、2—顶尖；3—百分表

形块上，在齿槽内放入小圆柱，以检验平板作基面，用指示表分别测小圆柱在水平方向和垂直方向两端的高度差。此高度差乘上 B/L（B 为齿宽，L 为圆柱长）即近似为齿轮的螺旋线总偏差。为避免安装误差的影响，应在相隔 $180°$ 的两齿槽中分别测量，取其平均值作为测量结果。

4. 切向综合偏差检验

切向综合偏差的检验包括切向综合总偏差 F_i' 和一齿切向综合偏差 f_i' 的检验。

切向综合总偏差是指被测齿轮与测量齿轮单面啮合时，被测齿轮一转内，齿轮分度圆上实际圆周位移与理论圆周位移的最大差值。

一齿切向综合偏差是指齿轮在一个齿距角内的切向综合总偏差，即在切向综合总偏差记录曲线上小波纹的最大幅度值。一齿切向综合偏差是 GB/T 10095.1 规定的检验项目，但不是必检项目。

切向综合总偏差反映齿轮一转中的转角误差，说明齿轮运动的不均匀性，在一转过程中，其转速忽快忽慢，做周期性的变化。

切向综合总偏差既反映切向误差，又反映径向误差，是评定齿轮运动准确性较为完善的综合性的指标。当切向综合总误差小于或等于所规定的允许值时，表示齿轮可以满足传递运动准确性的使用要求。

切向综合偏差的测量方法为啮合法。其测量原理如图 4.20 所示，以被测齿轮回转轴线为基准，被测齿轮与测量齿轮做有间隙的单面啮合传动，被测齿轮每齿的实际转角与测量齿轮的转角进行比较，其差值通过计算机偏差处理系统得到，由输出设备将其记录成切向综合偏差曲线，如图 4.21 所示，在该曲线上按偏差定义取出 F_i' 和 f_i'。

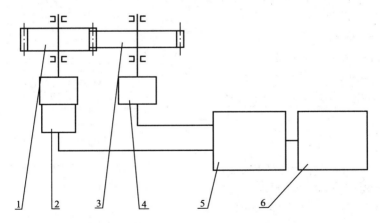

图 4.20　切向综合偏差啮合法测量原理图
1—测量齿轮；2—角度传感器及驱动装置；3—被测齿轮；
4—测角传感器；5—计算机；6—输出设备

切向综合偏差的测量仪器为齿轮单面啮合检查仪，一齿切向综合偏差是在单面啮合综合检查仪上，测量切向综合总偏差的同时测出。

5. 径向综合偏差检验

径向综合偏差的检验包括径向综合总偏差 F_i'' 和一齿径向综合偏差 f_i'' 的检验。

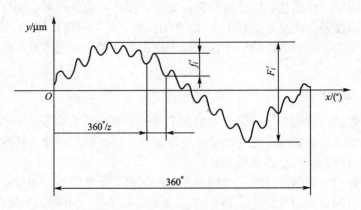

图 4.21　切向综合偏差曲线取值方法

径向综合总偏差是指在径向（双面）综合检验时，被测齿轮的左右齿面同时与测量齿轮接触，并转过一整圈时出现的中心距最大值和最小值之差。一齿径向综合偏差是指当被测齿轮与测量齿轮啮合一整圈时，对应一个齿距（$360°/z$）的径向综合偏差值。即在径向综合总偏差记录曲线上小波纹的最大幅度值。

径向综合偏差的测量方法为直接测量法，测量仪器有齿轮双面啮合检查仪等。

如图 4.22 所示，以被测齿轮回转轴线为基准，通过径向拉力弹簧使被测齿轮与测量齿轮做无侧隙的双面啮合传动，啮合中心距的连续变动通过测量滑架和测微装置反映出来，其变动量即为径向综合偏差。将这种变动按被测齿轮回转一周（$360°$）排列，记录成径向综合偏差曲线，如图 4.23 所示，在该曲线按偏差定义取出 F_i'' 和 f_i''。

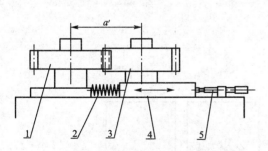

图 4.22　径向综合偏差啮合法测量原理图
1—被测齿轮；2—径向拉力弹簧；
3—测量齿轮；4—测量滑架；5—测微装置

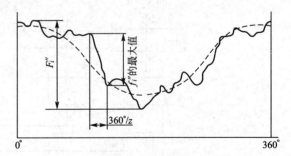

图 4.23　径向综合偏差曲线取值方法

齿轮双面啮合检查仪的中心距变动主要反映径向误差，也就是说径向综合总偏差 F_i'' 主要反映径向误差，它可代替径向跳动 F_r，并且可综合反映齿形、齿厚均匀性等误差在径向上的影响。因此径向综合总偏差 F_i'' 也是作为影响传递运动准确性指标中属于径向性质的单项性指标。

用齿轮双面啮合综合检查仪测量径向综合总偏差，测量状态与齿轮的工作状态不一致时，测量结果同时受左、右两侧齿廓和测量齿轮的精度以及总重合度的影响，不能全面地反映齿轮运动准确性要求。由于仪器测量时的啮合状态与切齿时的状态相似，能够反映齿坯和刀具的安装误差，且仪器结构简单、环境适应性好、操作方便、测量效率高，故在大批量生产中常用此项指标。

6. 径向跳动的检验

径向跳动 F_r 是指侧头（球形、圆柱形、砧形）相继置于被测齿轮的每个齿槽内时，从它到齿轮轴线的最大和最小径向距离之差。

径向跳动可用齿圈径向跳动测量仪测量，测头做成球形或圆锥形插入齿槽中，也可做成 V 形测头卡在轮齿上，如图 4.24 所示，与齿高中部双面接触，被测齿轮一转所测得的相对于轴线径向距离的总变动幅度值，即是齿轮的径向跳动。

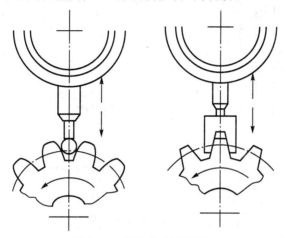

图 4.24　径向跳动测量原理

径向跳动的测量应在齿宽中部，对齿轮每个齿槽进行测量。对于齿宽大于 160mm 的齿轮，应至少测量上、中、下 3 个截面，上下截面各距端面约 15％齿宽。

由于径向跳动的测量是以齿轮孔的轴线为基准，只反映径向误差，齿轮一转中最大误差只出现一次，是长周期误差，它仅作为影响传递运动准确性中属于径向性质的单项性指标。因此，采用这一指标必须与能揭示切向误差的单项性指标组合，才能评定传递运动准确性。

复习与思考题

4.1　圆柱齿轮的技术要求有哪些？在设计圆柱齿轮时，如何选择其精度等级？

4.2　常见的齿形加工方法有哪些？各有什么特点？应用在什么场合？

4.3　齿轮的典型加工工艺过程由哪几个加工阶段所组成？

4.4　试分析影响滚齿加工精度的因素。

4.5　齿轮加工中安排哪些热处理工序？其目的是什么？

4.6　加工 6～7 级精度的齿面淬硬的圆柱齿轮，常见的齿形加工方案是什么？

4.7　加工 5 级精度以上的齿面淬硬的圆柱齿轮，常见的齿形加工方案是什么？

4.8　简述加工齿轮精度较高的圆柱齿轮的一般工艺路线。

4.9　简述常见齿轮的检验项目及其检测原理。

4.10　如图 4.25 所示为齿圈零件图，试制订其机械加工工艺规程。已知：齿轮模数

$m=5$mm，$z=121$，压力角 $\alpha=20°$，精度等级 9 级，齿圈径向跳动公差为 0.08mm；材料为 ZG45。

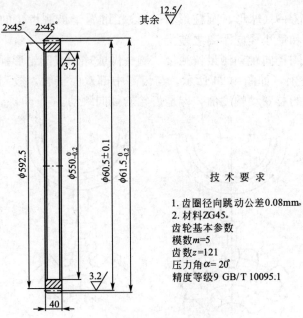

其余 $\overset{12.5}{\bigtriangledown}$

技 术 要 求

1. 齿圈径向跳动公差0.08mm。
2. 材料ZG45。
齿轮基本参数
模数 $m=5$
齿数 $z=121$
压力角 $\alpha=20°$
精度等级9 GB/T 10095.1

图 4.25　齿圈零件图

第 **5** 章

连杆的加工工艺分析及夹具设计

本章学习目标

★ 了解连杆的结构特点、材料及技术要求；

★ 掌握连杆加工的工艺特点，连杆加工工艺规程制订；

★ 理解连杆加工的夹具设计特点。

本章教学要点

知识要点	能力要求	相关知识
连杆结构特点	了解连杆的结构特点、材料及技术要求	连杆的作用、组成、材料及技术要求
连杆工艺分析	掌握连杆加工的工艺特点，连杆加工工艺规程制订	连杆工艺过程的安排、定位基准的选择、主要形面的加工方法
连杆加工夹具特点	理解连杆加工的夹具设计特点	连杆大小头孔、螺栓孔加工的夹具分析

导入案例

连杆是汽车发动机中的重要零件，它连接着活塞和曲轴，其作用是将活塞的往复运动转变为曲轴的旋转运动，并把作用在活塞上的力传给曲轴以输出功率。连杆在工作中，除承受燃烧室燃气产生的压力外，还要承受纵向和横向的惯性力。因此，连杆在一个复杂的应力状态下工作。它既受交变的拉压应力，又受弯曲应力。

连杆的主要损坏形式是疲劳断裂和过量变形。通常疲劳断裂的部位是在连杆上的 3 个高应力区域。连杆的工作条件要求连杆具有较高的强度和抗疲劳性能，又要求具有足够的钢性和韧性。

传统连杆加工工艺中其材料一般采用 45 钢、40Cr 或 40MnB 等调质钢，但现在国外所广泛采用的先进连杆裂解(Conrod Fracture Splitting)的加工技术要求其脆性较大、硬度更大，因此，德国汽车企业生产的新型连杆材料多为 C70S6 高碳微合金非调质钢、SPLITASCO 系列锻钢、FRACTIM 锻钢和 S53CV–FS 锻钢等(以上均为德国 DIN 标准)。合金钢虽具有很高的强度，但对应力集中很敏感。所以，在连杆外形、过渡圆角等方面须严格要求，还应注意表面加工质量以提高疲劳强度，否则高强度合金钢的应用并不能达到预期效果。

5.1　连杆加工特点

连杆是汽车发动机中的重要零件，一般采用中碳钢或中碳铬钢模锻、调质(调质即淬火和高温回火的综合热处理工艺)、机械加工而成。由于在工作过程中，要承受往复惯性力产生的冲击性拉压交变载荷以及连杆摆动中产生的惯性力使连杆承受弯曲交变载荷，连杆应具有足够的强度和刚度。

5.1.1　连杆在发动机上的位置和作用

连杆是发动机内曲柄连杆结构的重要组成部分，同时，曲柄连杆结构又是发动机内很重要的结构，该结构由活塞连杆组、曲轴飞轮组等两部分组成，其功用：一是实现运动的转换；二是实现能量的传递。如图 5.1 所示，连杆连接着活塞和曲轴，其作用是将活塞的往复运动转变为曲轴的旋转运动，并把作用在活塞上的力传给曲轴以输出功率。连杆在工作中，除承受燃烧室燃气产生的压力外，还要承受纵向和横向的惯性力。因此，连杆在一个复杂的应力状态下工作。它既受交变的拉压应力，又受弯曲应力。

活塞连杆组

图 5.1　曲柄连杆结构

5.1.2　连杆的组成及结构特点

在发动机工作过程中，连杆要承受膨胀气体交变压力和惯性力的作用，因此，连杆除应具有足够的强度和刚度外，还应尽量减小自身的重量，以减小惯性力。连杆杆件的横截面为工字形，从大头到小头尺寸逐渐变小。为了减少磨损和便于维修，在连杆小头孔中压入青铜衬套，大头孔内衬有具有钢质基底的耐磨巴氏合金轴瓦。连杆部件是连杆由小头、杆身、大头等 3 部分组成，如图示 5.2 所示。

图 5.2　连杆部件

1. 小头

连杆的小头孔用来安装活塞销，以连接活塞。有的连杆小头孔内压有两片铜衬套，油孔正好通在两衬套之间的间隙中，如图 5.3 所示，润滑油可由油孔进入衬套内表面，润滑衬套和小头孔，使连杆与活塞销之间转动灵活。

2. 杆身

连杆杆身一般采用工字形端面，提高结构刚度、减轻重量、减少惯性力。一般连杆上有一纵贯杆身的油道与小端衬套上的小孔相连，用于润滑活塞销。

3. 大头

连杆大端是配对加工的，没有互换性，也不可翻转180°安装，故在其侧面打有配对和重量分组记号。端盖一般用两根连杆螺栓紧固，大端为平分式的一般用螺栓外圆

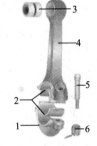

图 5.3　连杆部件总成
1—连杆盖；2—连杆轴瓦；
3—连杆衬套；4—连杆体；
5—连杆螺栓；6—连杆螺母

柱面定位，连杆螺栓或螺母必须可靠锁定，否则，产生松动就会酿成重大机械事故。

其锁定方法有锁片法、开口销法、锥螺纹法、螺母开槽法、螺纹镀层法以及采用高强度精致螺栓螺母的扭矩法等。为防止连杆瓦转动和轴向窜动，在大端剖分面处加工有定位舌槽与瓦片上的凸舌相配合。另外大头为了与曲轴的连杆颈相连，需要断开，如图 5.3 所示，一般有平分和斜分两种方式。

1）平分

切分面与连杆杆身轴线垂直，汽油机多采用这种连杆。因为一般汽油机连杆大头的横向尺寸都小于气缸直径，可以方便地通过气缸进行拆装，故常采用平切口连杆。

2）斜分

切分面与连杆杆身轴线成30°～60°夹角。柴油机多采用这种连杆。柴油机压缩比大、

受力较大、曲轴的连杆轴颈较粗，相应的连杆大头尺寸往往超过了气缸直径，为了使连杆大头能通过气缸、便于拆装，但斜切后会使连杆螺栓产生剪切应力，一般都采用斜切口，最常见的是 45°夹角。

为了保证发动机运转均衡，同一发动机中各连杆的质量不能相差太大。因此，在连杆部件的大、小头端设置了去不平衡质量的凸块，以便在称重后切除不平衡质量。连杆大、小头两端面对称分布在连杆中截面的两侧。考虑到装夹、安放、搬运等要求，连杆大、小头的厚度相等。连杆小头的顶端设有油孔，发动机工作时，依靠曲轴的高速转动，气缸体下部的润滑油可飞溅到小头顶端的油孔内，以润滑连杆小头铜衬套与活塞销之间的摆动运动副。连杆上需进行机械加工的主要表面为大、小头孔及其两端面、连杆体与连杆盖的结合面及连杆螺栓定位孔等。

5.1.3 连杆总成的技术要求

1. 大小孔的内表面公差等级

为了保证连杆大、小头孔运动副之间有良好的配合，大头孔的尺寸公差等级为 IT6，表面粗糙度 R_a 值应不大于 $0.4\mu m$；小头孔的尺寸公差等级为 IT5，表面粗糙度 R_a 值应不大于 $0.4\mu m$。对两孔的圆柱度也提出了较高的要求，大头孔的圆柱度公差为 $0.006mm$，小头孔的圆柱度公差为 $0.00125mm$。

2. 两孔中心距公差等级

由于大、小头孔中心距的变化将会使气缸的压缩比发生变化，从而影响发动机的效率，因此要求两孔中心距公差等级为 IT9。大、小头孔中心线在两个相互垂直方向上的平行度误差会使活塞在气缸中倾斜，致使气缸壁磨损不均匀，缩短发动机的使用寿命，同时也使曲轴的连杆轴颈磨损加剧，因此也对其平行度公差提出了要求。

3. 端面对大头孔中心线的垂直度误差

连杆大头孔两端面对大头孔中心线的垂直度误差过大，将加剧连杆大头两端面与曲轴连杆轴颈两端面之间的磨损，甚至引起烧伤，所以必须对其提出要求，如图 5.2 所示。

4. 连杆大、小头两端面间距离公差等级

连杆大、小头两端面间距离的基本尺寸相同，但其技术要求不同。大头孔两端面间的尺寸公差等级为 IT9，表面粗糙度 R_a 值应不大于 $0.8\mu m$；小头两端面间的尺寸公差等级为 IT12，表面粗糙度 R_a 应不大于 $6.3\mu m$。这是因为连杆大头两端面与曲轴连杆轴颈两轴肩端面间有配合要求，而连杆小头两端面与活塞销孔座内档之间没有配合要求。连杆大头端面间距离尺寸的公差带正好落在连杆小头端面距离尺寸的公差带中，这将给连杆的加工带来许多方便。

5. 运转平稳对连杆质量差要求

为了保证发动机运转平稳，对连杆小头(约占连杆全长 2/3)的质量差和大头(约占全长的 1/3)的质量差分别提出了要求。

为了保证上述连杆总成的技术要求，必须对连杆体和连杆盖的螺栓孔、结合面等提出要求，分别如图 5.4 和图 5.5 所示。

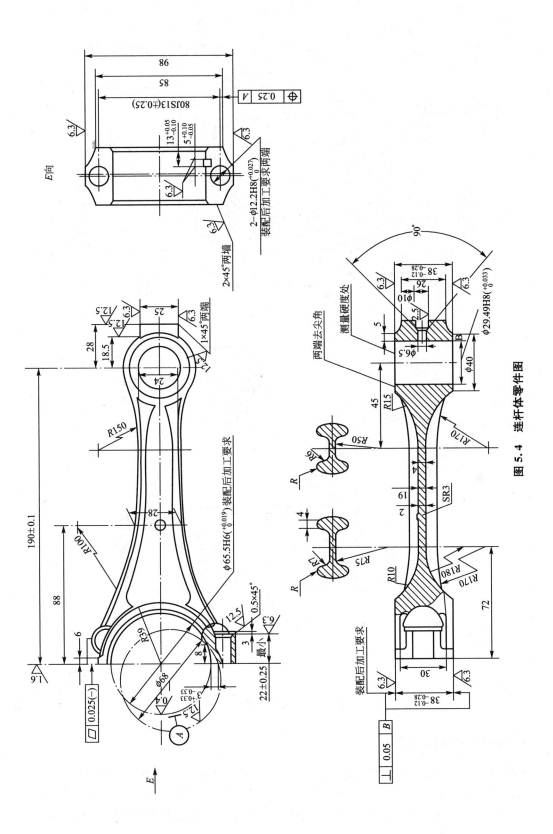

图 5.4 连杆体零件图

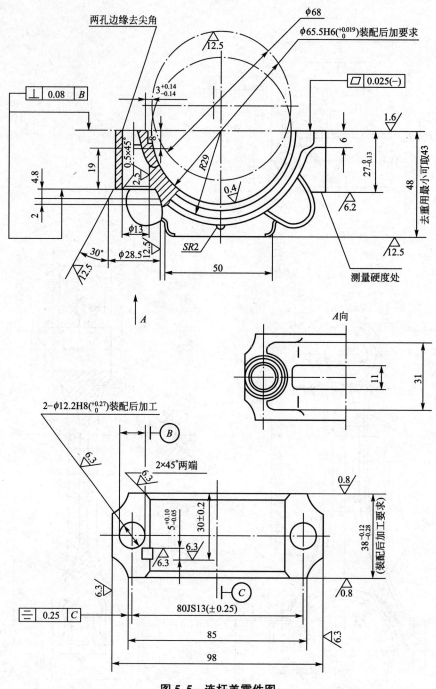

图 5.5　连杆盖零件图

5.1.4　连杆的材料和毛坯

连杆在工作中承受多向交变载荷的作用，要具有很高的强度。因此，连杆材料一般都采合金钢，如 45 钢、65 钢、40Cr、40MnB 等。近年来也有采用球墨铸铁和粉末冶金材料的。

某汽车发动机连杆采用 40MnB 钢，用模锻法成型，将杆体和杆盖锻成一体。对于这种整体锻造的毛坯,要在以后的机械加工过程中将其切开。为了保证切开孔的加工余量均匀,一般将连杆大头孔锻成椭圆形。相对于分体锻造而言,整体锻造的连杆毛坯具有材料损耗少、锻造工时少、模具少等优点。其缺点是所需锻造设备动力大及存在金属纤维被切断等问题。

连杆毛坯的锻造工艺过程。将棒料在炉中加热至 $1140\sim1200℃$。先在辊锻机上通过 4 个型槽进行辊锻制坯,然后在锻压机上进行预锻和终锻,最后在压床上冲连杆大头孔并切除飞边。锻造好的连杆毛坯需经调质处理,使之得到细致均匀的回火索氏体组织,从而改善性能,减少毛坯内应力。

此外,为提高毛坯的精度,还需进行热校正、外观缺陷检查、内部探伤、毛坯尺寸检查等工序,最终获得合格的毛坯。

5.2 连杆加工工艺分析

图 5.6 为大批量生产类型时连杆加工的工序图,根据图上技术要求编写工艺路线见表 5-1。

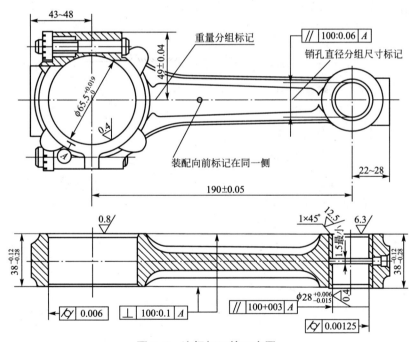

图 5.6 连杆加工的工序图

表 5-1 连杆的机械加工工艺过程

工序号	工序名称	所用设备
1	粗磨两端面	双柱立式平面磨床
2	钻小头孔	三工位立式钻床
3	小头孔倒角	立式钻床

（续）

工序号	工序名称	所用设备
4	拉小头孔	立式内拉床
5	拉两侧面、凸台面	立式外拉床
6	铣断	双面卧式铣床
7	拉对口面、圆弧面、两侧面	卧式连续拉床
8	磨对口面	双立柱平面磨床
9	检验	
10	钻螺栓孔	双面卧式钻床
11	粗锪连杆体沉头孔	沉头孔组合机床
12	粗锪连杆盖沉头孔	锪孔组合机床
13	精锪连杆体沉头孔	锪孔组合机床
14	铣锁瓦槽	双面卧式组合铣床
15	钻油孔	双面卧式组合钻床
16	去小头孔毛刺	立式去毛刺机
17	去毛刺	
18	检验	
19	扩、铰螺栓孔	五工位组合机床
20	去对口面螺栓孔毛刺	
21	清洗	清洗机
22	装配	
23	套螺母	
24	拧紧螺母并检验力矩	气动拧紧机
25	扩大头孔	立式组合扩孔钻
26	大头孔倒角	双轴倒角机
27	半精磨标记端面	双柱立式平面磨床
28	粗镗大头孔	金刚镗床
29	称重	电子天平
30	去重	万能铣床
31	去毛刺	砂轮机
32	压装小头孔衬套	双面气动压床
33	挤压小头孔衬套	压床
34	返修	
35	衬套孔倒角	立式钻床
36	精磨两端面	双面立式平面磨床
37	精镗大小孔	双面卧式金刚镗床

（续）

工序号	工序名称	所用设备
38	检验	
39	珩磨大头孔	双面立式珩磨机
40	总成清洗去毛刺	
41	终检	

5.3 连杆机械加工工艺过程分析

1. 工艺过程的安排

在连杆加工中有两个重要的因素影响加工精度。

(1) 连杆本身的刚度比较低，在外力(切削力、夹紧力)的作用下容易变形。

(2) 连杆是模锻件，孔的加工余量大，切削时会产生较大的残余应力，并引起内应力的重新分布。

因此在安排工艺过程时，就需要把各主要表面的粗、精加工工序分开。这样，粗加工产生的变形就可以在半精加工中得到修正；半精加工中产生的变形就可以在精加工中得到修正，最后达到零件的要求。

各主要表面的工序安排如下。

(1) 两端面：粗铣、粗磨、半精磨、精磨。

(2) 小头孔：钻孔、扩孔、精镗，压入衬套后再精磨。

(3) 大头孔：粗镗、半精镗、精镗。

(4) 螺栓孔：钻孔、扩孔、铰孔。

一些次要表面的加工，则是需要和可能安排在工艺过程的中间或左右。

2. 定位基面的选择

在连杆机械加工工艺中，大部分工序选用连杆的一个指定的端面和小头孔作为主要基面，并用大头处指定一侧的外圆面作为另一基面。

这是由于端面的面积大，定位比较稳定，用小头孔定位可直接控制大、小头孔的中心距。这样就使各工序中的定位基准统一起来，减少了定位误差。

具体的办法是：如图 5.7 所示，在安装工件时，注意将成套编号标记的一面不与夹具的定位元件接触(在设计夹具时亦作相应的考虑)。在精镗小头孔(在精镗小头衬套孔)时，也用小头孔(及衬套孔)作为基面，这时将定位销做成活动的(亦称"假销")。当连杆用小头孔(及衬套孔)定位并夹紧后，再从小头孔中抽出假销，进行加工。

但是再深入加工一下，这里面仍有一些问题值得探讨。

(1) 连杆大小头的端面不在一个平面上，两端面之间存在 $2\pm0.15\text{mm}$ 的落差。这对作为定位基面来说是不利的。为了避免因落差而产生的定位误差，在工艺中先把大小头做成一样的厚度。这样不但避免了上述缺点，而且加大了定位面积，增加了定位的稳定性。

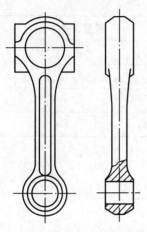

图 5.7   连杆的定位方向

然后在加工的最后阶段车出这个落差。这样做要浪费一些金属和工时，多用一台车床，但给前面的工序带来很多方便，所以还是合理的。

为了不断改善基面的精度，基面的加工与主要表面的加工要适当配合，即在粗加工大小头孔前，粗磨端面；在精镗大小头孔前，粗磨端面。

（2）由于小头孔和大头孔外圆用作基面，所以这些表面的加工安排的比较早。在小头孔作为定位基面前的加工工序是钻孔、扩孔、拉孔，这些工序对于拉后的孔与端面的垂直度不容易保证，有时会影响到后续工序的加工精度。

（3）在第一道工序中，工序的各个表面都是毛坯表面，定位和夹紧的条件都较差，而加工余量和切削力都较大，如果再遇上工件本身的刚性差，则对加工精度会有很大影响。

因此第一道工序的定位和夹紧方法的选择，对于整个工艺过程的加工精度常有深远的影响。连杆的加工就是如此。该柴油机厂的连杆加工工艺路线中，在粗加工主要表面开始前，先粗铣两个端面，再粗磨两个端面。其中粗磨端面又是以粗铣后的端面定位，因此粗铣就是关键工序。

在粗铣工序中工件如何定位呢？一种方法是以毛坯端面定位，在侧面和端部夹紧，粗铣一个端面后，翻身，以铣好的面定位，铣另一个毛坯面。但是由于毛坯表面不平整，连杆的刚性差，定位夹紧时工件可能变形，粗铣后端面似乎平整了，去掉夹紧力，工件又恢复变形，影响后续工序的定位精度。因此目前采用的方法是以连杆的大头外形及连杆本身的对称面定位，如图 5.8 所示。这种定位方法使工件在夹紧时的变形较小，同时可以铣工

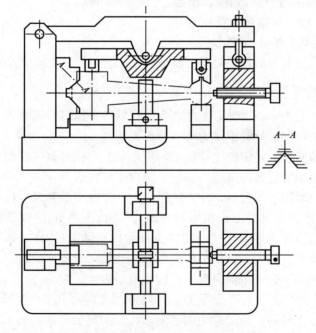

图 5.8   粗铣连杆两端面夹具

件的两端面,使一部分切削力相互抵消,易于得到平面度较好的平面。同时由于以对称面定位,毛坯在加工后的外形偏差也比较小。

3. 确定合理的夹紧方法

既然连杆是一个刚性比较差的工件,就应该十分注意夹紧力的大小、作用的方向及着力点的选择,避免因受夹紧力的作用而产生变形而影响加工精度。图5.9表示不正确的夹紧方法,这样加工出来的孔与端面不垂直。在该柴油机厂加工连杆的夹具中,可以看出设计人员注意了夹紧力的作用方向和着力点的选择。例如在粗铣两端面的夹具(图5.8)中,夹紧力的方向与端面平行,在夹紧力作用的方向上,大头端部与小头端部的刚性高、变形小,即使有一些变形,亦产生在平行于端面的方向上,很少或不会产生影响端面的平行度。夹紧力通过工件直接作用在定位元件上,可避免工件产生弯曲或扭转变形。

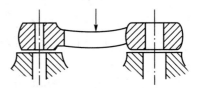

图 5.9　连杆的夹紧变形

又例如在加工大小头孔工序中,主要夹紧力垂直作用于大头端面上,并由定位元件承受(图5.10),以保证所加工孔的圆度。在精镗大小头孔时,只以大头端面定位,并且只夹紧大头这一端。小头一端以假销定位后,用辅助支承在一侧面托住,用螺钉在另一侧面夹紧。小头一端不在端面上定位夹紧,避免可能产生的变形。

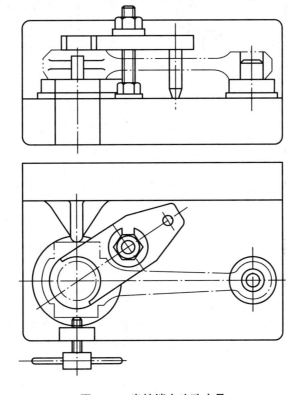

图 5.10　半精镗大头孔夹具

4. 连杆两端面的加工

工厂采用粗铣、粗磨、半精磨、精磨 4 道工序，并将精磨工序安排在精加工大小头孔之前，以便改善基面的平面度，提高孔的加工精度。粗磨在转盘磨床上，使用砂瓦拼成的砂轮端面磨削。这种方法的生产效率高。半精磨、精磨在 M7575 型平面磨床上用砂轮的周边磨削。这种方法的生产效率低一些，但精度高。

5. 连杆大小头孔的加工

连杆大小头孔的加工是连杆机械加工的重要工序，它的加工精度对连杆质量有较大的影响。小头孔是定位基面。在作为定位基面之前，它经过了钻、扩、拉 3 道工序。钻时以小头孔外形定位，如图 5.11 所示，这样可以保证加工后的孔与外圆的同轴度误差较小。图纸上技术要求规定小头孔与外圆同轴度不得超过 $\phi 1\text{mm}$。

小头孔的钻、扩、拉后，在金刚镗床上进行精镗。在小头孔中压入衬套后，在金刚镗床上与大头孔同时进行精镗。这样可以保证大、小孔轴心的距离公差和相互位置精度要求。

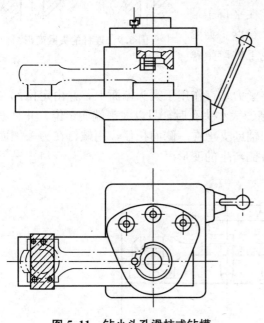

图 5.11　钻小头孔滑柱式钻模

大头孔经过精镗、半精镗、精镗 3 道工序达到 IT6 级公差，表面粗糙的 $R_a < 0.63\mu m$。在铣开连杆体和连杆盖后，由于内应力重新分布会引起连杆变形，影响大头孔的精度。为了修正洗开后产生的变形所引起的误差，将精镗大头孔的工序安排在洗开之后。由于洗开工序的铣有一定的厚度，在装配连杆体和连杆盖时应安装上一定厚度的工艺垫片，然后进行精镗大头孔的工序。

6. 连杆螺栓孔的加工

连杆螺栓孔经过钻、扩、铰工序。加工时以大头端面、小头孔及大头一侧的外圆定位。

为了使两螺栓孔在相互垂直方向平行度保持在公差范围内，在扩和铰两个工步中用上下双导向套导向。该柴油机厂使用了这种方法以后，基本上能保证绝大部分零件合格。但使用双导向套后，孔的表面比用单导向套粗糙，一般能达到图纸上要求的粗糙度 $R_a < 5\mu m$。

粗铣螺栓孔端面采用工件翻身的方法，这样的铣夹具没有活动部分，能保证承受较大的铣削力。精铣时，为了使螺栓孔的两个端面与连杆大头端面垂直，使用图 5.12 所示的两工位夹具。连杆在夹具的一个工位上铣完一个螺栓孔两端面后，夹具上的定位板带着工件旋转 180°，铣另一个螺栓孔的两端面。这样，螺栓孔两端面与大头孔端面的垂直度就由夹具保证。

7. 连杆体与连杆盖的铣开工序

剖分面(亦称连杆体与连杆盖的结合面)的平行度、粗糙度对连杆盖、连杆体装配后的结合强度有较大影响，因而要求铣开后结合面平行度误差不大于 0.01mm，表面粗糙度 $R_a < 2.5\mu m$。如果铣开工序达不到上述技术要求，应该考虑增加磨削剖分面工序。

8. 大头外圆的加工

车大头外圆采用图 5.13 所示的夹具。它用一个圆销(小头孔)、一个菱形销(大头孔)及端面定位。

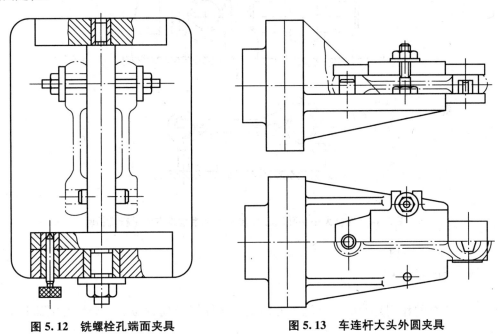

图 5.12　铣螺栓孔端面夹具　　　　　图 5.13　车连杆大头外圆夹具

5.4　连杆的检验

连杆在机械加工中要进行多次中间检验，加工完毕后要进行最终检验。检验项目按图纸上的技术要求进行，一般分为 3 大类。

(1) 观察外表缺陷及目测表面粗糙度。

(2) 检验主要表面的尺寸精度。

(3) 检验主要表面的位置精度。

其中大小头孔轴心线在两个相互垂直方向的平行度用图 5.14 所示的工具及方法进行。在大小头孔中插入心轴。大头的心轴搁在等高垫铁上，使大头心轴与平板平行(用千分表在左右两端测量)。把连杆置于直立位置(图 5.14(a))，然后在小头心轴上距离为 100mm 处测量高度的读数差，这就是大小头孔在连杆轴线方向的平行度误差。把工件置于水平位置(图5.14(b)，在小头下用可调的小千斤顶托住)，在小头心轴上距离为100mm处测量高度读数差，这就是大小头孔在垂直于连杆轴线方向平行度误差。

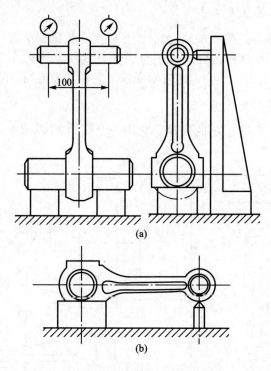

图 5.14　连杆大小头孔轴心线在两个互相垂直方向平行度检验

复习与思考题

5.1　连杆的作用是什么？有何受力特点？连杆杆身截面为工字形且有圆弧过渡有何优点？

5.2　连杆的主要加工表面是什么？次要加工表面是什么？

5.3　连杆加工中有哪几个主要定位基面？为什么要这样选择？

5.4　连杆两螺栓孔平行度及中心距是如何保证的？

5.5　精镗大孔头时，孔径尺寸、圆柱度、端面对大头孔轴线的垂直度要求，分别由机床哪些部分保证？

5.6　对连杆螺栓为什么有扭紧力矩要求？为什么加工时要保证扭紧力矩？扭紧力矩用什么方法检查、控制？

5.7　在连杆小头孔中压青铜衬套的目的是什么？

5.8　精镗大头孔、小头孔的目的是什么？各以哪些面作定位基准？

5.9　试编写图5.15所示零件的机械加工工艺规程。工件材料为40Cr，模锻毛坯，中批生产。

5.10　设计图5.15所示零件的钻、扩、铰 $\phi 15^{+0.019}_{0}$ 孔工序的夹具。

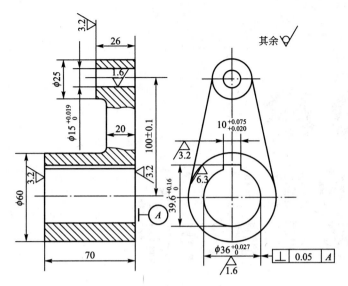

图 5.15 题 5.9 图

第6章

活塞的加工工艺
分析及夹具设计

 **本章学习目标**

★ 了解活塞的结构特点、材料及技术要求;

★ 掌握活塞加工的工艺特点,活塞加工工艺规程制订;

★ 理解活塞加工的夹具设计特点。

 **本章教学要点**

知识要点	能力要求	相关知识
活塞结构特点	了解活塞的结构特点、材料及技术要求	活塞的作用、组成、材料及技术要求
活塞工艺分析	掌握活塞加工的工艺特点,活塞加工工艺规程制订	活塞工艺过程的安排,定位基准的选择,主要形面的加工方法
活塞加工夹具特点	理解活塞加工的夹具设计特点	活塞头部、裙部及活塞销孔加工的夹具分析

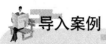**导入案例**

　　在发动机气缸内，活塞在一部分工作循环压缩气体，而在另一部分工作循环，气缸内的混合气体燃烧膨胀，活塞承受高温气体的压力，并把压力通过活塞销、连杆传给曲轴。可见活塞是在高温高压下做长时间变负荷的往复运动，活塞的结构就要适应这样的工作条件。

　　气缸是混合气(汽油和空气)进行燃烧的地方。气缸内容纳活塞做往复运动。气缸头上装有点燃混合气的电火花塞(俗称电嘴)，以及进、排气门。发动机工作时气缸温度很高，所以气缸外壁上有许多散热片，用以扩大散热面积。气缸在发动机壳体(机匣)上的排列形式多为星形或 V 形。常见的星形发动机有 5、7、9、14、18 或 24 个气缸不等。在单缸容积相同的情况下，气缸数目越多发动机功率越大。活塞承受燃气压力在气缸内做往复运动，并通过连杆将这种运动转变成曲轴的旋转运动。连杆用来连接活塞和曲轴。曲轴是发动机输出功率的部件。曲轴转动时，通过减速器带动螺旋桨转动而产生拉力。除此之外，曲轴还要带动一些附件(如各种油泵、发电机等)。气门机构用来控制进气门、排气门定时打开和关闭。

6.1　活塞的工作条件及结构特点

6.1.1　活塞主要结构

　　图 6.1 表示一个铝活塞。基本结构是由活塞的顶面、环槽、油环槽的小孔、活塞头部、活塞裙部、锁环槽、活塞销孔及止口组成。平面 1 是活塞的顶面，它承受气体的压力，并受到高温气体的直接作用。4 个圆环形的槽 2 称为环槽，其中靠近顶面的 3 个环槽称为气环槽，在气环槽中放置有弹性的活塞环，用以密封活塞顶面以上的燃燃室；离顶面最远的一个环槽称为油环槽，在油环槽中放置油环(或称刮油环)，它把飞溅到气缸套内壁上的多余润滑油刮去，使油从油环槽的小孔 3 中流回曲轴箱。在铝活塞上包括顶面和环槽在内的部分 4 称为活塞头部。其余部分 5 称为活塞裙部，活塞裙部在活塞工作过程中起导向作用。活塞中间的贯穿孔 7 称为活塞销孔，活塞销孔的两端有锁环槽 6。图中的 8 是一个短圆柱面和圆锥面的组合，通常称为止口。它是专门为加工活塞而设置的辅助精基面，在结构上和功能上没有作用。

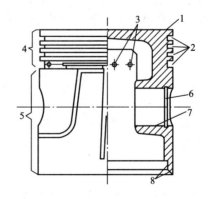

图 6.1　铝活塞简图

1—活塞的顶面；2—环槽；3—油环槽的小孔；
4—活塞头部；5—活塞裙部；
6—锁环槽；7—活塞销孔；8—止口

6.1.2 活塞工作过程中的受力变形

活塞在工作过程中将产生受力变形和热变形。如图 6.2(a)所示，活塞的顶面受到汽缸内气体压力的作用，产生弹性变形。由于活塞裙部在圆周方向刚性不同，在活塞销轴线方向的弹性变形量比垂直于该方向的弹性变形量大，使活塞裙部在受力后变成椭圆。另一方面，活塞顶部与高温气体接触，热量通过活塞顶部传到活塞裙部，温度升高产生热变形。由于活塞裙部圆周上金属分布不均匀，销孔轴线方向金属厚，热膨胀量大；垂直于销孔轴线方向热膨胀量小。从而使活塞裙部由于热变形变成椭圆，如图 6.2(b)的虚线所示。所以无论是受力变形或热变形都使原来的圆柱形的裙部变成椭圆形，椭圆的长轴在活塞销孔的轴心线方向

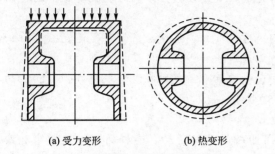

(a) 受力变形　　　　(b) 热变形

图 6.2　活塞在工作过程中的变形

上。这样，必然使活塞与气缸套的间隙，不均匀地减少甚至消失，以至于发生强烈的磨损甚至咬住。

为了补偿上述变形，把活塞裙部设计制造成椭圆形，椭圆的长轴在垂直于活塞销孔轴心线的方向上，并在活塞裙部的销孔附近铸出两块凹坑，增加裙部与气缸套内壁的间隙。椭圆度的大小因活塞的型号而不同。在解放牌活塞上，椭圆度为 0.08～0.13mm。

此外，活塞工作时，顶面和高温气体直接接触、热量由头部传到裙部，头部温度高、热膨胀量大，裙部温度低、热膨胀量小。为了补偿这种不均匀的热变形，把活塞头部的外径设计得比裙部的外径小，同时活塞裙部也设计成上小下大的锥形。解放牌活塞裙部的锥度是 0.03～0.06mm。为了减少向裙部传导的热量，在活塞(主要是高速内燃机用活塞)上铣有横槽，以减少向下传热的面积。在活塞上还铣有纵向槽(稍斜)以增加活塞裙部的弹性(横向槽也有这一作用)。活塞销孔内装活塞销与连杆小头孔相连接。为了使活塞销的磨损均匀，在工作温度下，应使活塞销在活塞销孔及连杆小头衬套孔中能自由转动，即所谓"浮动式"活塞销。为了避免活塞销在工作过程中轴向窜动，在锁环槽中装有锁环。

6.2　活塞主要技术条件分析

对于铝活塞的技术条件已制定了国家标准，对各部分的尺寸公差、形状和位置公差以及表面粗糙度均做了详细的规定，现根据国家标准 GB/T1148—2010 摘要说明如下。

1. 活塞的尺寸要求

活塞头部外圆直径公差为 0.08mm。活塞裙部外圆要求与气缸很精密地配合，因此裙部外圆一般要求公差等级 IT6，对于高速内燃机的活塞甚至要求公差等级 IT5。为了减少机械加工的困难，将活塞裙部和气缸套孔径的制造公差均放大 3 倍，装配时将活塞按裙部尺寸分成 3 组，气缸套按孔径尺寸分成 3 组，将对应的组进行装配(这种方法称为分组装配法)，以保证达到要求的间隙。裙部的椭圆度和锥度公差在分组尺寸公差范围内。裙部

外圆粗糙度 $R_a = 1 \sim 5\mu m$。

对于浮动式活塞销孔，为了使活塞销在工作过程中能在孔中自由转动，销孔尺寸要求 IT6 级以上。为了减少机械加工工作量，活塞销孔和活塞销的装配也采用分组装配法。当销孔直径小于 50mm 时销孔圆度不大于 0.0015mm，锥度不大于 0.003mm。销孔内圆表面粗糙度 $R_a \leqslant 0.32$mm。

2. 活塞销孔的位置公差要求

(1) 销孔轴心线到顶面的距离影响气缸的压缩比，即影响发动机的效率，因此必须控制在一定范围内。对于解放牌活塞这一距离规定为 56 ± 0.08mm。

(2) 销孔轴心线对裙部轴心线的垂直度影响活塞销、销孔和连杆的受力情况。垂直度过大将使活塞销、销孔和连杆单侧受力，活塞在气缸套中倾斜，加剧了磨损。对于解放牌活塞，这一垂直度在 100mm 长度上公差为 0.035mm。

(3) 销孔轴心线对裙部轴心线的对称度误差也会引起不均匀磨损。对于解放牌活塞规定对称度公差为 0.2mm。

3. 活塞环槽的要求

为了使活塞环能随气缸套孔径大小的变化而自由地胀缩，对活塞环槽做下列规定。

(1) 活塞环槽平面母线对裙部轴线的垂直度：环槽呈碟形向上倾斜时不大于 25：0.07；环槽呈伞形向下倾斜时不大于 25：0.03。

(2) 活塞环槽平面对裙部轴线圆跳动不大于 0.05mm。

(3) 活塞环槽底径对裙部轴线圆跳动不大于 0.15mm。

(4) 活塞环槽上下面平面的粗糙度 $R_a \leqslant 0.63\mu m$。

(5) 为了保证发动机运转平稳，同一发动机各活塞的重量不应相差很大。对于解放牌活塞，重量差不得大于活塞名义重量的 $\pm 2.5\%$。活塞应该按重量分组装配。

6.3 活塞的材料及毛坯制造

在汽油发动机和高速柴油机中，为了减少往复直线运动部分的惯性作用，都采用了铜硅铝合金作为活塞材料。它的化学成分是：Si4% ~ 6%、Cu5% ~ 8%、Mg0.2% ~ 0.5%、Fe ≤ 1%，其余是 Al。在低速、重负荷、低级燃料的发动机中，有时用铸铁作为活塞材料。在汽车拖拉机工业中很少用铸铁活塞。

铜硅铝合金比铸铁具有下列优点。

(1) 导热性好，使活塞顶面的温度降低较快，可以提高发动机的压缩比，又不至于引起混合气体自燃，因而可以提高发动机的功率。

(2) 重量轻、惯性力小。

(3) 可切削性好。

(4) 可以得到精确的毛坯。

但它也有一些缺点。

(1) 材料价格比较贵。

(2) 热膨胀系数大，约为铸铁(机体和汽缸套的材料)的两倍。

（3）机械强度及耐磨性较差。

但是，总的说来，铝合金的优点超过缺点，所以在高速内燃机中都用它。铝合金毛坯采用金属模浇铸。毛坯的精度较高，活塞销孔也能铸造出，因此机械加工余量可以相应地减少。铝合金毛坯在机械加工前要切去浇冒口，并进行时效处理，消除铸造时因冷却不均匀而产生的内应力。时效处理是将活塞加热至180～200℃，保温6～8h后，自然冷却。活塞经过时效处理后还能增加强度和硬度。

6.4 铝活塞的工艺过程及夹具分析

图6.3为解放牌汽车活塞简图。表6-1为活塞的机械加工工艺过程。该厂活塞年产量为25～30万件，属于大批大量生产，设有专用的生产流水线。流水线由专用机床和经过改装的通用机床组成，并采用了大量专用工装量具。随着数控技术的发展，目前的大批量铝活塞加工基本都采用数控车床(车削中心)和大量专用工装量具。

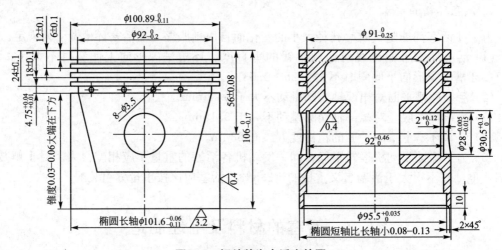

图6.3 解放牌汽车活塞简图

表6-1 活塞的机械加工工艺过程

序号	工序名称	技术条件和检查	设备
1	铸造	按活塞铸造工艺进行	
2	铣浇注冒口	在铸造车间进行	
3	时效处理	按活塞的时效工艺进行	
4	粗车止口	止口端面对止口内径的垂直度0.2mm	粗车止口专用机床
5	粗镗销孔	销孔的圆度不大于0.005mm	自动双头镗床
6	粗车外圆、顶面、环槽	顶面平面度不大于0.10mm	C720型多刀半自动车床
7	钻油孔	钻8个φ3.5mm的油孔，油孔中心须在环槽中心	自动多头钻
8	铣直横槽	直横槽在活塞圆周上偏移不得大于1°	专用铣槽机

（续）

序号	工序名称	技术条件和检查	设备
9	精车止口、打中心孔	止口内径对活塞外圆轴线的径向跳动允许差 0.08mm	精车止口专用机床
10	精切环槽	各环侧面的粗糙度不大于 $0.63\mu m$	精切槽专用机床
11	精车外圆	外圆对轴线的径向圆跳动不大于 0.1mm	C111D 型车床
12	精磨外圆	椭圆长轴角度偏差不大于 $5°$	椭圆磨床
13	精车顶面及倒角	顶面平面度不大于 0.02mm	精车顶面专用机床
14	精镗销孔	销孔圆度不大于 0.0025mm	专用镗床
15	切锁环槽	锁环槽底圆对销孔的同轴度不大于 0.15mm	普通车床
16	打字	按产品图纸规定打字	
17	滚压销孔	销孔圆度不大于 0.0015mm，锥度不大于 0.003；销孔表面粗糙度不大于 $0.32\mu m$	2535 立式销床
18	成品检验		
19	分组包装		

6.4.1　定位基面的选择和加工

活塞是一个薄壁零件，在外力作用下很容易产生变形。活塞主要表面的尺寸精度和位置精度的要求都很高，因此希望以一个统一基面定位来加工这些要求高的表面。目前生产活塞的工厂大多采用止口和端面作为统一基准；在精加工时，精车外圆和精磨外圆两工序中用止口处的锥面和顶面上的中心孔定位，其余工序都采用止口和端面定位。

采用止口和端面（或锥面和中心孔）作为基面有以下优点。

（1）用这种定位方法可以加工裙部、头部、顶面、销孔等主要表面及其他次要表面。而且在粗车外圆、顶面、环槽工序中，在一次安装中可车削外圆、顶面、环槽，既提高了生产率，又能保证这些表面的位置精度。

（2）活塞裙部在半径方向的刚性差，利用止口和端面（或锥面和中心孔）定位可以沿活塞轴向夹紧，就不致引起严重的变形，从而可以进行多刀切削。

当然采用这种定位方法也有其不足之处。

（1）要加工一些本来不需加工的表面，而且这些表面精度要求较高，需要经过两次加工。

（2）在活塞技术要求中，环槽等的位置精度是对裙部外圆的轴心线而言的。现精切环槽时用止口定位，止口对裙部外圆的同轴度误差就要影响环槽的位置精度。

采用止口和端面作基准虽然增加了加工工时和设备，但它有利于保证加工质量，所以这种定位方式得到广泛的应用。

粗车止口工序的加工示意图如图 6.4 所示。由于工件外圆是毛坯表面，用一般的三爪卡盘夹持不够牢固，所以把卡爪加长，以避免工件在切削力作用下产生倾斜。工件的初始轴向位置由支撑钉确定，而被加工的止口和端面的最终位置由装在刀架上的长杆决定。即当刀架进给时，长杆随刀架一起移动，当长杆的头部与活塞头部内壁接触时，微动开关发出命令使刀架停止进给，以保证工序尺寸 L。采用长杆控制工序尺寸 L 的好处是毛坯的制造误差不会影响活塞顶部的厚度。

但是图 6.4 所示的装夹方式却不能消除毛坯在径向的制造误差对外圆和毛坯内壁同轴度的影响。如果毛坯的外圆和内壁有同轴度误差，用外圆定位加工出的止口与外圆同轴，而与内壁不同轴，以后再用止口定位加工外圆表面，就会造成壁厚不均匀。如果毛坯精度较高，内外表面的同轴度误差较小，则用上述方法就不会造成过大的壁厚差。对于解放牌汽车的活塞来说毛坯是采用金属模浇铸的，精度较高，所以采用上述定位方法基本上能保证壁厚差要求。

所以比较合理的方法应该是用内表面定位加工止口，使止口与内表面同心；然后用止口定位加工外圆，从而保证定位活塞有较小的壁厚差。用内表面定位的夹具如图 6.5 所示。在夹具的前端有支撑头，用以确定工件的轴向位置。

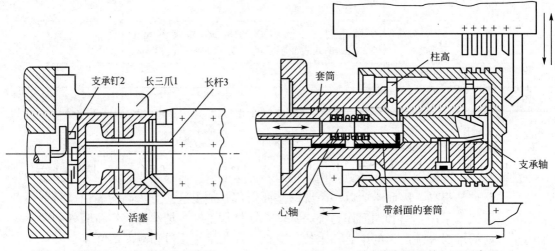

图 6.4　粗车止口工序的加工示意图　　　　图 6.5　用内表面定位的加工示意图

在夹具体的前后两个圆周上，有两排柱塞。前排 4 只，对称分布（避开销孔的内搭子）；后排 3 只，均匀分布。当心轴及套筒（用螺纹固定在一起）向前移动时，依靠心轴上的斜面使前排的柱塞向外推，撑紧在活塞内表面上。同时套筒通过弹簧使带斜面的套筒向右移动，把后面一排柱塞撑紧在活塞的内表面上。两排柱塞和支撑头使活塞五点定位，并利用柱塞与内表面的摩擦力带动工件转动。这种定位夹紧方式可以同时加工外圆、顶面、环槽、止口、端面，不仅可以提高精度，而且也可以提高生产率。必须指出的是，在这种情况中夹紧力必须合适；如果夹紧力过大，很容易引起工件变形，影响加工精度。

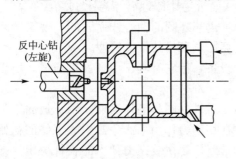

图 6.6　精车止口、打中心孔的加工示意图

在进行各主要表面的精加工前，必须对基面再进行一次精加工（工序 9，精车止口、打中心孔）。因为在粗加工时，金属切除量比较大，切削力也比较大，基面的精度有可能被破坏，基面再进行一次精加工可以提高基面本身的精度，以保证以后各工序的加工精度。工序 9 的加工示意图如图 6.6 所示。由于外圆已加工过，且切削用

量不大,所以可以用普通的三爪卡盘定位夹紧。在车床空心主轴中装有能轴向移动的反中心钻,用来在精车止口、端面、锥面的同时在顶面的搭子上打中心孔,保证了这些表面的位置精度(同轴度和垂直度)。

6.4.2 环槽的加工

如前所述,在技术条件中对环槽侧面的垂直度、圆跳动、粗糙度和槽宽的尺寸精度都有较高的要求,因此环槽加工是活塞加工中重要工序之一。

精切环槽的加工示意图如图6.7所示。环槽的宽度决定于切槽刀宽度;槽间的距离决定于夹板厚度。

切槽刀的形状如图6.8所示,为了保证槽宽的尺寸精度,必须将切槽刀的宽度偏差严格控制在0.005mm以内。为了保证槽间距离,切槽刀和夹板两侧面都在平面磨床上磨到粗糙度 $R_a \leqslant 0.63\mu m$,使两侧面互相平行,且夹板的厚度偏差限制在0.01mm以内。

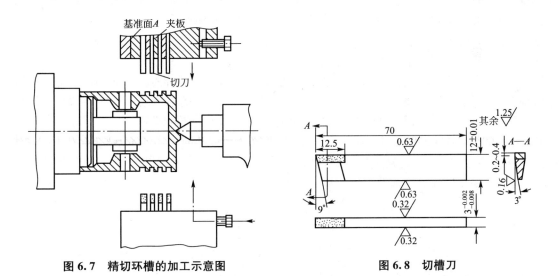

图6.7 精切环槽的加工示意图　　　　　图6.8 切槽刀

为了保证槽的侧面与裙部的轴心线垂直,除了刀架溜板的运动方向应与活塞裙部的轴心线垂直之外。还必须将切槽刀安装得与活塞裙部轴心线垂直,也就是必须使刀架上安装刀具的侧向基面(图6.7中的 A 面)与车床主轴的回转轴心线垂直。为此,在安装刀具前,先用千分表对基准面 A 进行找正。在刀架前后移动时,其误差应在0.01mm以内。

切槽刀的伸出长度是用样件调整的,即在安装工件的位置上安装上样件。样件的形状与工件相似,环槽深度已加工到需要的尺寸,而环槽的宽度略宽。根据样件上各环槽的深度,调整各把切槽刀的伸出长度。

以上的措施只是使刀具和工件在开始切削前有一正确的相对位置。在切削过程中刀具和工件是否能保持这一相对位置呢? 这一问题对于工艺系统刚性较差、切削力较大的情况,是会很突出的。在精切环槽的工序中,人们发现:由于切槽刀在宽度方向的刚性较差,端面到环槽的距离在加工过程中不可避免要有误差,以致切槽刀两侧面的余量不均匀,因而两侧面的切削力也不相等。这就会使刀具在切削过程中产生弯曲,影响尺寸精度和位置精度。解决的办法是增加环槽的切削次数,由粗切、精切各一次,改为粗切、精切各两次。每次精切余量为 0.20mm(改变切槽刀的宽度)。

影响环槽侧面粗糙度的主要因素是切槽刀侧面和刃口的粗糙度,所以必须使切槽刀刀刃的粗糙度 $R_a<0.32\mu m$;另一方面在刀刃部分磨出一条宽 $0.2\sim0.4mm$ 的棱边,后角为 $0°$(图 6.8),起到压光的作用,减小了环槽侧面的粗糙度。此外冷却润滑液对表面粗糙度也有影响。

6.4.3　裙部外圆的精加工

对于裙部为椭圆的铝活塞。裙部外圆的精加工可以是精车也可以是磨削。无论是精车还是磨削,要得到椭圆形的表面,都需要使工件相对于刀具有一个附加的往复运动。在磨削中除了工件和砂轮做旋转运动外,还需要工件相对于砂轮做附加的往复运动,即当活塞销孔轴心线在垂直位置时工件离砂轮最远,磨出椭圆的长轴。当工件继续转动,工件逐渐向砂轮靠近,当活塞销孔处于水平位置时,工件离砂轮最近,即磨出椭圆的短轴。工件继续旋转,逐渐离开砂轮,直到销孔轴心线又处于垂直位置时,工件离砂轮最远。如此往复循环,即能磨出椭圆。可以看出,工件转一转,轴心往复移动两次,移动量等于椭圆长轴与短轴之差的一半。

在机床上可以有若干种不同的方法实现上述往复运动。在活塞加工中常用的方法有靠模法和偏心连杆机构法两种,图 6.9 所示为靠模椭圆磨床的工作原理。磨床的工件头架、尾架和工件都安装在一块板上,板用两个以 O 为回转轴心线的铰链与工件台连接。在工件轴的后端装一椭圆形靠模(在图上为表达清楚起见,把靠模的椭圆度夸大了),靠模和一个固定在工作台上的滚动轴承相接触。当工件和靠模一起转动时,由于靠模的椭圆外形,就是整块板连同工件头架、工件产生摆动,使工件获得上述附加的往复运动。这个方法简单,但在工件型号或椭圆度改变时,就必须更换靠模。

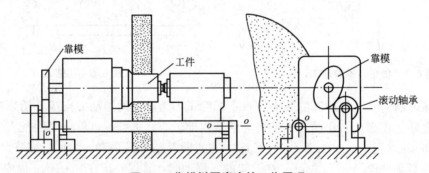

图 6.9　靠模椭圆磨床的工作原理

偏心连杆机构椭圆磨床的工作原理如图 6.10 所示。电动机通过皮带传动使花键轴Ⅱ旋转。在花键轴上装有齿轮 1 及两个偏心轮盘 4,齿轮 1 又通过齿轮 2 及 3 使工件主轴旋转,其传动比为 1:2。结构和尺寸完全相同的偏心连杆机构共有两套分别带动工件主轴和尾架套筒做同步往复运动,使工件(活塞)获得形成椭圆所必需的附加运动。偏心盘 4 的外面还套着偏心盘 5,偏心盘 4 和 5 的偏心量各为 $e_1=e_2=6.5mm$,调整偏心盘 4 和 5 的相对角度位置,即可使合成偏心量在 $0\sim13mm$ 范围内变化,调整好后用螺钉将偏心盘 4 和 5 固定成一个整体。在偏心盘 4 和 5 与花键轴Ⅰ一起旋转时,连杆 6 产生摆动,通过销子 7 使连杆 8 摆动。连杆 8 的另一端与偏心套 9 用键连接,偏心套 9 内是安装工件的主轴Ⅰ。

连杆 8 的摆动使偏心套 9 及主轴 I 产生摆动，从而使工件获得所需的附加往复运动。由于轴 I 和轴 II 有一个 1：2 的传动比，所以工件转一转，工件的轴心线摆动两次，符合形成椭圆的条件。对于不同的椭圆度，只需调整偏心盘 4 和 5 的相对角度位置。

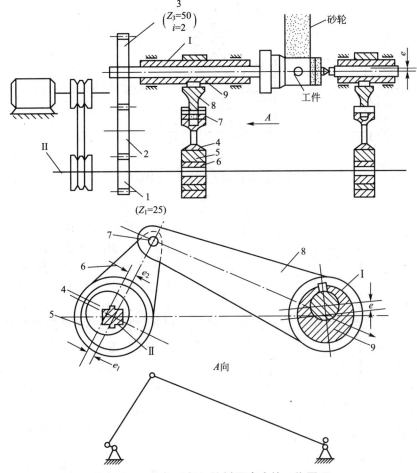

图 6.10　偏心连杆机构椭圆磨床的工作原理

实际上，上述椭圆磨床获得椭圆的方法是近似的。因为裙部轴心线的运动轨迹是圆弧，不是直线，裙部轴心线的运动规律并不严格符合椭圆半径的变化规律。但是由于活塞裙部的椭圆度都很小，形状上的微小偏差并不影响活塞的工作性能，而且上述方法可以使机床结构及调整都较简单，所以得到实际的应用。

6.4.4　活塞销孔的加工

铝活塞的毛坯一般都铸出锥形销孔（便于拔模）。由于销孔是许多工序施加夹紧力的部位，所以在粗车止口工序之后即对销孔进行粗镗，以便在其后的工序夹紧力能较均匀地分布，而不至于压坏销孔所在的搭子。

精镗销孔是活塞加工中保证精度的关键工序之一。由于销孔的尺寸、形状和位置精度以及粗糙度的要求都很高，用一般的机床加工往往由于主轴回转精度不高而达不到要求。因此一般都需要设计制造高精度的镗头。这种镗头一般采用静压轴承。同时对于精镗销孔工序定位基面的选择也必须予以充分的重视。图 6.11 所示为精镗销孔工序定位方案之一。它用止口及端面定位，消除 5 个自由度，剩下的转动自由度用一根装在尾座套筒中的菱形销插入销孔中来定位，从而保证精镗的加工余量均匀。

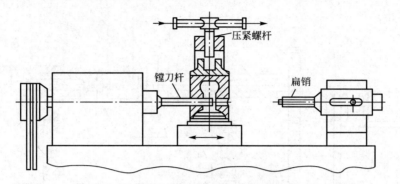

图 6.11　端面和止口定位精镗销孔

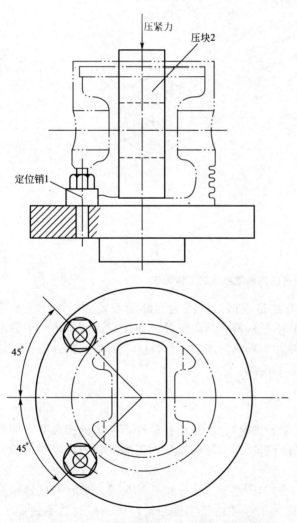

图 6.12　顶面及头部外圆作为定位基面的夹具简图

当用螺杆及压块将活塞压紧后，再将菱形销从销孔中退出，即可进行加工。但如前所述，销孔轴心线到顶面的距离影响气缸的压缩比，因此在图纸中有 56 ± 0.08 mm 的要求，即销孔轴线的轴向设计基准是顶面。而定位基面是止口和端面。产生工艺基准和设计基准不重合的问题。在这种情况下就需要对工序尺寸进行换算，提高某些尺寸的精度，这样就会使制造成本提高。

为了使工艺基准和设计基准重合，可以用顶面代替端面作为定位基面。图 6.12 所示即为用活塞顶面和头部外圆作为定位基面的夹具简图。图中处于与水平线成 45°角度位置的两个定位销 l（相当于组成一个 V 形块）与活塞头部外圆接触，确定活塞轴线的位置。即用活塞的顶面和头部外圆消除 5 个自由度，第六个自由度也采用菱形销来消除（图中未画出）。为了避免因夹紧力引起活塞变形，压紧螺杆所产生的压紧力通过压块 2 作用在活塞顶部的内壁。这种定位方式与用端面和止口定位比较起来，有利于轴向尺寸精度的提高，因为它使轴向尺寸的工艺基准与设计基准重合。但是，如前所述，对于销孔轴线的位置要求除了轴向尺寸外，还有销孔轴心线对裙部轴心线对称度不大于 0.2mm 的要求。当头部轴心线与裙部轴心线的同轴度误差较大时，就会使销孔轴心线对裙部轴心线对称度超差。

所以对精镗销孔工序，最合理的定位方案是用顶面和裙部外圆定位。图 6.13 所示为用顶面和裙部外圆定位精镗销孔夹具(为简明起见，图中仅画出主要定位元件，夹紧机构未画出，仅用箭头表示夹紧力方向)。这种定位方法使工艺基准与两项要求的设计基准(轴向尺寸和轴线对称度)均重合，有利于保证加工质量。但夹具结构较复杂，且夹紧力必须适当，否则由于工件的夹紧变形会引起加工误差。

在精镗销孔后，为了进一步改善活塞销孔的精度和粗糙度，目前国内采用两种方法。

一种是滚击加工，它可以使销孔的圆度和素线平行度控制在 $3\mu m$ 以内，表面粗糙度 $R_a \leqslant 0.16\mu m$。滚击加工使用图 6.14 所示的滚击器。滚击器的心轴 1 与滚针 2 相配合的表面是多边形的。当心轴转动时，多边形心轴推动滚针在销孔表面形成脉冲式的滚击。滚击的频率取决于滚击器的转速和多边形心轴的边数，一般约为 100 次/s。加工可在立式钻床上进行，需用大量的冷却润滑液。加工时，将活塞置于 V 形块上，以滚击器前端的导向套插入销孔进行自动找正，然后开动机床，把滚击器向下进给，在滚针穿过销孔后，停止主轴转动，退出滚击器。整个工作循环为 $25\sim35s$，生产率可达每班 600 个以上。

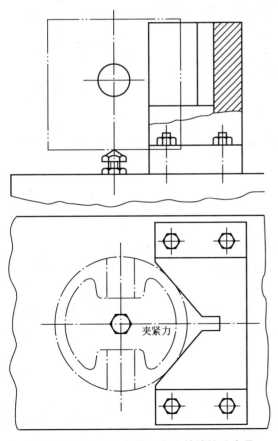

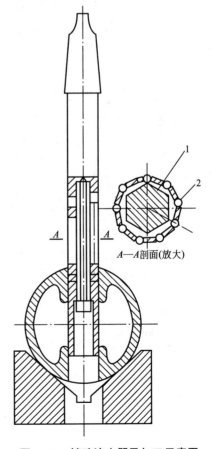

图 6.13　顶面和裙部外圆定位精镗销孔夹具　　图 6.14　销孔滚击器及加工示意图

另一种方法是采用图 6.15 所示的镜面镗刀镗销孔。这种镗刀刀体中有一个锥管螺纹孔，并在头部开通一条纵向槽，胀开或压缩这条槽，就可以精确地调整刀具的直径。用镜面镗刀加工的孔尺寸稳定、形状误差小、粗糙度低。关键在于刃磨时应使两切削刃严格地和回转轴心线同轴。镜面镗对前面的精镗工序的要求（在孔的加工精度和光洁度方面）比滚击低，它能稳定地达到活塞销孔的最终技术要求。由于在孔小时尺寸不容易精确调整，因此目前尚不能用于尺寸较小的活塞销孔。

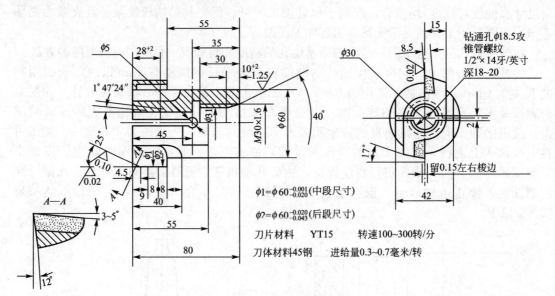

$\phi_1 = \phi 60^{-0.001}_{-0.020}$（中段尺寸）

$\phi_2 = \phi 60^{-0.020}_{-0.043}$（后段尺寸）

刀片材料　　YT15　　转速100~300转/分

刀体材料45钢　进给量0.3~0.7毫米/转

图 6.15　镜面镗刀

6.4.5　活塞的检验

为了保证活塞达到规定的技术条件，必须在加工中及加工完毕后进行技术检查。最后检查的项目有以下几项。

（1）检查外观和表面粗糙度。

（2）检查活塞销孔的尺寸及形状偏差。

（3）检查裙部的椭圆度和锥度，按裙部椭圆的长轴分组。

（4）检查环槽宽度、底径、环槽侧面的垂直度和圆跳动。

（5）检查销孔轴心线对裙部轴心线的垂直度和对称度，销孔轴心线到顶面的距离。

（6）称活塞的重量，并按重量分组。

现将活塞最后检查中几个主要技术条件的检验方法简述于下。

1. 裙部直径和椭圆度的测量

测量方法如图 6.16 所示。先用一个直径已知的标准件对好千分表的零位，然后将工件按图示方法安装，读得的最大读数即为工件直径与标准件直径之差。由于标准件的直径是已知的，因此工件的直径也

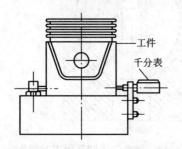

图 6.16　裙部直径和椭圆度的测量

可得到。测量所得的尺寸即为裙部椭圆的长轴。再将工件转过 90°，再测量一次，即得裙部椭圆的短轴。两次读数的代数差即为裙部椭圆度。在最后检查时，按裙部椭圆的长轴将活塞分组。

必须特别指出的是：由于铝合金的热膨胀系数比钢大一倍，测量时气温的变化对测量结果有很大的影响。如果忽略气温的影响，就会把一部分合格品误认为废品，或把一部分废品误认为合格品。

怎样才能排除气温变化对测量结果的影响呢？在有恒温（20℃）条件的工厂，在恒温室内进行测量当然可以不受气温变化的影响。但是对于大多数没有恒温条件的工厂，只要掌握一定的规律，同样可以排除气温变化的影响。这就需要经过一定的试验，测量出在不同气温下活塞直径变化的规律。必须说明，随着活塞材料的不同，以及活塞的结构和尺寸的不同，具体数值也不同，必须针对具体对象通过试验找出规律。

2. 销孔轴心线与裙部轴心线的对称度的测量

测量时用图 6.17 所示的检验夹具。在销孔中插入适当尺寸的检验心轴 1。将活塞以端面向下放在夹具平板上，并使检验心轴与两圆柱体 2 接触，将活塞连同心轴一起移动，记下千分表的最大读数。然后将活塞及心轴在平面内转过 180°，用同样方法记下活塞另一边的千分表的最大读数。两次读数差值的一半就是销孔轴心线与裙部轴心线的对称度。这种测量方法实际测量的是心轴侧母线至裙部外圆的距离 L_1 和 L_2，并使销孔轴心线与裙部轴心线的对称度等于 $(L_1-L_2)/2$。

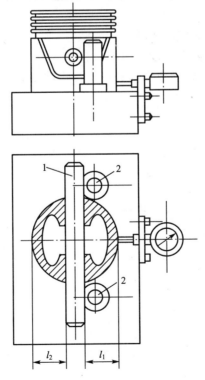

图 6.17 销孔轴心线与裙部轴线对称度测量
1—检验心轴；2—圆柱体

3. 销孔轴心线对裙部轴心线的垂直度的测量

检验夹具如图 6.18 所示。在销孔中插入适当尺寸的检验心轴。把活塞以端面向下放

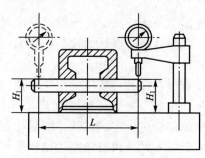

在夹具平板上，用千分表读得心轴一端最大读数。然后把活塞和心轴在水平面上转过 180°，在心轴的另一端读得另一最大读数。设两次测量之间的距离为 L，则两次读数的差即为在距离 L 上的垂直度，这样的测量方法实际上是测量心轴上母线在 L 距离上的高度 H_1 及 H_2，即心轴上母线与活塞端面在 L 距离上的平行度。只有在心轴两端直径相同、裙部轴心线与端面垂直时，这一数值才能代表销孔轴心线与裙部轴心线的垂直度。

图 6.18　销孔轴心线对裙部轴心线垂直度的测量

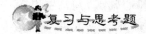复习与思考题

6.1　简述活塞的基本结构和止口的作用。

6.2　结合图 6.2 分析活塞在工作过程中的受力变形和热变形特点。

6.3　试述活塞销孔的位置公差要求。

6.4　为了使活塞环能随气缸套孔径大小的变化而自由地胀缩，对活塞环槽加工精度有哪些规定？

6.5　简述铜硅铝合金和铸铁的优缺点。

6.6　试述局部加载成形原理及设计原则。

6.7　试分析图 6.11 所示镗活塞销孔夹具中影响镗孔精度的因素。

第7章

拨叉的加工工艺
分析及夹具设计

本章学习目标

★ 了解拨叉的结构特点、材料及技术要求；
★ 掌握拨叉加工的工艺特点，拨叉加工工艺规程制订；
★ 理解拨叉加工的夹具设计特点。

本章教学要点

知识要点	能力要求	相关知识
拨叉结构特点	了解拨叉的结构特点、材料及技术要求	拨叉的作用、组成、材料及技术要求
拨叉工艺分析	掌握拨叉加工的工艺特点，拨叉加工工艺规程制订	拨叉工艺过程的安排，定位基准的选择，主要形面的加工方法
拨叉加工夹具特点	理解拨叉加工的夹具设计特点	拨叉轴孔、叉口及端面加工的夹具分析

拨叉零件主要用在操纵机构中，比如改变机床滑移齿轮的位置，或汽车变速箱里改变同步器的位置，实现变速。或者应用于控制离合器的啮合、脱开的机构中，从而控制运动的变向。如图 7.1 所示的 CA6140 主运动Ⅱ、Ⅲ轴变速机构中，零件 1 和 2 即为拨叉，用以改变Ⅱ、Ⅲ轴上滑移齿轮的位置。如图 7.2 所示的汽车变速箱操纵机构中，零件 1、2、3 和 4 都是拨叉，用以改变变速箱里不同同步器的位置，实现换挡（变速）。

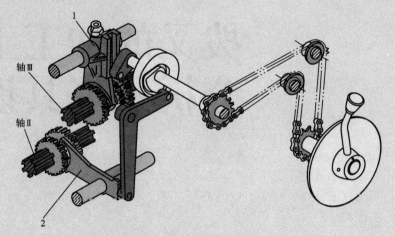

图 7.1　CA6140 主运动Ⅱ、Ⅲ轴变速机构

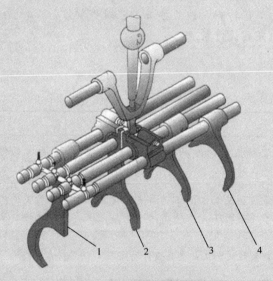

图 7.2　汽车变速箱操纵机构

拨叉零件在各类机器中一般都是传力构件的组成部分，工作中要承受一定的冲击载荷，受力情况比较复杂。拨叉零件在机器中主要是拨动滑移齿轮等零件移动，实现变速功能，所以其结构和形状有较大的差异。其共同点是：外形复杂、不易定位；一头有孔，另一头是叉口，中间由细长的连接杆，所以刚性差、易变形；尺寸精度、形状精度、位置精度以及表面粗糙度要求较高。

7.1 拨叉的加工特点

1. 拨叉的功用与结构

拨叉零件通常是一些外形很不规则的中小型零件，例如机床调整机构用拨叉、拖拉机及汽车变速箱拨叉等，如图 7.3 所示。

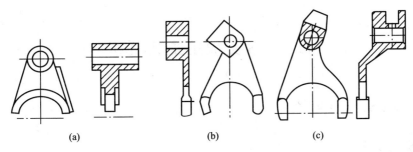

(a)	(b)	(c)

图 7.3 拨叉零件示例

拨叉零件在各类机器中一般都是传力构件的组成部分，工作中要承受一定的冲击载荷，受力情况比较复杂，所以其结构和形状有较大的差异。其共同点是：外形复杂、不易定位；一头有孔，另一头是叉口，中间由细长的连接杆，所以刚性差、易变形；尺寸精度、形状精度、位置精度以及表面粗糙度要求较高。

上述工艺特点决定了拨叉在机械加工时存在一定的困难。因此，在确定拨叉零件的工艺过程时应注意定位基准的选择，以减少定位误差；夹紧力方向和夹紧力作用点的选择要尽量减少夹紧变形；对于主要表面应粗、精加工分阶段进行，以减少变形对加工精度的影响。为了方便装夹，某些拨叉零件在毛坯设计时，进行合件加工，最后铣断。

拨叉零件一般都有 1～2 个主要孔，工作时与销轴配合，精度要求较高。同时这些孔与其他表面之间也有较高的位置精度要求，增加了拨叉加工的难度。

2. 拨叉的材料与毛坯

一般的拨叉零件，如变速箱拨叉、机床用拨叉等，材料一般为铸铁，多采用 HT200。有的拨叉零件还用铸钢材料，采用熔模铸造毛坯。对于要求较高，拨叉在工作过程中受到一定的冲击载荷或为了提高其抗疲劳强度等力学性能，有时选用 45 钢并经过调质处理，少数拨叉零件也可采用球墨铸铁。

对铸铁材料拨叉零件通常采用铸造毛坯，单件小批生产时，常用手工砂型铸造毛坯；大批量生产时，则往往采用机器砂型铸造毛坯。钢制拨叉零件通常采用锻造毛坯，要求金属纤维沿杆身方向分布，并与外形轮廓相适应，不得有咬边、裂纹等缺陷。单件小批生产时，常用自由锻或简单的锤上模锻制造毛坯；大批量生产时，则往往采用模锻制造毛坯。有些拨叉零件的毛坯要求经过喷丸强化处理，重要的拨叉零件还需安排硬度和磁力探伤或超声波探伤检查。

3. 拨叉的主要技术要求

拨叉零件的技术要求按功用和结构的不同而有较大的差异，但总的来说，主要的要求就是轴孔和叉头（口）的精度要求以及它们之间的位置精度要求。一般轴孔的尺寸精度为IT7～IT9，表面粗糙度 R_a 值 3.2～0.8μm；叉头厚度尺寸公差为 0.05～0.2mm，叉口尺寸公差为 IT10～IT12，表面粗糙度 R_a 值 3.2～1.6μm；叉头工作面对轴孔中心线的垂直度公差为 0.05～0.1mm；叉头工作面硬度为 45～55HRC。

由于拨叉结构、材质、加工和装配工艺等方面的原因，引起拨叉在使用中发生过度变形、断裂、叉头工作面的过度磨损、安装拨叉的定位螺钉（销）的松动或脱落等，而影响机器正常工作，即使机器使用失效（或故障）。所以一般要求拨叉在 1500h 时的失效率不大于 1%。

7.2　拨叉加工工艺分析

7.2.1　车床拨叉加工工艺分析

1. CA6140 拨叉（831008）

1）零件的功用

如图 7.4 所示零件是 CA6140 车床的拨叉。它位于车床主运动变速机构中，拨动滑移齿轮移动，使主轴获得不同的主运动速度。拨叉的 $\phi20H7$mm 孔与操纵机构的轴相连，叉口的 $\phi50^{+0.5}_{+0.25}$mm 圆弧和叉头两侧面则是与所拨动滑移齿轮的槽接触，通过操纵机构的力拨动下方的滑移齿轮移动到不同的啮合位置，实现变速。

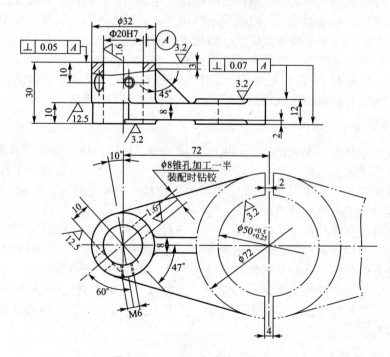

图 7.4　CA6140 车床拨叉零件图

2) 零件的技术要求

该零件共有两处主要加工表面，其间有一定位置要求。分述如下。

(1) 以 $\phi 20$mm 为中心的加工表面。这一组加工表面包括：$\phi 20$mm 孔，尺寸精度 H7，表面粗糙度为 $R_a 1.6$mm；$\phi 20$mm 孔两端面，表面粗糙度为 $R_a 3.2 \mu m$；上端面与 $\phi 20$mm 孔垂直度要求为 0.05mm。

(2) 以 $\phi 50$mm 为中心的加工表面。这一组加工表面包括：$\phi 50$mm 的孔，上下偏差分别为 +0.5mm 和 +0.25mm，表面粗糙度为 $R_a 3.2 \mu m$；叉口两端面($\phi 50$mm 孔两端面)，表面粗糙度为 $R_a 3.2 \mu m$。

这两组表面有一定的位置度要求，即 $\phi 50$mm 孔两个端面与 $\phi 20$mm 孔的垂直度要求为 0.07mm。

该零件的次要加工表面主要有 $\phi 20$mm 孔壁上有一个装配时钻铰的锥孔、一个 M6mm 的螺纹孔、下端有一个 47° 的斜面。这 3 个都没有高的位置度要求。

材料为 HT200，其余表面全部为不加工表面。

3) 零件工艺分析

由上面的零件技术要求分析可知，该零件的 $\phi 20$mm 孔及其上端面为主要的设计基准，为体现基准重合原则，加工时应先加工该组表面，再以这组加工后表面为精基准加工其他表面。考虑零件在机床运行过程中所受冲击不大，零件结构又比较简单，零件材料为 HT200，故选择铸件毛坯。毛坯采用合件铸造，即两个零件铸为一体，加工到一定程度后铣断(切开)。这样做的好处是：在基准选择时，便于实现基准重合和基准统一；加工过程中零件完全对称，有利于车床夹具设计。

(1) 基准的选择。

基准选择是工艺规程设计中的重要工作之一。基准选择的合理可以使加工质量得到保证，生产率得以提高。否则，加工工艺过程中问题百出，更有甚者，还会造成零件的大批报废，使生产无法正常进行。

对于粗基准的选择，若零件上有不加工面与加工面之间的位置要求时，应尽可能选择不加工表面作为粗基准；而对有若干个不加工表面的工件，则应以与加工表面要求相对位置精度较高的不加工表面作粗基准。根据这个基准选择原则，该零件在钻扩铰 $\phi 20$H7mm 孔时，应选择不加工面 $\phi 32$mm 外圆作为粗基准，这样可使 $\phi 32$mm 外圆与 $\phi 20$H7mm 孔的同轴度较高，也即钻孔后，零件壁厚比较均匀。

对精基准的选择，主要应该考虑基准重合和加工过程基准统一的问题。当设计基准与工序基准不重合时，就要进行尺寸换算，并引入基准不重合误差。根据零件毛坯为合件铸造，选择一面两孔为精基准，即以两个 $\phi 20$H7mm 孔及其一个端面作为精基准，既实现了基准重合，又使基准统一。

(2) 拟定工艺路线。

拟定工艺路线的出发点，首先应考虑零件的生产类型和现场生产条件，然后应使零件的几何形状、尺寸精度及位置精度等技术要求能得到合理的保证。在满足生产纲领的情况下，尽量采用通用机床配以专用夹具，或部分工序采用数控加工，保证高的生产效率。还应当考虑经济效益，以便使生产成本尽量下降，充分体现"优质、高产、低耗、清洁"生产。

拟定的工艺路线见表 7 - 1。

表 7-1 车床拨叉加工工艺路线

工序号	工序名称	安装	工序内容	定位及夹紧
1	铸造		两件合一	
2	热处理		退火	
3	铣	1	先粗铣 $\phi32$mm 端面，保证表面粗糙度为 $R_a6.3\mu m$；再精铣该端面，保证表面粗糙度为 $R_a3.2\mu m$	$\phi32$mm 另一端面
		2	先粗铣 $\phi32$mm 另一端面，表面粗糙度为 $R_a6.3\mu m$；再精铣该端面，保证尺寸 30mm，表面粗糙度为 $R_a3.2\mu m$	$\phi32$mm 另一端面
4	钻		钻、扩、铰 $\phi20$H7mm 孔至尺寸，表面粗糙度为 $R_a1.6\mu m$	$\phi32$mm 上端面及其外圆
5	车		车床镗 $\phi50$mm 孔至尺寸，车削 $\phi50$mm 孔端面，保证尺寸 12mm	$\phi32$mm 下端面及 $\phi20$H7 两孔
6	铣		切开成单件	$\phi50$mm 孔、$\phi20$mm 孔及其端面
7	铣		铣小斜面，保证 10mm 和 47°	$\phi20$mm 孔及其端面
8	钻		钻 $\phi8$mm 孔	$\phi20$mm 孔及其端面
9	钻		钻 M6 螺纹底孔并攻丝	$\phi20$mm 孔及其端面
10	钳		去各处毛刺	
11	检验			

2. 车床拨叉

如图 7.5 所示，该零件也是车床用拨叉，与图 7.4 所示零件类似，其主要加工表面为轴孔 $\phi14^{+0.05}_{0}$ mm、叉口圆弧 $R20^{+0.5}_{+0.3}$ mm、叉头厚度 $10^{+0.3}_{+0.1}$ mm 以及叉头两端面相对轴孔的垂直度要求。材料为 HT200，毛坯也是合件铸造。

在考虑该零件加工工艺规程时，与图 7.4 所示零件的区别是，该零件的叉头端面与轴孔所在端面不是一个面，且其中一个端面距轴孔端面的距离要求为 16 ± 0.1mm。所以选择 $\phi25$mm 毛坯外圆及其端面作为粗基准，在车床上镗叉口 $R20^{+0.5}_{+0.3}$ mm 及车削叉头端面，然后以 $R20^{+0.5}_{+0.3}$ mm 及其端面为精基准，加工轴孔 $\phi14^{+0.05}_{0}$ mm 及其端面。其工艺过程见表 7-2。

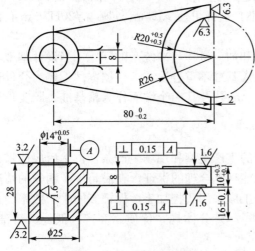

图 7.5 车床拨叉零件图

表7-2 车床拨叉零件加工工艺过程

工序号	工序名称	安装	工序内容	定位及夹紧
1	铸造		两件合一	
2	热处理		退火	
3	车		车 $R20^{+0.5}_{+0.3}$mm 至尺寸，车 $10^{+0.3}_{+0.1}$mm	$\phi25$mm 及端面
4	铣	1	铣 $\phi25$mm 端面，保证尺寸 16 ± 0.1mm、表面粗糙度 $R_a3.2\mu$m	$R20^{+0.5}_{+0.3}$mm 端面
		2	铣 $\phi25$mm 另一端面，保证尺寸 28mm、表面粗糙度 $R_a3.2\mu$m	
5	钻		钻、铰 $\phi14^{+0.05}_{0}$mm 孔至尺寸，表面粗糙度 $R_a1.6\mu$m	$R20^{+0.5}_{+0.3}$mm 及 $\phi25$mm 端面、外圆
6	铣		切开成单件	$R20^{+0.5}_{+0.3}$mm 及其端面，$\phi14^{+0.05}_{0}$孔
7	钻	1	$\phi14^{+0.05}_{0}$孔口倒角 $1\times45°$	$R20^{+0.5}_{+0.3}$mm 及 $\phi25$mm 端面、外圆
		2	掉头同上	
8	钳		去各处毛刺	
9	检验			

7.2.2 汽车变速箱拨叉加工工艺分析

1. 拖拉机二、三挡变速拨叉

1) 零件的功用

如图7.6所示零件是拖拉机变速箱二、三挡变速拨叉。与车床拨叉相类似，拨叉的 $\phi15$H8mm 孔与导向轴相连，叉口的 50H12mm 和叉头两侧面则是与所拨动同步器齿轮的槽接触。换挡时，宽度为 $13^{+0.2}_{0}$mm 的槽与换挡手柄接触，换挡手柄的摆动使拨叉沿导向轴移动，再通过拨叉的叉头拨动下方的同步器齿轮移动到不同的啮合位置，实现变速。与车床拨叉不同的是，拖拉机变速箱拨叉工作频繁，工作过程中有冲击载荷，且受力比较大。

2) 零件的技术要求

与车床拨叉相类似，其主要技术要求还是销轴孔、叉口尺寸、叉头端面与销轴孔的垂直度等。与车床拨叉相比，外形更为复杂、零件刚性差，在销轴孔上有定位销 $\phi5$mm 孔，与销轴孔 $\phi15$H8mm 有位置精度要求。

具体的技术要求为：销轴孔尺寸为 $\phi15$H8、表面粗糙度为 $R_a3.2\mu$m；定位销孔尺寸为 $\phi5$H14、表面粗糙度为 $R_a12.5\mu$m，与销轴孔的位置度为 $\phi0.2$mm；叉口的尺寸为 50H12，内侧表面粗糙度为 $R_a12.5\mu$m，需经过淬火处理，增加其硬度和耐磨度；叉头端面与销轴孔的垂直度为 0.1mm。材料为 ZG310-570，叉头需淬火。

3) 零件工艺分析

车床拨叉为成批生产，而拖拉机变速箱拨叉为大批量生产，根据对零件的精度分析，

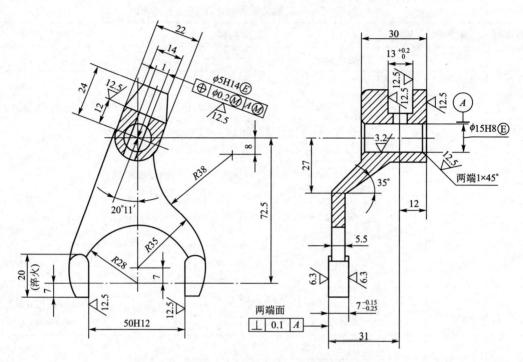

图 7.6　拖拉机变速箱二、三挡变速拨叉零件图

按照工序分散、加工阶段划分、先面后孔、先基准后其他的原则安排其工艺规程。

零件材料为铸钢，所以毛坯采用砂型铸造制作。以销轴孔端面及销轴孔外圆为粗基准，加工轴孔 $\phi15H8$ 和车削该尺寸孔两端面；以轴孔 $\phi15H8$ 及其端面作为主要精基准，加工叉头端面及叉口尺寸 $50H12$。详细工艺规程见表 7-3。

表 7-3　拖拉机变速箱拨叉加工工艺路线

工序号	工序名称	安装	工序内容	定位及夹紧
1	铸造		砂型铸造	
2	车		车销轴孔两端面，保证 30mm	22mm 外表面
3	钻		钻 $\phi15H8$ 至 $\phi14mm$	30mm 右端面及端面外形
4	钻		在 $\phi14mm$ 孔的两端倒角 $1\times45°$	
5	拉		拉 $\phi15H8$ 孔至尺寸	30mm 右端面
6	钳		校正叉头	$\phi15H8$ 孔及一端面
7	铣		铣叉头两端面，保证叉头厚度 7.6mm	$\phi15H8mm$ 孔及一端面
8	铣		铣叉口 $50H12mm$ 至尺寸	$\phi15H8mm$ 孔及一端面
9	铣		铣 $13^{+0.2}_{0}mm$ 槽，保证槽对称面距端面尺寸 $12mm$	$\phi15H8mm$ 孔及一端面
10	钻		钻 $\phi5H14mm$ 孔至尺寸，保证与 $\phi15H8mm$ 孔的位置度 $0.2mm$	$\phi15H8mm$ 孔、$13^{+0.2}_{0}mm$ 槽、叉口 $50H12$

（续）

工序号	工序名称	安装	工序内容	定位及夹紧
11	钳		去尖角、毛刺	
12	清洗			
13	检验			
14	热处理		叉头淬火，淬硬层深度 0.2～0.7mm	
15	磨		磨叉头两端面，保证叉头厚度 $7_{-0.25}^{-0.15}$ mm，距 $13_{0}^{+0.2}$ mm 槽对称面 31mm	$\phi15$H8mm 孔 及 $13_{0}^{+0.2}$ mm 槽
16	钳		校正叉头，保证叉头端面与 $\phi15$H8mm 孔的垂直度为 0.1mm	
17	检验			

2. 汽车四、五挡变速拨叉

如图 7.7 所示零件为解放牌汽车四、五挡变速拨叉。与图 7.6 所示零件类似，其主要加工表面为轴孔 $\phi19_{0}^{+0.05}$ mm、叉头厚度 $8_{+0.1}^{+0.2}$ mm 以及叉头两端面相对轴孔的垂直度要求和槽与螺纹孔 M10 的对称度要求。材料为 20 钢，叉头氰化处理，毛坯采用模锻制作。

在考虑该零件加工工艺规程时，与图 7.6 所示零件的区别是，该零件的销轴孔所在端面是不加工面。选择 45mm 端面及端面外形作为粗基准，在钻床上钻轴孔 $\phi19_{0}^{+0.05}$，然后拉孔；以该孔作为精基准，加工其他表面。其工艺过程见表 7-4。

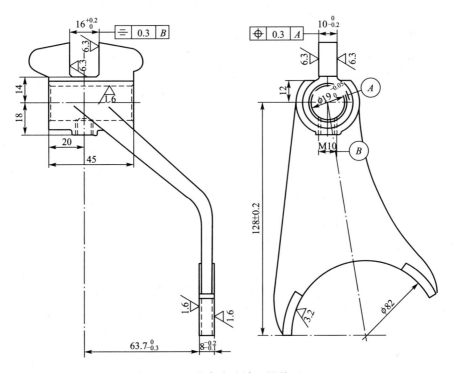

图 7.7 汽车变速拨叉零件图

表 7-4 汽车变速拨叉加工工艺路线

工序号	工序名称	安装	工序内容	定位及夹紧
1	锻造		模锻	
2	清理		喷丸	
3	钻		钻 $\phi19^{+0.05}_{0}$ mm 至 $\phi18$mm	45mm 右端面及端面外形
4	钻		在 $\phi18$mm 孔的两端倒角 $1\times45°$	
5	拉		拉 $\phi19^{+0.05}_{0}$ mm 孔至尺寸	45mm 右端面
6	钳		校正叉头	$\phi19^{+0.05}_{0}$ mm 孔及一端面
7	铣		铣叉头两端面，保证 $8^{+0.2}_{+0.1}$mm 与 $\phi19^{+0.05}_{0}$ mm 孔的垂直度为 0.1mm	$\phi19^{+0.05}_{0}$ mm 孔及一端面
8	铣		铣叉口圆弧 $\phi82$mm 及倒角，至尺寸	$\phi19^{+0.05}_{0}$ mm 孔及叉头外侧
9	铣		铣顶部凸块至尺寸 $10^{0}_{-0.2}$mm，保证尺寸 12mm	$\phi19^{+0.05}_{0}$ mm 孔及叉口圆弧 $\phi82$
10	铣		铣 $16^{+0.21}_{0}$ mm 槽，保证尺寸 14mm	$\phi19^{+0.05}_{0}$ mm 孔及叉口圆弧 $\phi82$
11	钳		去尖角、毛刺	
12	清洗			
13	检验			
14	热处理		氰化层深度 0.5～0.8mm	
15	钻		钻 M10 螺纹底孔，攻 M10 螺纹	$\phi19^{+0.05}_{0}$ mm 孔及叉口圆弧 $\phi82$
16	钳		去 $\phi19^{+0.05}_{0}$ mm 孔内毛刺	
17	钳		校正叉头，保证叉头端面到 M10 孔中心 $63.7^{0}_{-0.3}$mm、叉头端面与 $\phi19^{+0.05}_{0}$ mm 孔的垂直度为 0.1mm	
18	检验			

7.3 拨叉加工典型夹具设计

根据前面对拨叉零件加工工艺的分析知道，拨叉零件的技术要求按功用和结构的不同而有较大的差异，但总的来说，主要加工面是轴孔和叉头（口）的精度要求以及它们之间的位置精度要求。下面分别对加工这些主要表面的夹具进行叙述。

7.3.1 钻轴孔夹具

拨叉零件的轴孔，一般尺寸较小，制作毛坯时并没有制作出该孔，这就要在加工时进行钻孔。根据前面的工艺分析知道，钻轴孔时，一般以该轴孔所在平面定位，同时以轴孔所在的毛坯外圆（大头外圆）作为第二定位基准，保证钻孔后壁厚均匀。图7.8所示为拨叉钻轴孔夹具。

工件5以被钻孔端面（大头端面）和大头外圆在定位支套4和固定V形块6上定位，限制5个自由度，即限制了该限制的自由度。通过转动手轮2，使压头3向左移动压紧零件叉头，实施对工件的夹紧。因本工序对孔进行钻、扩、铰，所以采用快换钻套7。

当采用合铸毛坯时，对图7.8所示夹具，定位方案不变，只是把压头3、手轮2等夹紧装置改变为活动V形块即可。

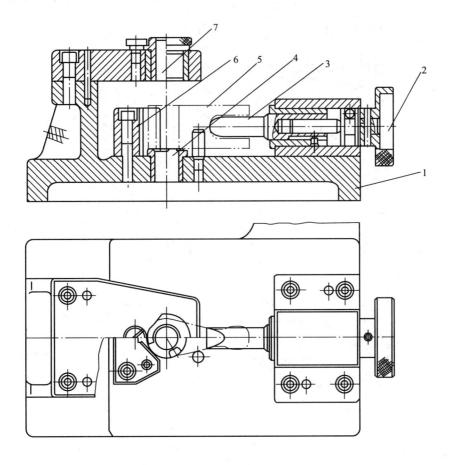

图7.8 拨叉钻轴孔夹具

1—夹具体；2—手轮；3—压头；4—定位支套；

5—工件；6—V形块；7—快换钻套

7.3.2 合铸拨叉切开夹具

当拨叉零件采用合铸毛坯时，在加工过程中需有切开工序，图7.9所示为合铸拨叉切开夹具。

工件7选用一面两孔定位，即端面、叉口孔及轴孔，定位元件分别是平面、圆柱销4

和菱形销 3。通过钩形压板 5、垫块 6 在工件叉头部位对工件实施夹紧。装卸工件时，松开夹紧螺钉，转动垫块 6，钩形压板 5 向上抬起，即可装卸工件。夹具上装有两个菱形销 3，目的是使夹具适应不同尺寸的拨叉零件。

在该夹具中，合铸拨叉切开，不仅要保证叉口孔与轴孔之间的中心距，还要保证刀具切开时槽相对叉口孔的对称度，所以叉口孔定位采用圆柱销，限制两个自由度。不能采用菱形销，轴孔用圆柱销的方案。另外，切开叉口孔，叉口孔又定位，并且在叉头夹紧，所以，圆柱销 4 及钩形压板 5 上需开槽。

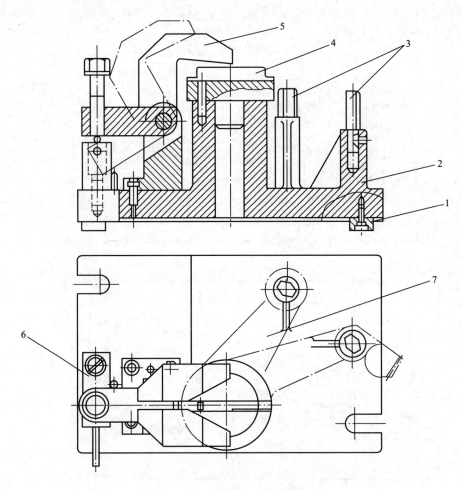

图 7.9　合铸拨叉切开夹具

1—定向键；2—夹具体；3—菱形销；4—圆柱销；
5—钩形压板；6—垫块；7—工件

7.3.3　拨叉钻定位销孔夹具

图 7.10 所示为图 7.6 所示拨叉零件钻定位销孔夹具。由图 7.6 及表 7-3 的工艺路线可知，本工序钻 $\phi5H14$ 孔的要求为：该孔相对拨叉轴孔 $\phi15H8$ 的位置度为 $\phi0.2mm$，也相当于被加工孔相对轴孔的对称度为 0.2mm 且与轴孔垂直；同时，在本工序钻孔前，槽

$13^{+0.2}_{0}$mm 已加工好，所以本工序钻孔必须要求 $\phi5$H14 孔与槽对称。所以，被加工孔的设计基准是轴孔 $\phi15$H8 和槽 $13^{+0.2}_{0}$mm。

图 7.10 所示为拨叉钻定位销孔夹具，采用基准重合原则，工件 2 以孔 $\phi15$H8、槽 $13^{+0.2}_{0}$mm 和叉口面为定位基准，分别在定位心轴 4、偏心轮 5（扇形）和挡销 1 上定位，限制了工件的 6 个自由度。偏心轮 5 通过转动手柄 6 使其转动，在定位的同时实现对工件的夹紧。逆时针转动手柄 6，使偏心轮 5 脱开工件 2 上的定位槽，即可装卸工件。

该钻孔夹具为保证被加工孔相对槽 $13^{+0.2}_{0}$mm 的对称度，选择槽 $13^{+0.2}_{0}$mm 作为定位基准，使得夹具结构较为复杂。若选用轴孔 $\phi15$H8 及其端面和叉口面作为定位基准，夹具结构就简单了很多，但被加工孔相对槽 $13^{+0.2}_{0}$mm 的对称度就不能保证。这就说明，在设计机床夹具时，首先应该考虑的是保证加工精度，在满足加工精度的情况下，夹具结构越简单越好。

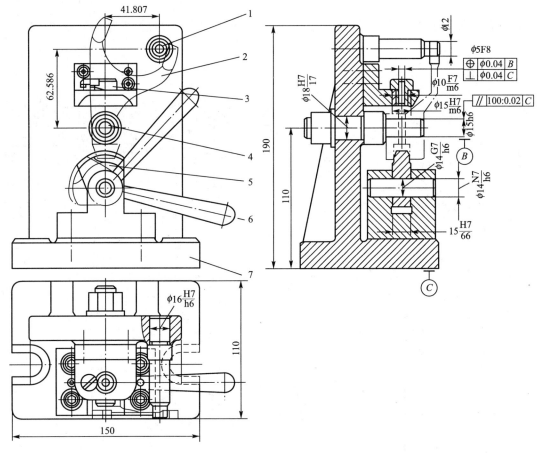

图 7.10 拨叉钻定位销孔夹具
1—挡销；2—工件；3—快换钻套；4—定位心轴；
5—偏心轮；6—手柄；7—夹具体

7.3.4 拨叉叉口面加工夹具

拨叉零件叉口面有圆弧面和平面两种，当叉口面为圆弧面时，就可以在车床上进行镗孔和车削叉头端面。图 7.11 所示为车(镗)削叉口圆弧面成组车床夹具；当叉口面为平面时，就可以在铣床上进行铣削。图 7.12 所示为铣削叉口平面成组铣床夹具。

图 7.11(b)为能在该夹具上安装加工的拨叉零件工序简图，图 7.11(a)为该成组车床夹具的结构图。工件以轴孔为主要定位基准，限制 4 个自由度，以端面和叉头外形为第二、三定位基准，分别限制一个自由度。定位元件分别采用定位心轴 3、定位心轴 3 的凸台面和挡销。通过压板 5、支承套 4 和夹紧螺母 6 对工件实施夹紧。由于是车床夹具，所以在定位心轴 3 的右端有螺纹，通过开口垫片和螺母也对工件实施夹紧。

该夹具为成组夹具，所以定位元件及夹紧装置可进行调整或更换，可适应多个相似零件的安装加工。夹具体 1 上有 4 对衬套 2，可用于 4 种中心距的调整，定位心轴 3 的直径根据定位零件轴孔的不同可更换，同时，定位心轴、挡销、夹紧螺母等可在夹具体 1 上的 T 型槽里滑动，实现这些元件在夹具体径向方向上不同的位置，可实现不同拨叉零件在一定范围内的安装加工。

图 7.11 所示夹具可同时加工两个相同工件，当拨叉零件为合铸毛坯时，也可安装加工，此时采用一面两销定位。

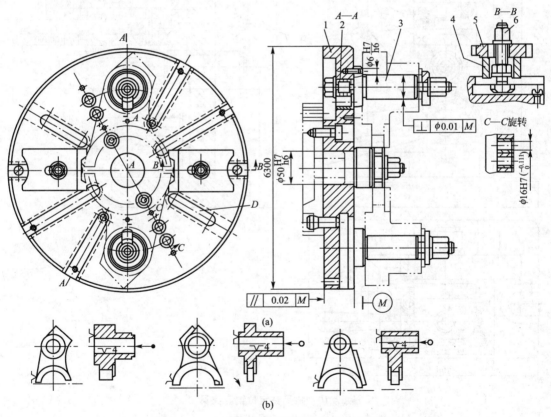

图 7.11 车(镗)削叉口圆弧面成组车床夹具
1—夹具体；2—衬套；3—定位心轴；4—支承套；5—压板；6—夹紧螺母

图 7.12(b)为能在该夹具上安装加工的拨叉零件工序简图，图 7.12(a)为该成组铣床夹具的结构图。工件以端面为主要定位基准，限制 3 个自由度，以轴孔和叉口面为第二、三定位基准，分别限制 2 个和 1 个自由度。定位元件分别采用定位心轴 6、平面和可卸定

位器 10。通过压板 9、螺杆 8 对工件在叉头面实施夹紧，在轴孔端面通过定位心轴 6、螺杆 4、螺母等对工件实施夹紧。

　　该夹具为成组夹具，所以定位元件及夹紧装置可进行调整或更换，可适应多个相似零件的安装加工。可调元件为定距块 1、支承座 2、弹簧套 5、垫圈 7 和可卸定位器 10，可加工叉口尺寸 $L=80\sim120$mm 的拨叉。

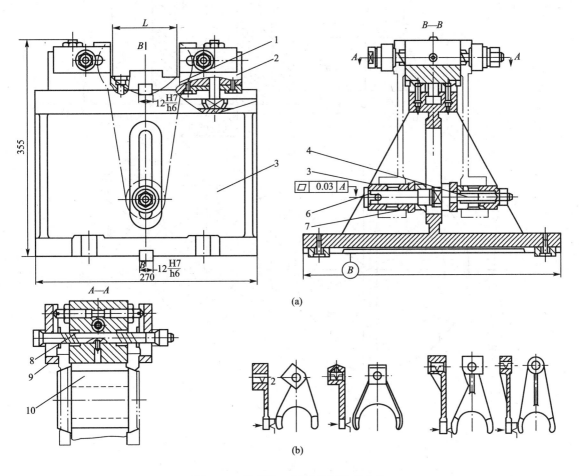

图 7.12　铣削叉口平面成组铣床夹具

1—定距块；2—支承座；3—夹具体；4—螺杆；5—弹簧套；
6—定位心轴；7—垫圈；8—螺杆；9—压板；10—可卸定位器

复习与思考题

　7.1　试分析拨叉零件的结构特点及其工艺特点。

　7.2　拨叉零件常用的材料有哪些？其毛坯制作方式及其特点是什么？

　7.3　试分析拨叉零件的技术要求及主要加工面。

　7.4　试分析图 7.10 所示夹具影响所钻孔相对轴孔位置度的因素有哪些。

　7.5　试编写图 7.13 所示拨叉零件的机械加工工艺规程。工件材料为 HT200，铸造毛坯，中批生产。

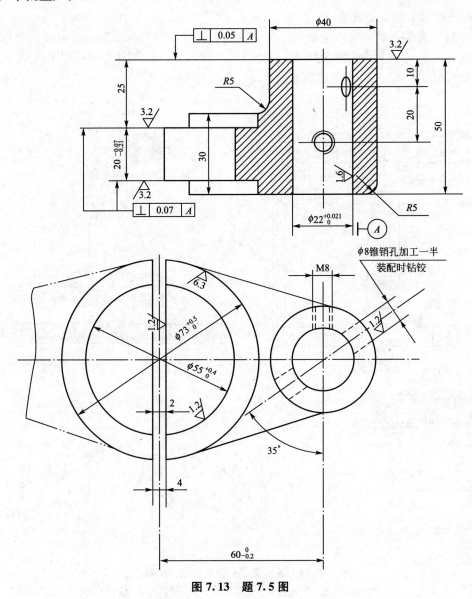

图 7.13　题 7.5 图

参 考 文 献

[1] 何宁. 机械制造技术基础 [M]. 北京：高等教育出版社，2011.
[2] 中国科学技术协会，中国机械工程学会. 2008—2009 机械工程学科发展报告（机械制造）[M].
    北京：中国科学技术出版社，2009.
[3] 华楚生，王忠魁，等. 机械制造技术基础 [M]. 重庆：重庆大学出版社，2010.
[4] 卢秉恒. 机械制造技术基础 [M]. 3 版. 北京：机械工业出版社，2008.
[5] 张福润. 机械制造技术基础 [M]. 武汉：华中科技大学出版社，2000.
[6] 王启平. 机床夹具设计 [M]. 哈尔滨：哈尔滨工业大学出版社，2005.
[7] 王启平. 机械制造工艺学 [M]. 哈尔滨：哈尔滨工业大学出版社，1988.
[8] 顾崇衔. 机械制造工艺学 [M]. 3 版. 西安：陕西科学技术出版社，1990.
[9] 余国光，马俊，张兴发. 机床夹具设计 [M]. 重庆：重庆大学出版社，1995.
[10] 龚定安. 机床夹具设计 [M]. 西安：西安交通大学出版社，1992.
[11] 陈明. 机械制造工艺学 [M]. 北京：机械工业出版社，2008.
[12] 杨叔子. 机械加工工艺师手册 [M]. 北京：机械工业出版社，2002.
[13] 陈宏钧，方向明，等. 典型零件机械加工生产实例 [M]. 北京：机械工业出版社，2005.
[14] 何时剑. 典型零件工艺分析与加工 [M]. 北京：清华大学出版社，2010.
[15] 冯冠大. 典型零件机械加工工艺 [M]. 北京：机械工业出版社，1986.
[16] 王先逵. 机械加工工艺手册第 I、II 卷 [M]. 2 版. 北京：机械工业出版社，2007.
[17] 黄鹤汀. 机械制造装备 [M]. 北京：机械工业出版社，2001.
[18] 王小华. 机床夹具图册 [M]. 北京：机械工业出版社，1992.
[19] 周宏甫. 机械制造技术基础 [M]. 北京：高等教育出版社，2004.
[20] 于骏一. 机械制造技术基础 [M]. 2 版. 北京：机械工业出版社，2009.
[21] 张耀宸. 机械加工工艺设计实用手册 [M]. 北京：航空工业出版社，1993.
[22] 赵如福. 金属机械加工工艺人员手册 [M]. 4 版. 上海：上海科学技术出版社，2006.
[23] 李凯岭. 机械制造技术基础 [M]. 北京：科学出版社，2007.
[24] 朱耀祥，蒲林祥. 现代夹具设计手册 [M]. 北京：机械工业出版社，2010.
[25] 韩进宏，王长春. 互换性与测量技术基础 [M]. 北京：北京大学出版社，2006.
[26] 韩秋实. 机械制造技术基础 [M]. 2 版. 北京：机械工业出版社，2006.
[27] 郭艳玲. 机械制造工艺学 [M]. 北京：北京大学出版社，2008.

北京大学出版社教材书目

❖ 欢迎访问教学服务网站 www.pup6.cn，免费查阅下载已出版教材的电子书(PDF 版)、电子课件和相关教学资源。

❖ 欢迎征订投稿。联系方式：010-62750667，童编辑，13426433315@163.com，pup_6@163.com，欢迎联系。

序号	书　　名	标准书号	主　编	定价	出版日期
1	机械设计	978-7-5038-4448-5	郑　江，许　瑛	33	2007.8
2	机械设计	978-7-301-15699-5	吕　宏	32	2009.9
3	机械设计	978-7-301-17599-6	门艳忠	40	2010.8
4	机械原理	978-7-301-11488-9	常治斌，张京辉	29	2008.6
5	机械原理	978-7-301-15425-0	王跃进	26	2010.7
6	机械原理	978-7-301-19088-3	郭宏亮，孙志宏	36	2011.6
7	机械原理	978-7-301-19429-4	杨松华	34	2011.8
8	机械设计基础	978-7-5038-4444-2	曲玉峰，关晓平	27	2008.1
9	机械设计课程设计	978-7-301-12357-7	许　瑛	35	2012.7
10	机械设计课程设计	978-7-301-18894-1	王　慧，吕　宏	30	2011.5
11	机电一体化课程设计指导书	978-7-301-19736-3	王金娥　罗生梅	35	2012.1
12	机械工程专业毕业设计指导书	978-7-301-18805-7	张黎骅，吕小荣	22	2012.5
13	机械创新设计	978-7-301-12403-1	丛晓霞	32	2010.7
14	机械系统设计	978-7-301-20847-2	孙月华	32	2012.7
15	机械设计基础实验及机构创新设计	978-7-301-20653-9	邹旻	28	2012.6
16	TRIZ 理论机械创新设计工程训练教程	978-7-301-18945-0	蒯苏苏，马履中	45	2011.6
17	TRIZ 理论及应用	978-7-301-19390-7	刘训涛，曹　贺 陈国晶	35	2011.8
18	创新的方法——TRIZ 理论概述	978-7-301-19453-9	沈萌红	28	2011.9
19	机械 CAD 基础	978-7-301-20023-0	徐云杰	34	2012.2
20	AutoCAD 工程制图	978-7-5038-4446-9	杨巧绒，张克义	20	2011.4
21	工程制图	978-7-5038-4442-6	戴立玲，杨世平	27	2012.2
22	工程制图	978-7-301-19428-7	孙晓娟，徐丽娟	30	2012.5
23	工程制图习题集	978-7-5038-4443-4	杨世平，戴立玲	20	2008.1
24	机械制图(机类)	978-7-301-12171-9	张绍群，孙晓娟	32	2009.1
25	机械制图习题集(机类)	978-7-301-12172-6	张绍群，王慧敏	29	2007.8
26	机械制图(第 2 版)	978-7-301-19332-7	孙晓娟，王慧敏	38	2011.8
27	机械制图习题集(第 2 版)	978-7-301-19370-7	孙晓娟，王慧敏	22	2011.8
28	机械制图与 AutoCAD 基础教程	978-7-301-13122-0	张爱梅	35	2011.7
29	机械制图与 AutoCAD 基础教程习题集	978-7-301-13120-6	鲁　杰，张爱梅	22	2010.9
30	AutoCAD 2008 工程绘图	978-7-301-14478-7	赵润平，宗荣珍	35	2009.1
31	AutoCAD 实例绘图教程	978-7-301-20764-2	李庆华，刘晓杰	32	2012.6
32	工程制图案例教程	978-7-301-15369-7	宗荣珍	28	2009.6
33	工程制图案例教程习题集	978-7-301-15285-0	宗荣珍	24	2009.6
34	理论力学	978-7-301-12170-2	盛冬发，闫小青	29	2012.5
35	材料力学	978-7-301-14462-6	陈忠安，王　静	30	2011.1
36	工程力学(上册)	978-7-301-11487-2	毕勤胜，李纪刚	29	2008.6
37	工程力学(下册)	978-7-301-11565-7	毕勤胜，李纪刚	28	2008.6

38	液压传动	978-7-5038-4441-8	王守城，容一鸣	27	2009.4
39	液压与气压传动	978-7-301-13129-4	王守城，容一鸣	32	2012.1
40	液压与液力传动	978-7-301-17579-8	周长城等	34	2010.8
41	液压传动与控制实用技术	978-7-301-15647-6	刘 忠	36	2009.8
42	金工实习(第2版)	978-7-301-16558-4	郭永环，姜银方	30	2012.5
43	机械制造基础实习教程	978-7-301-15848-7	邱 兵，杨明金	34	2010.2
44	公差与测量技术	978-7-301-15455-7	孔晓玲	25	2011.8
45	互换性与测量技术基础(第2版)	978-7-301-17567-5	王长春	28	2010.8
46	互换性与技术测量	978-7-301-20848-9	周哲波	35	2012.6
47	机械制造技术基础	978-7-301-14474-9	张 鹏，孙有亮	28	2011.6
48	先进制造技术基础	978-7-301-15499-1	冯宪章	30	2011.11
49	先进制造技术	978-7-301-20914-1	刘 璇，冯 凭	28	2012.8
50	机械精度设计与测量技术	978-7-301-13580-8	于 峰	25	2008.8
51	机械制造工艺学	978-7-301-13758-1	郭艳玲，李彦蓉	30	2008.8
52	机械制造工艺学	978-7-301-17403-6	陈红霞	38	2010.7
53	机械制造工艺学	978-7-301-19903-9	周哲波，姜志明	49	2012.1
54	机械制造基础(上)——工程材料及热加工工艺基础(第2版)	978-7-301-18474-5	侯书林，朱 海	40	2011.1
55	机械制造基础(下)——机械加工工艺基础(第2版)	978-7-301-18638-1	侯书林，朱 海	32	2012.5
56	金属材料及工艺	978-7-301-19522-2	于文强	44	2011.9
57	工程材料及其成形技术基础	978-7-301-13916-5	申荣华，丁 旭	45	2010.7
58	工程材料及其成形技术基础学习指导与习题详解	978-7-301-14972-0	申荣华	20	2009.3
59	机械工程材料及成形基础	978-7-301-15433-5	侯俊英，王兴源	30	2012.5
60	机械工程材料	978-7-5038-4452-3	戈晓岚，洪 琢	29	2011.6
61	机械工程材料	978-7-301-18522-3	张铁军	36	2012.5
62	工程材料与机械制造基础	978-7-301-15899-9	苏子林	32	2009.9
63	控制工程基础	978-7-301-12169-6	杨振中，韩致信	29	2007.8
64	机械工程控制基础	978-7-301-12354-6	韩致信	25	2008.1
65	机电工程专业英语(第2版)	978-7-301-16518-8	朱 林	24	2012.5
66	机床电气控制技术	978-7-5038-4433-7	张万奎	26	2007.9
67	机床数控技术(第2版)	978-7-301-16519-5	杜国臣，王士军	35	2011.6
68	自动化制造系统	978-7-301-21026-0	辛宗生，魏国丰	37	2012.8
69	数控机床与编程	978-7-301-15900-2	张洪江，侯书林	25	2011.8
70	数控加工技术	978-7-5038-4450-7	王 彪，张 兰	29	2011.7
71	数控加工与编程技术	978-7-301-18475-2	李体仁	34	2012.5
72	数控编程与加工实习教程	978-7-301-17387-9	张春雨，于 雷	37	2011.9
73	数控加工技术及实训	978-7-301-19508-6	姜永成，夏广岚	33	2011.9
74	数控编程与操作	978-7-301-20903-5	李英平	26	2012.8
75	现代数控机床调试及维护	978-7-301-18033-4	邓三鹏等	32	2010.11
76	金属切削原理与刀具	978-7-5038-4447-7	陈锡渠，彭晓南	29	2012.5
77	金属切削机床	978-7-301-13180-0	夏广岚，冯 凭	28	2012.7
78	典型零件工艺设计	978-7-301-21013-0	白海清	34	2012.8
79	精密与特种加工技术	978-7-301-12167-2	袁根福，祝锡晶	29	2011.12
80	逆向建模技术与产品创新设计	978-7-301-15670-4	张学昌	28	2009.9
81	CAD/CAM技术基础	978-7-301-17742-6	刘 军	28	2012.5
82	CAD/CAM技术案例教程	978-7-301-17732-7	汤修映	42	2010.9
83	Pro/ENGINEER Wildfire 2.0 实用教程	978-7-5038-4437-X	黄卫东，任国栋	32	2007.7
84	Pro/ENGINEER Wildfire 3.0 实例教程	978-7-301-12359-1	张选民	45	2008.2

85	Pro/ENGINEER Wildfire 3.0 曲面设计实例教程	978-7-301-13182-4	张选民	45	2008.2
86	Pro/ENGINEER Wildfire 5.0 实用教程	978-7-301-16841-7	黄卫东，郝用兴	43	2011.10
87	Pro/ENGINEER Wildfire 5.0 实例教程	978-7-301-20133-6	张选民，徐超辉	52	2012.2
88	SolidWorks 三维建模及实例教程	978-7-301-15149-5	上官林建	30	2009.5
89	UG NX6.0 计算机辅助设计与制造实用教程	978-7-301-14449-7	张黎骅，吕小荣	26	2011.11
90	Cimatron E9.0 产品设计与数控自动编程技术	978-7-301-17802-7	孙树峰	36	2010.9
91	Mastercam 数控加工案例教程	978-7-301-19315-0	刘 文，姜永梅	45	2011.8
92	应用创造学	978-7-301-17533-0	王成军，沈豫浙	26	2012.5
93	机电产品学	978-7-301-15579-0	张亮峰等	24	2009.8
94	品质工程学基础	978-7-301-16745-8	丁 燕	30	2011.5
95	设计心理学	978-7-301-11567-1	张成忠	48	2011.6
96	计算机辅助设计与制造	978-7-5038-4439-6	仲梁维，张国全	29	2007.9
97	产品造型计算机辅助设计	978-7-5038-4474-4	张慧姝，刘永翔	27	2006.8
98	产品设计原理	978-7-301-12355-3	刘美华	30	2008.2
99	产品设计表现技法	978-7-301-15434-2	张慧姝	42	2012.5
100	产品创意设计	978-7-301-17977-2	虞世鸣	38	2012.5
101	工业产品造型设计	978-7-301-18313-7	袁涛	39	2011.1
102	化工工艺学	978-7-301-15283-6	邓建强	42	2009.6
103	过程装备机械基础	978-7-301-15651-3	于新奇	38	2009.8
104	过程装备测试技术	978-7-301-17290-2	王毅	45	2010.6
105	过程控制装置及系统设计	978-7-301-17635-1	张早校	30	2010.8
106	质量管理与工程	978-7-301-15643-8	陈宝江	34	2009.8
107	质量管理统计技术	978-7-301-16465-5	周友苏，杨 飒	30	2010.1
108	人因工程	978-7-301-19291-7	马如宏	39	2011.8
109	工程系统概论——系统论在工程技术中的应用	978-7-301-17142-4	黄志坚	32	2010.6
110	测试技术基础(第 2 版)	978-7-301-16530-0	江征风	30	2010.1
111	测试技术实验教程	978-7-301-13489-4	封士彩	22	2008.8
112	测试技术学习指导与习题详解	978-7-301-14457-2	封士彩	34	2009.3
113	可编程控制器原理与应用(第 2 版)	978-7-301-16922-3	赵 燕，周新建	33	2010.3
114	工程光学	978-7-301-15629-2	王红敏	28	2012.5
115	精密机械设计	978-7-301-16947-6	田 明，冯进良等	38	2011.9
116	传感器原理及应用	978-7-301-16503-4	赵 燕	35	2010.2
117	测控技术与仪器专业导论	978-7-301-17200-1	陈毅静	29	2012.5
118	现代测试技术	978-7-301-19316-7	陈科山，王燕	43	2011.8
119	风力发电原理	978-7-301-19631-1	吴双群，赵丹平	33	2011.10
120	风力机空气动力学	978-7-301-19555-0	吴双群	32	2011.10
121	风力机设计理论及方法	978-7-301-20006-3	赵丹平	32	2012.1